动物疾病智能卡诊断丛书

兔病智能卡诊断与防治

主　编

张　信　万遂如　张盛云

副主编

刘文森　董尚青　刘亚枢

编著者

董尚青　高　阳　刘文森

刘亚枢　万遂如　张盛云

张　信　张伯瑶

金盾出版社

内 容 提 要

本书为动物疾病智能卡诊断丛书的一个分册。内容包括:兔病智能诊断卡的结构和用法,51组兔病症状智能诊断卡,111种兔病防治方法,智能卡诊断疾病的基础理论概要,以及兔病症状的判定标准。应用“智能诊断卡”给家畜家禽诊断疾病,张信教授等业已做了历时35年的研究工作。本书可以依据病兔的主要症状对病名做出初步诊断,帮助广大养兔户和年轻的基层动物医生解决“遇到症状想不全病名,想起几个病名也不知如何鉴别”的困难,是养兔户和基层兽医人员必备的工具书之一。

图书在版编目(CIP)数据

兔病智能卡诊断与防治/张信,万遂如,张盛云主编.—北京:金盾出版社,2013.9
(动物疾病智能卡诊断丛书)
ISBN 978-7-5082-8110-0

Ⅰ.①兔… Ⅱ.①张…②万…③张… Ⅲ.①兔病—诊疗 Ⅳ.①S858.291

中国版本图书馆CIP数据核字(2013)第034047号

金盾出版社出版、总发行
北京太平路5号(地铁万寿路站往南)
邮政编码:100036 电话:68214039 83219215
传真:68276683 网址:www.jdcbs.cn
封面印刷:北京精美彩色印刷有限公司
正文印刷:北京金盾印刷厂
装订:永胜装订厂
各地新华书店经销

开本:850×1168 1/32 印张:9.5 字数:225千字
2013年9月第1版第1次印刷
印数:1~7 000册 定价:19.00元

动物疾病智能卡诊断丛书编委会

前　言

1978年至今，我们研究应用电脑诊病已经35年了。期间曾获联合国科技发明之星（TIPS）奖，获军队科技进步二等奖1项，获天津市科技进步二等奖2项，获国家专利3项。研制两台电脑诊断仪，有了9点发现，求证了1个诊病定理，已出丛书10本，研制人和动、植物疾病电脑诊病软件，最后创立了数学诊断学（数诊学）。

科研感悟　35年的研究体会，最想说的一句话是：数学是所有事物的灵魂，不用数学任何事物都难求得统一正确解。阿基米德揭示了物体的面积和体积的灵魂——给出了公式。我们35年科研揭示了疾病诊断的正问题和逆问题的灵魂并给出了公式。

为什么要研究电脑诊病　凭症状判断疾病叫初诊。但遇到症状想不全病名，想起几个病名又不知如何鉴别，这是每位临床医生共同遇到的两个难题。爱因斯坦说："提出一个问题往往比解决一个问题更为重要"。

李佩珊在《20世纪科学技术史》中说：先进国家电脑诊病好用但不用，阻力有三：医生怕影响地位和收入，患者觉得神秘不敢用，还有法律责任谁负。我们将核心机密"病症矩阵"——诊卡公之于众，使诊病不再神秘，如果还要找负责的，我们可以负责。因为数学是解决问题的最终手段。

数学诊断学定义　用诊卡收集症状，对症状做加法运算，得出1～3个病名，为"辅检"提供根据。

农民能用数学诊病　公式、定理难求证，一旦求证了，使用就是很容易的事情了。正像阿基米德为我们确定了物体表面积和体积的计算方法一样。

关于本书 确立数诊学方法，我们经历了病志—参考书—权威名著3个历史阶段。如今方法已经成熟，内容则是关键。我们依据原军需大学万遂如教授主编的《兔病防治手册》(第4版)，并参考其他兔病著作，将111种兔病按症状建立51个病组智能卡。利用此病组智能卡诊断兔病的特点：简易快速，准确可靠，减少误诊和漏诊，1症始诊，多症逼“是”，得出初步诊断结果。

关于矩阵智能卡 症状的文字描述难以记忆，记住了也容易忘记。如果将它变成矩阵就不必记忆，而且能够计算。但是，在智能矩阵诊断卡中，疾病的病名必须使用简称，详称请见防治；症状分类必须用缩略语，平时书面用语请见附录。原因就是要在极小的空间，容纳下更多的内容。

关于诊断 诊断这个词，使用得非常混乱。老前辈邝贺龄早就纠正过，指出物理检查和实验室化验都不能称之为诊断。近年来，有的数学家就诊断的把握程度撰写论文，界定了诊断的4个等级：100％把握叫确诊；75％把握叫初诊；50％把握叫疑诊，25％把握叫待诊。

对于动物医生而言，症状观察非常重要、必不可缺。经症状观察、给出初诊，缩小搜索范围，集中到可能性较大的少数几种疾病，以便做进一步检验，完成诊断，给出确诊。症状观察和初诊做得越好，诊断就越省事省力、效率高而成本低。所以，动物医生的水平，既要看其试验室检验和病原鉴定的技术高低，又要看其根据临床症状进行初诊的本领和经验。

对于农民和基层动物医生而言，他们希望根据症状观察就能识别一般常见的疾病；对于初见或罕见疾病，也希望根据症状能得出初诊结果，即可疑为哪几种疾病。他们由于条件所限，往往不能进行实验室检测。他们通常通过症状观察做出初诊，然后咨询技术人员。

所以，症状初诊，不论对生产者还是研究者，都是必要的和重要的，都需要充分发挥其作用。

关于辅检 “辅检”是更精确的数学。科技日新月异，也表现在医疗器械上。所以，我们定位智能诊断卡是为“辅检”提供根据的。但“辅检”是验证初诊的，而不是为了建立初诊。过度“辅检”还会增加百姓负担且无必要。

关于防治和药物 新药与日俱增，我们编委们商定，在疾病防治上要写出“新、特、全”，但不写剂量。因为农民或基层技术人员都是到药店买药，定会遵从厂家的用量用法。

最后，应当申明，数学诊断学属于笔者首创。但由于水平所限，可能有不妥当处，有待进一步完善。因此，希望广大读者和有关学者给予批评指正！

张　信

目 录

第一章　兔病智能诊断卡使用说明

一、智能诊断卡的构成

智能诊断卡结构：上表头为病名，左为症状，右为分值，病名下为各病的总判点数(ZPDS)。表中所有症状分别按“类”进行了区分；在上表头有“统”字，下方数值表达的意思是同种症状在几种疾病中出现；表右病名下每个数值为1个分值，表示在此病中的重要程度。每一种病表现几种症状，其下就有几个分值，1个分值为1个判点，该病有几种症状，就有几个判点。

二、本书所用符号及其含义

见表1-1。

表1-1　本书所用符号和缩略语及其含义

符　号	含　义	符　号	含　义
∨	读“或”	Hb	血红蛋白
∧	读“和”、“且”	↑	升高
PDS	判点数	↓	降低
ZPDS	总判点数	<	小于
≥	大于等于	循系	循环系统
≤	小于等于	呼系	呼吸系统
→	变为	运系	运动系统
>	大于	消系	消化系统

三、智能诊断卡的使用方法

智能诊断卡(简称智卡)用法可归结为16个字:取卡,问诊,打点,统计,找大,逆诊,辅检,综判。

(一)取　卡

要以病兔的主要症状取卡,如咳嗽为主,就取咳嗽卡。为提高初诊准确率,读者可依据症状取2~3卡复诊。

(二)问　诊

建议您从所选智卡的第一项症状询问到最后一项症状,边问边检查。问诊时要求从头至尾问一遍症状,是针对该卡内的全部疾病和全部症状,这比空泛地要求"全面检查"要具体而有针对性。电脑诊疗系统和智卡,都是以症状为依据,这是能快速诊断和减少误诊的根本原因。

(三)打　点

所问症状,病兔有,就在该症状上画个勾或星做标记。

(四)统计(算点)

统计各病的判点数,就是按病名分别统计出打点数。

(五)找　大

即对准病名,抄下打点症状的分值。哪种病的判点数最多,且比第二诊病的判点数大于2时,就可初步诊断为哪种病。如果第一与第二诊病的判点数接近,二者的差数为0或1时,需做逆诊。

(六)逆　诊

智卡具有正向推理和逆向推理的功能。医者与就诊者初次接触的诊断活动，是正向推理(由症状推病名)；有了病名，再问该病名的未打点的症状，就属于逆向推理。一起病例只有经过正逆双向推理才能使诊断更趋近正确。这符合人工智能的双向推理过程。

(七)辅　检

就是对第一诊病名，开出“辅检”单，请化验室化验和仪器设备室做物理检查。

(八)综判(综合判断)

有了智能卡诊断的病名，再加上“辅检”的结果，就可以做综合判定了。

第二章　兔病诊断

一、51组兔病症状智能诊断卡

1组　耳异常

序	类	症(信息)	统	1 兔瘟	2 黏液瘤病	7 巴氏杆菌病	14 链球菌病	43 兔螨病	50 胃肠炎	56 感冒	64 维生素A缺乏症	84 中耳炎	96 遗传性外貌损征
		ZPDS		12	16	14	9	15	10	11	12	10	12
1	耳	耳下垂	1					5					
2	耳	发凉∨冷	2						5	10			
3	耳	鼓壁充血潮红、白脓渗	1									10	
4	耳	患耳朝下	1									10	
5	耳	膜破-脓外流-脓脑炎	1									10	
6	耳	听觉迟钝	2								5	5	
7	耳	外耳道炎∧黄痂如纸卷	1					15					
8	耳	用脚搔耳	1					5					
9	耳	中耳脓肿	1			10							
10	耳	中耳炎	2			10	5						
11	耳病	延至筛骨∧脑部	1					5					
12	耳根	发绀	1	10									
13	耳根	水肿(活10天以上者)	1		10								
14	耳根	皮下肿瘤	1		5								
15	耳聋	最急性病例	1		15								
16	耳损	低垂耳	1										10
17	精神	不振∨不好∨欠佳	1									5	
18	精神	沉郁	5	5		5	5		5	5			
19	精神	高度沉郁	1						10				
20	精神	惊厥	2	10							10		

续1组

序	类	症(信息)	统	1	2	7	14	43	50	56	64	84	96
				兔瘟	黏液瘤病	巴氏杆菌病	链球菌病	兔螨病	胃肠炎	感冒	维生素A缺乏症	中耳炎	遗传性外貌损症
21	精神	症状∨功能紊乱∨损害	1								5		
22	头	低头伸颈	1									5	
23	头	狮子头(皮下水肿)	1		25								
24	头	歪头∨斜颈	3			5	5	5					
25	头	摇头	1					5					
26	头颈	倾向患侧	1									10	
27	头面	皮下肿瘤	1		5								
28	眼	白内障-单侧发	1										10
29	眼	眵多∨分泌物增多	1								10		
30	眼	独眼∨双眼被一眼代	1										10
31	眼	干	1								10		
32	眼	角膜:失光∨浙浑	2								10		10
33	眼	角膜:发炎	1			10							
34	眼	结膜潮红∨黏膜潮红	1						5				
35	眼	结膜:沉色素	1								5		
36	眼	结膜发绀∨黏膜发绀	1						10				
37	眼	结膜黄染	1						5				
38	眼	结膜:发炎∨肿胀	4		10	10				5			10
39	眼	结膜:发炎-活10天以上者	1		10								
40	眼	晶体不透明∨混浊	1										10
41	眼	黏膜暗红	1						10				
42	眼	前房大	1										10
43	眼	畏光流泪∨怕光流泪	1							5			
44	眼睑	水肿	1		5								
45	眼睑	下垂(病5~7天见)	1		10								
46	眼睑	皮下肿瘤	1		5								
47	眼球	突∨增大	1										10
48	眼圈	皮屑∧血痂	1					10					
49	眼视	失明∨视减∨视异常	1								10		

续1组

序	类	症(信息)	统	1	2	7	14	43	50	56	64	84	96
				兔瘟	黏液瘤病	巴氏杆菌病	链球菌病	兔螨病	胃肠炎	感冒	维生素A缺乏症	中耳炎	遗传性外貌损症
50	鼻	出血∨流血	1	15									
51	鼻	发凉∨冷	2						5	10			
52	鼻	喷嚏	2			5				10			
53	鼻梁	皮屑∧血痂	1					10					
54	鼻膜	水肿	1		5								
55	鼻	发炎	2		5	5							
56	鼻	痒	1							10			
57	鼻液	浆液性∨水样	2			5				10			
58	口	发炎	1		5								
59	口	流血	1	15									
60	口	水肿坏死	1		5								
61	口	嘴唇肿胀	1					5					
62	口损	下颌骨凸颌,二门齿缺∨多	1										10
63	身-病	全身皮下肿瘤	1		10								
64	身-病	天然孔流血样液体	1	15									
65	身-动	抽搐	1	5									
66	身-动	抽搐-倒地	1	10									
67	身-动	旋转∨翻滚	1				5						
68	身	消瘦	1					5					
69	身	消瘦-迅速	1					10					
70	身胸壁	肿胀	1			10							
71	皮-膜	黏膜上皮细胞质萎缩∨炎症	1								10		
72	皮温	不整	1							10			
73	皮下	肿胀	1			10							
74	皮-性	变硬	1					5					
75	皮-性	灰白色结痂	1					5					
76	呼吸	困难	2			5	15						
77	消-粪	腹泻	4			5	15		5		5		
78	消-粪	腹泻-间歇性	1				5						

续1组

序	类	症(信息)	统	1 兔瘟	2 黏液瘤病	7 巴氏杆菌病	14 链球菌病	43 兔螨病	50 胃肠炎	56 感冒	64 维生素A缺乏症	84 中耳炎	96 遗传性外貌损症
79	消-腹	贴地	1										10
80	运-脚	皮屑∧血痂	1					10					
81	运-身	滚转	1									10	
82	运-身	回转	1									10	
83	运-身	站不稳∨摇晃	1								10		
84	运-肢	不能收于腹下	1										10
85	运-肢	麻	1								10		
86	运-肢	四肢:发冷∨末端发凉	2						5	10			
87	运-肢	瘫痪不动	1										10
88	特征	发热∧上呼吸道炎	1							15			
89	特征	面＋眼睑＋耳根皮下肿瘤	1		15								
90	特征	发病突然＋体温高	1	15									
91	特征	死前尖叫＋口鼻流血	1	15									
92	病龄	仔兔∨幼兔	2				5	5					
93	病龄	青年兔和成年兔	1									5	
94	症	败血症	2			5	15						
95	死状	角弓反张	1	10									
96	死状	肢划水状	1	15									

2组　神经症状

序	类	症(信息)	统	3 兔痘	11 李氏杆菌病	32 兔体表真菌病	34 球虫病	35 弓形虫病	36 兔脑炎原虫病	62 中暑	64 维生素A缺乏症	65 维生素B_1缺乏症	82 食盐中毒
		ZPDS		11	10	10	10	11	10	12	10	9	10
1	精神	中枢神经症状	1					5					
2	精神	神经症状∨功能紊乱∨损害	9	5	5	5	5		5	5	5	10	5
3	精神	不安	10	5	5	5	5	5	5	5	5	5	10
4	精神	倒地不起	1							10			

续2组

序	类	症(信息)	统	3	11	32	34	35	36	62	64	65	82
				兔痘	李氏杆菌病	兔体表真菌病	球虫病	弓形虫病	兔脑炎原虫病	中暑	维生素A缺乏症	维生素B_1缺乏症	食盐中毒
5	**精神**	**昏迷**	3						5	10		10	
6	**精神**	**惊厥**	2					5			10		
7	**精神**	**嗜睡**	1					5					
8	**精神**	**兴奋∨兴奋不安**	2							10			5
9	**精神**	**意识丧失∨意障**	1							10			
10	头	后仰	1				5						
11	头部	震颤	1										10
12	头颈	偏向一侧	1		5								
13	头颈	斜颈	1						5				
14	头癣	圆∨不规则脱毛∨痂灰∨黄	1			5							
15	眼	干	1								10		
16	眼	角膜:失光∨渐浑	1								10		
17	眼	角膜:发炎	1	5									
18	眼	结膜潮红∨黏膜潮红	2							5			5
19	眼眵	浆性∨脓性	1					5					
20	鼻液	浆液性∨水样	2		5			5					
21	鼻液	黏性	1		5								
22	鼻液	脓性	1					5					
23	口	唇散在丘疹	1	10									
24	口	流涎∨唾液多	1				5						
25	口	舌散在丘疹	1	10									
26	口	水肿坏死	1	5									
27	口	吐沫∨吐白沫∨粉红沫	1							10			
28	身-背	圆∨不规则脱毛∨痂灰∨黄	1			5							
29	身-病	渐进性水肿	1									10	
30	身-动	颤抖	1						5				
31	身-动	翻滚	1						10				
32	身-动	痉挛	2				5					10	
33	身-瘫	后躯麻痹(完全∨部分)	1					5					

续 2 组

序	类	症(信息)	统	3 兔痘	11 李氏杆菌病	32 兔体表真菌病	34 球虫病	35 弓形虫病	36 兔脑炎原虫病	62 中暑	64 维生素A缺乏症	65 维生素B_1缺乏症	82 食盐中毒
34	身-姿	伏卧	1						10				
35	身-姿	角弓反张	1										10
36	腹围	大-膨大	2				5		10				
37	皮-毛	粗乱-易折-断毛	2			10	5						
38	皮-毛	囊:脓肿	1			5							
39	皮-毛	脱落-局部脱毛	1			10							
40	皮-膜	黏膜上皮细胞质萎缩∨炎症	1								10		
41	皮丘疹	耳口眼腹背阴囊	1	5									
42	皮丘疹	央凹坏死邻水肿出血	1	10									
43	皮-色	红疹∨红斑	1	10									
44	皮炎	化脓性	1			5							
45	呼吸	咳嗽	1								5		
46	呼吸	困难	3	5						10			5
47	呼吸	快∨急促∨浅表	2					5		10			
48	消-粪	便秘	1									5	
49	消-粪	干稀不定-秘泻交替	1				5						
50	消粪	带血∨便血	1				5						
51	消化	障碍-胃肠紊乱-分泌低下	2									5	5
52	尿后	症状减轻	1						10				
53	尿-肾	泌尿功能障碍	1									10	
54	尿	尿痛	1						10				
55	运步	蹒跚	1										10
56	运-肌	痉挛-癫痫样	1										10
57	运-肌	失调	3	5	5							10	
58	运-身	站不稳∨摇晃	1								10		
59	运-肢	后肢麻痹	1					15					
60	特征	腹胀+泻+消瘦+贫血	1				15						
61	特征	皮脱毛+断毛+皮炎	1			15							
62	特征	循环衰竭-神经症状	1							15			

续 2 组

序	类	症(信息)	统	3 兔痘	11 李氏杆菌病	32 兔体表真菌病	34 球虫病	35 弓形虫病	36 兔脑炎原虫病	62 中暑	64 维生素A缺乏症	65 维生素B$_1$缺乏症	82 食盐中毒
63	病季	春	2		5						5		
64	病季	冬	2		5						5		
65	病流行	地方流行	1		5								
66	病流行	散发	2		5	5							
67	死因	窒息	1							5			
68	预后	康复-多数	1					5					

3 组　昏睡∨昏迷∨嗜睡

序	类	症(信息)	统	5 仔兔轮状病毒病	15 葡萄球菌病	24 兔炭疽	28 兔疏螺旋体病	35 弓形虫病	36 兔脑炎原虫病	41 囊尾蚴病	59 肾炎	62 中暑	63 蛋白质缺乏症	65 维生素B$_1$缺乏症	80 灭鼠药中毒	110 妊娠毒血症
		ZPDS		10	10	10	5	10	11	11	11	12	12	10	12	11
1	**精神**	**昏迷**	6						5		10	10		10	10	10
2	**精神**	**昏睡**	4	5	10	10							5			
3	**精神**	**嗜睡**	3				5	5		5						
4	精神	惊厥	2					5								10
5	精神	意识丧失∨休克	2									10			10	
6	眼	结膜:苍白	2	5						5						
7	眼	结膜潮红∨黏膜潮红	1									5				
8	眼	结膜发绀∨黏膜发绀	1									5				
9	眼	结膜炎∨肿胀∨眼炎	1		5											
10	眼眵	浆性∨脓性	1					5								
11	眼睑	水肿	1								5					
12	鼻	出血∨流血	1												5	
13	鼻液	浆液性∨水样	2			10		5								
14	鼻液	黏性	1			10										
15	鼻液	脓性	1					5								
16	口	流涎∨唾液多	2			10									10	

续3组

序	类	症(信息)	统	5 仔兔轮状病毒病	15 葡萄球菌病	24 兔炭疽	28 兔疏螺旋体病	35 弓形虫病	36 兔脑炎原虫病	41 囊尾蚴病	59 肾炎	62 中暑	63 蛋白质缺乏症	65 维生素B_1缺乏症	80 灭鼠药中毒	110 妊娠毒血症
17	口	呕吐	2	5											10	
18	口	吐沫∨吐白沫∨粉红沫	1									10				
19	身—背	弓背	1							5						
20	身—病	渐进性水肿	1											10		
21	身—病	脓肿—各部位	1		5											
22	身—动	抽搐	4						5			10		10	10	
23	身—动	翻滚	1						10							
24	身—动	痉挛	2								5			10		
25	身—动	痉挛—阵发性	1								10					
26	身	渐瘦∨营养障碍	1							5						
27	身	消瘦如柴	1										5			
28	身化脓	扩散∨向内破溃	1		5											
29	身—力	衰弱∨极度衰弱	1								10					
30	身—力	虚弱∨体弱∨软弱	1		5											
31	身—力	衰竭∨极度衰竭	2							5			10			
32	身—水	脱水	1	10												
33	身—瘫	后躯麻痹(完全∨部分)	1					5								
34	身胸腹	水肿	1								5					
35	身腰	背腰:活动受限	1								10					
36	身—育	生长发育不良∨慢∨停滞受阻	1										10			
37	身—重	体重减轻∨增重减慢	2								5		10			
38	身—姿	伏卧	1						10							
39	身—姿	缩成一团	1			10										
40	腹	疼痛	1												5	
41	腹围	大∨膨大∨膨胀∨腹胀	2						10	5						
42	皮—虫	蜱叮皮损	1				5									
43	皮毛色	无光泽∨褪色∨焦无光	1							5						
44	皮脓肿	变干∨消失∨痊愈	1		5											
45	皮—色	紫癜	1												10	
46	皮下	胶样	1			10										
47	乳房	肿胀(紫红∨蓝紫)色	1		10											

续 3 组

序	类	症(信息)	统	5 仔兔轮状病毒病	15 葡萄球菌病	24 兔炭疽	28 兔疏螺旋体病	35 弓形虫病	36 兔脑炎原虫病	41 囊尾蚴病	59 肾炎	62 中暑	63 蛋白质缺乏症	65 维生素B_1缺乏症	80 灭鼠药中毒	110 妊娠毒血症
48	呼吸	呼出气酮味－烂苹果味	1													25
49	呼吸	困难	4								5	10			5	10
50	呼吸	气热	1									10				
51	呼吸	快∨急促∨浅表	2					5				10				
52	食欲	异常∨异嗜	1										5			
53	食欲	饮:渴∨增加∨喜饮	1							5						
54	食欲	障碍∨有明显变化∨微变	1							5						
55	消－粪	水样	1	5												
56	消－粪	稀软∨粥样∨半流质	1	5												
57	消－粪	腹泻	4	10									5	5	5	
58	消－粪	腹泻－持续∨顽固	1										5			
59	消－粪	便秘	1											5		
60	消化	障碍∨胃肠紊乱∨分泌低下	1											5		
61	循环	贫血	1										10			
62	循环	衰竭	1									5				
63	循环	血凝不全煤焦油状	1			15										
64	循－心	心肌炎∨心肌变性	1				15									
65	循－心	心悸	1												5	
66	循－心	心跳搏动增强	1									5				
67	尿	尿后症状减轻	1						10							
68	尿	尿少	3						5		5					5
69	尿－肾	泌尿功能障碍	1											10		
70	尿	尿痛	1						10							
71	运步	共济失调	2						5							10
72	运－肌	麻痹	4					10	5					10	10	
73	运－肌	失调	1											10		
74	运－身	卧地不起	1										10			
75	运－肢	后肢麻痹	1					15								
76	运－肢	四肢:水肿	1								5					
77	脏肝炎	症状∨肝功受损	1							5						
78	脏－脾	大	1			10										

续3组

序	类	症(信息)	统	5 仔兔轮状病毒病	15 葡萄球菌病	24 兔炭疽	28 兔疏螺旋体病	35 弓形虫病	36 兔脑炎原虫病	41 囊尾蚴病	59 肾炎	62 中暑	63 蛋白质缺乏症	65 维生素B_1缺乏症	80 灭鼠药中毒	110 妊娠毒血症
79	母兔	肥胖∨运动不足∨氧不足	1													10
80	母兔	流产死∨死胎∨死产	1													5
81	母兔	妊娠后期的代谢性疾病	1													5
82	母兔	饲料蛋白脂肪多糖不足肾受害	1													5
83	温	体温下降	1										10			
84	温	体温正常∨无变化∨不高	1	5												
85	特征	败血症＋脾大＋皮下胶样	1			15										
86	特征	败血症∧器官化脓性	1		15											
87	特征	腹泻∧脱水	1	15												
88	特征	脑炎∧心肌炎	1				15									
89	特征	温高＋循环衰竭∨神经症状	1									15				
90	病季	四季∨无季节性	2			5			5							
91	病流行	地方流行	1				5									
92	症	轻重不一∨轻无症∨重者死	1													5
93	症	无明症状∨少量感染无症	2							5			5			
94	潜伏期	2天	1		5											
95	死率	高	2	10	5											
96	预后	康复－多数	1					5								

4组　精神不安∨惊∨兴奋∨胆小

序	类	症(信息)	统	44 兔虱病	45 蝇蛆病	46 硬蜱	49 胃扩张	62 中暑	73 镁缺乏症	74 异嗜癖	76 有毒植物中毒	81 有机氯农药中毒	82 食盐中毒
		ZPDS		9	11	11	10	12	8	9	11	10	9
1	**精神**	**不安**	3	10	10	10							
2	**精神**	**不安∨躁动**	2	10		15							
3	**精神**	**胆小∨易惊**	1							5			
4	**精神**	**急躁－壮龄**	1						10				
5	**精神**	**惊恐不安**	1									10	
6	**精神**	**兴奋∨兴奋不安**	5				5	10			10	5	5

续4组

序	类	症(信息)	统	44 兔虱病	45 蝇蛆病	46 硬蜱	49 胃扩张	62 中暑	73 镁缺乏症	74 异嗜癖	76 有毒植物中毒	81 有机氯农药中毒	82 食盐中毒
7	精神	兴奋－极度	1									10	
8	精神	休息不安	2	10		15							
9	精神	倒地不起	1					10					
10	精神	惊厥	1						10				
11	精神	意识丧失∨昏迷	1					10					
12	头	低头伸颈	1								10		
13	头部	震颤	1										10
14	眼	结膜潮红∨黏膜潮红	2					5					5
15	口	流涎∨唾液多	2				5				5		
16	口膜	糜烂∨溃疡	1									10	
17	口	呕吐	2				5					5	
18	身－背	弓背	1							5			
19	身－动	抽搐	1					10					
20	身	渐瘦∨营养障碍	2							5		5	
21	身	消瘦－迅速	1		10								
22	身－力	衰弱∨极度衰弱	1								10		
23	身－育	生长发育不良∨慢	2	5		5							
24	身－姿	角弓反张	1										10
25	腹痛	疼痛∨剧烈	1				10						
26	腹围	大∨腹胀	2				5				5		
27	皮感觉	痛痒	1			10							
28	皮－结	小结	1	5									
29	皮－毛	粗乱∨易折∨断毛	2						10	5			
30	皮－毛	脱落∨局部脱毛	1						10				
31	皮毛色	无光泽∨褪色∨焦无光	1						10				
32	皮蛆	红肿∨痛∨敏感∨炎性物	1		15								
33	皮－蛆	口∨鼻∨肛∨伤口	1		5								
34	皮－蛆	脓肿流恶臭红棕色液	1		10								
35	皮－蛆	体表∨腋下∨腹股沟∨面	1		5								
36	皮－蛆	小洞∨瘘管	1		10								
37	皮－色	小出血点	1	5									
38	皮－伤	损伤－机械性	2	5		10							

续 4 组

序	类	症(信息)	统	44 兔虱病	45 蝇蛆病	46 硬蜱	49 胃扩张	62 中暑	73 镁缺乏症	74 异嗜癖	76 有毒植物中毒	81 有机氯农药中毒	82 食盐中毒
39	皮炎	化脓性	1	5									
40	皮－炎	坏死灶	1	5									
41	呼吸	困难	4				10	10			5		5
42	呼吸	气热	1					10					
43	呼吸	窒息	1				10						
44	呼吸	急促∨促迫∨浅表	1					10					
45	食	采食不安	2	10		15							
46	食欲	不振∨下降∨骤减	3							5		5	5
47	食欲	味觉异常	1							10			
48	食欲	拒食∨不食	2					5	5				
49	食欲	异常∨异嗜	1							35			
50	消－粪	腹泻	3								5	5	5
51	循环	贫血	1			5							
52	循－脉	脉搏增数∨疾速	1								5		
53	循－心	心动过速	1						5				
54	循－心	心律失常	1								10		
55	运步	蹒跚	1										10
56	运－动	不爱活动∨不爱走动	1				5						
57	运－肌	痉挛	1								10		
58	运－肌	痉挛－癫痫样	1										10
59	运－肌	麻痹－四肢∧颈肌肉	1								10		
60	运－肢	后肢麻痹	1			5							
61	运－肢	四肢:不稳	1									10	
62	运－肢	四肢:强拘	1									10	
63	杂－声	尖叫∨鸣叫	1		10								
64	母兔	死胎	1						10				
65	温	体温正常∨无变化∨不高	1							10			
66	温	42℃以上	1					10					
67	温	皮温高,烫手	1					5					
68	特征	病急＋病程短＋腹痛剧烈	1				15						
69	特征	温高、循环衰竭∨神经症状	1					15					
70	病季	夏季	2		5	5							

续 4 组

序	类	症(信息)	统	44 兔虱病	45 蝇蛆病	46 硬蜱	49 胃扩张	62 中暑	73 镁缺乏症	74 异嗜癖	76 有毒植物中毒	81 有机氯农药中毒	82 食盐中毒
71	病季	四季∨无季节性	1			5							
72	病龄	仔兔∨幼兔∨幼龄	1		5								
73	病时	食后 1~2 小时病	1				5						
74	病因	缺乏蛋白质和氨基酸	1							5			
75	死率	幼兔死亡率高	1		5								

5 组　头颈姿势和运动异常

序	类	症(信息)	统	7 巴氏杆菌病	11 李氏杆菌病	14 链球菌病	34 球虫病	36 兔脑炎原虫病	43 兔螨病	76 有毒植物中毒	82 食盐中毒	84 中耳炎
		ZPDS		14	9	11	16	12	14	13	10	12
1	头	低头伸颈	2							10		5
2	头	后仰	1				5					
3	头	歪头∨斜颈	4	5		5	5		5			
4	头	摇头	1						5			
5	头部	震颤	1								10	
6	头颈	偏向一侧∨倾向患侧	2		5							10
7	精神	不振∨不好	1									5
8	精神	沉郁	6	5	5	5	5	5			5	
9	精神	兴奋∨兴奋不安	2							10	5	
10	眼	结膜潮红∨黏膜潮红	1								5	
11	眼	结膜:发炎∨肿胀	1	10								
12	眼圈	皮屑∧血痂	1						10			
13	鼻梁	皮屑∧血痂	1						10			
14	鼻液	流∨渗出液∨分泌物增加	1				5					
15	鼻液	黏性	2	5	5							
16	口	流涎∨唾液多	2				5			5		
17	口	嘴唇肿胀	1						5			
18	耳	耳下垂	1						5			
19	耳	鼓壁充血潮红、渗白脓	1									10
20	耳	患耳朝下	1									10

续5组

序	类	症(信息)	统	7	11	14	34	36	43	76	82	84
				巴氏杆菌病	李氏杆菌病	链球菌病	球虫病	兔脑炎原虫病	兔螨病	有毒植物中毒	食盐中毒	中耳炎
21	耳	膜破－脓外流	1									10
22	耳	听觉迟钝	1									5
23	耳	外耳道炎∧黄痂如纸卷	1						15			
24	耳	用脚搔耳	1						5			
25	耳	中耳脓肿	1	10								
26	耳	中耳炎	2	10		5						
27	耳病	延至筛骨∧脑部	1						5			
28	身－动	颤抖	1					5				
29	身－动	翻滚	1					10				
30	身－动	痉挛	2				5			5		
31	身－动	旋转∨翻滚	1			5						
32	身	消瘦	3				5	5	5			
33	身	消瘦－迅速	1						10			
34	身－力	衰弱∨极度衰弱	1							10		
35	身胸壁	肿胀	1	10								
36	身－姿	伏卧	1					10				
37	身－姿	角弓反张	1								10	
38	腹水	多	1				5					
39	腹围	大∨腹胀	3				5	10		5		
40	皮下	肿胀	1	10								
41	呼吸	困难	4	5		15				5	5	
42	食欲	不振∨下降∨骤减	5	5			5	5	5		5	
43	食欲	厌食∨不食∨不吃	5	5	5	5	5					5
44	消－粪	腹泻	5	5		15	5			5	5	
45	消－粪	腹泻－间歇性	1			5						
46	消－粪	干稀不定∨秘泻交替	1				5					
47	循－心	心律失常	1							10		
48	尿后	症状减轻	1					10				
49	尿频	呈排尿姿势	1				5					
50	尿色	血尿	1							5		
51	尿	尿痛	1					10				
52	运步	共济失调	1					5				

续 5 组

序	类	症(信息)	统	7 巴氏杆菌病	11 李氏杆菌病	14 链球菌病	34 球虫病	36 兔脑炎原虫病	43 兔螨病	76 有毒植物中毒	82 食盐中毒	84 中耳炎
53	运步	蹒跚	1								10	
54	运－动	转圈	1		5							
55	运－肌	痉挛	1							10		
56	运－肌	痉挛(癫痫样)	1								10	
57	运－肌	麻痹	3				5	5		10		
58	运－肌	麻痹－四肢∧颈肌肉	1							10		
59	运－肌	失调	1		5							
60	运－脚	皮屑∧血痂	1						10			
61	运－身	滚转	1									10
62	运－身	回转	1									10
63	温	体温高∨高热∨发热	4	10	10	15						5
64	病季	四季∨无季节性	2			5		5				
65	病龄	仔兔∨幼兔∨幼龄	2			5			5			
66	病龄	青年兔∨成年兔	1									5
67	潜伏期	7～8天	1		5							
68	死率	高	3	10	5		10					

6 组　头颈炎肿∨病损∨溃疡∨疹癣

序	类	症(信息)	统	2 黏液瘤病	17 坏死杆菌病	24 兔炭疽	27 兔密螺旋体病	32 兔体表真菌病	39 肝片吸虫病	70 磷缺乏症	79 马铃薯中毒	85 湿性皮炎
		ZPDS		11	8	11	10	11	8	5	10	7
1	颌下	脓肿∨溃疡∨恶臭	1		5							
2	颌下	水肿	1						5			
3	头	面骨肿大	1							25		
4	头	狮子头(皮下水肿)	1	25								
5	头	下颌皮肤慢性炎	1									5
6	头颈	脱毛∨皮损	1					5				
7	头颈	环形∨凸起灰色∨黄色痂皮	1					5				
8	头颈	颈下皮肤慢性炎	1									5
9	头颈	皮坏死脓肿∨溃疡∨恶臭	1		5							

续 6 组

序	类	症(信息)	统	2	17	24	27	32	39	70	79	85
				黏液瘤病	坏死杆菌病	兔炭疽	兔密螺旋体病	兔体表真菌病	肝片吸虫病	磷缺乏症	马铃薯中毒	湿性皮炎
10	**头颈**	**严重水肿**	1			10						
11	**头颈**	**圆∨不规则脱毛∨痂灰∨黄**	1					5				
12	**头颈**	**疹块**	1								5	
13	**头－脸**	**水肿∨结节∨溃疡**	1				10					
14	**头面**	**皮坏死脓肿∨溃疡∨恶臭**	1		5							
15	**头面**	**皮下肿瘤**	1	5								
16	**头面部**	**皮坏死脓肿∨溃疡∨恶臭**	1		5							
17	**头癣**	**圆∨不规则脱毛∨痂灰∨黄**	1					5				
18	精神	沉郁	2			10					5	
19	精神	昏睡	1			10						
20	精神	神经症状∨功能紊乱∨损害	1					5				
21	眼	结膜:潮红∨黏膜潮红	1								10	
22	眼	结膜:发绀∨黏膜发绀	1								10	
23	眼	结膜:发炎∨肿胀∨眼炎	1	10								
24	眼	结膜:发炎(活 10 天以上者)	1	10								
25	眼睑	水肿	2	5					5			
26	眼睑	下垂(病 5～7 天见)	1	10								
27	鼻液	浆液性∨水样	1			10						
28	鼻液	黏性	1			10						
29	口	流涎∨唾液多	3		5	10					5	
30	口	圆∨不规则脱毛∨痂灰∨黄	1					5				
31	耳聋	最急性病例	1	15								
32	身－背	圆∨不规则脱毛∨痂灰∨黄	1					5				
33	身－病	全身皮下肿瘤	1	10								
34	身	消瘦	1						10			
35	身－力	衰弱∨极度衰弱	1						10			
36	身胸腹	水肿	1						5			
37	身－育	生长发育不良∨慢∨停滞受阻	2				5			5		
38	身－重	体重降∨减轻∨增重减慢	2		10					5		
39	身－姿	缩成一团	1			10						
40	腹	腹痛	1								10	
41	腹下	圆∨不规则脱毛∨痂灰∨黄	1					5				
42	皮感觉	痒:抓带到鼻∨睑∨唇∨爪	1				5					

续6组

序	类	症(信息)	统	2	17	24	27	32	39	70	79	85
				黏液瘤病	坏死杆菌病	兔炭疽	兔密螺旋体病	兔体表真菌病	肝片吸虫病	磷缺乏症	马铃薯中毒	湿性皮炎
43	皮-毛	粗乱∨易折∨断毛	1					10				
44	皮-毛	脱落∨局部脱毛	2					10				10
45	皮毛色	绿色:绿毛病蓝毛病	1									15
46	皮-炎	局部发炎	1									10
47	皮-炎	局部糜烂、溃疡∨坏死-染菌	1									10
48	皮-炎	慢感染呈干燥鳞片稍凸	1				5					
49	食欲	不振	1				5					
50	食欲	厌食∨不食	4		5	5			5		5	
51	消-粪	腹泻	1								10	
52	消粪含	血∨带血∨便血	1								10	
53	消-肛	水肿∨结节∨溃疡	1				10					
54	运-骨	长骨端肿大	1							15		
55	运-骨	骨骼变形与缺钙似	1							20		
56	运-肌	麻痹	1								5	
57	公兔	包皮水肿∨阴茎水肿	1				5					
58	公兔	龟头肿大	1				5					
59	公兔	皮肤呈糠麸样	1				5					
60	温	体温高∨高热∨发热	2	10		5						
61	温	42℃上	1	10								
62	特征	败血症+脾大+皮下胶样	1			15						
63	特征	营养障碍	1						15			
64	特征	面+眼睑+耳根皮下肿瘤	1	15								
65	特征	皮膜坏死∧溃疡∧脓肿	1		15							
66	特征	皮脱毛+断毛+皮炎	1					15				
67	特征	生殖器、肛门和颜面部发炎	1				15					
68	病因	饮水不当、垫料潮,长泻	1									5
69	症	败血症	1			10						
70	死时	经1~2月因恶病质	1						15			

7组　眼结膜异常

序	类	症　状	统	2	3	5	7	15	29	31	33	34	50	51	56	58	62	64	78	79	82	83	96
				黏液瘤病	兔痘	仔兔轮状病毒病	巴氏杆菌病	葡萄球菌病	兔衣原体病	兔附红细胞体病	兔深部真菌病	球虫病	胃肠炎	肠臌胀	感冒	肺炎	中暑	维生素A缺乏症	菜籽饼中毒	马铃薯中毒	食盐中毒	眼结膜炎	遗传性外貌损征
		ZPDS		10	11	10	12	9	13	11	8	12	11	10	10	10	11	10	11	10	10	10	9
1	眼	结膜:苍白	2			5						5											
2	眼	结膜潮红∨黏膜潮红	6										5			5	5			10	5	5	
3	眼	结膜:沉色素	1															5					
4	眼	结膜发绀∨黏膜发绀	6										10	5		5	5		5	10			
5	眼	结膜:黄染∨淡黄	3							5		5	5										
6	眼	结膜:渗出液增加	1		5																		
7	眼	结膜:发炎∨肿胀∨眼炎	9	10	10		10	5	5		5				5							5	10
8	眼	结膜:发炎(活10天以上者)	1	10																			
9	精神	不振∨不好∨欠佳	4							5	5					5	5						
10	精神	沉郁	9				5	5	5			5	5		5		10			5	5		
11	精神	昏睡	2			5		10															
12	精神	惊厥	1															10					
13	精神	兴奋∨兴奋不安	2														10				5		
14	头	狮子头—皮下水肿	1	25																			
15	头部	震颤	1																		10		
16	头颈	疹块	1																	5			
17	眼	眵多∨分泌物增多	2									5						10					

续 7 组

序	类	症状	统	2	3	5	7	15	29	31	33	34	50	51	56	58	62	64	78	79	82	83	96
				黏液瘤病	兔痘	仔兔轮状病毒病	巴氏杆菌病	葡萄球菌病	兔衣原体病	兔附红细胞体病	兔深部真菌病	球虫病	胃肠炎	肠臌胀	感冒	肺炎	中暑	维生素A缺乏症	菜籽饼中毒	马铃薯中毒	食盐中毒	眼结膜炎	遗传性外貌损征
18	眼	独眼∨双眼被一眼代	1																				10
19	眼	干	1															10					
20	眼	化脓	1		5																		
21	眼	角膜溃疡	2		5																	10	
22	眼	角膜:失光∨浙浑	3															10				10	10
23	眼	角膜发炎	2		5		10																
24	眼	泌物浆性∧少一黏性∧多	1																			10	
25	眼	黏膜暗红	1										10										
26	眼	前房大	1																				10
27	眼	剧疼	1																			10	
28	眼	瞳孔:散大	1																10				
29	眼	羞明流泪∨怕光流泪	2		5										5								
30	眼	肿显	1																			10	
31	眼睑	黏结∨闭合∨裂小	1																			10	
32	眼睑	绒毛脱落	1																			10	
33	眼睑	水肿	1	5																			
34	眼睑	下垂(病 5~7 天见)	1	10																			
35	眼睑	黏液性肿瘤	1	5																			

续 7 组

序	类	症状	统	2 黏液瘤病	3 兔痘	5 仔兔轮状病毒病	7 巴氏杆菌病	15 葡萄球菌病	29 兔衣原体病	31 兔附红细胞体病	33 兔深部真菌病	34 球虫病	50 胃肠炎	51 肠臌胀	56 感冒	58 肺炎	62 中暑	64 维生素A缺乏症	78 菜籽饼中毒	79 马铃薯中毒	82 食盐中毒	83 眼结膜炎	96 遗传性外貌损征
36	眼视	失明∨视减∨视异常	2															10				10	
37	鼻	发炎	4	5			5	5	5														
38	鼻	鼻痒	1												10								
39	鼻液	浆液性∨水样	4				5		5						10	5							
40	口	唇散在丘疹	1		10																		
41	口	流涎∨唾液多	3						5			5								5			
42	口	呕吐	1			5																	
43	口	吐沫∨吐白沫∨粉红沫	2														10		10				
44	口损	下颌骨凸颌,二门齿缺∨多	1																				10
45	耳	发凉∨冷	2										5		10								
46	耳	听觉迟钝	1															5					
47	耳	中耳炎	1				10																
48	耳根	水肿(活10天以上者)	1	10																			
49	耳聋	最急性病例	1	15																			
50	耳损	低垂耳	1																				10
51	身	渐瘦∨营养障碍	1								5												
52	身	消瘦	5			5		5	5	5		5											
53	身化脓	扩散∨向内破溃	1					5															

续 7 组

序	类	症 状	统	2	3	5	7	15	29	31	33	34	50	51	56	58	62	64	78	79	82	83	96
				黏液瘤病	兔痘	仔兔轮状病毒病	巴氏杆菌病	葡萄球菌病	兔衣原体病	兔附红细胞体病	兔深部真菌病	球虫病	胃肠炎	肠臌胀	感冒	肺炎	中暑	维生素A缺乏症	菜籽饼中毒	马铃薯中毒	食盐中毒	眼结膜炎	遗传性外貌损征
54	身一力	乏力∨无力∨倦怠	3							5							5		5				
55	身一水	脱水	2			10			5														
56	身一姿	角弓反张	2						10												10		
57	腹	疼痛	4										5	5					10	10			
58	腹痛	不安	1											15									
59	腹围	大∨膨大∨臌胀∨腹胀	3									5		5					10				
60	腹围	大叩鼓音∨触有弹性	1											15									
61	腹围	急速增大	1											15									
62	腹围	肷窝膨大	1											15									
63	皮一毛	粗乱∨易折∨断毛	2								5	5											
64	皮一毛	环状覆珍珠灰状秃毛斑	1								5												
65	皮毛色	无光泽∨褪色∨焦无光	1								5												
66	皮一色	黄疸	1							5													
67	呼吸	困难	6		5		5				10					5	10				5		
68	呼吸	快一急促∨频数∨促迫∨浅表	7				5			5			10	10		5	10		5				
69	呼吸音	呼吸音增强	1													5							
70	呼吸音	音:湿啰音	1													5							
71	食欲	不振∨减少∨骤减	10		5	5	5	5	5		5	5			5	5					5		

续 7 组

序	类	症状	统	2 黏液瘤病	3 兔痘	5 仔兔轮状病毒病	7 巴氏杆菌病	15 葡萄球菌病	29 兔衣原体病	31 兔附红细胞体病	33 兔深部真菌病	34 球虫病	50 胃肠炎	51 肠臌胀	56 感冒	58 肺炎	62 中暑	64 维生素A缺乏症	78 菜籽饼中毒	79 马铃薯中毒	82 食盐中毒	83 眼结膜炎	96 遗传性外貌损征
72	食欲	厌食∨停食∨不吃	11		5	5	5	5	5			5	5		5	5	5			5			
73	消一粪	稀软∨粥样∨半流质	1			5																	
74	消一粪	腹泻	9		10	10	5					5	5					5	10	10	5		
75	运步	蹒跚	1																		10		
76	运一动	不稳∨摇晃	1																	5			
77	运一动	不喜活动∨不愿走动	1							5													
78	运一动	转圈	1															10					
79	运一关	关节屈曲不灵活	1							5													
80	运一关	关节炎∨肿痛	3				5		5	5													
81	运一肌	痉挛(癫痫样)	1																		10		
82	运一身	喜卧	2							5									5				
83	运一身	站不稳∨摇晃	2															10	5				
84	运一肢	不能收于腹下	1																				10
85	运一肢	四肢发冷∨末端发凉	3										5		10				5				
86	运一肢	四肢:无力∨划水状	1						10														
87	运一肢	四肢:疹块	1																	5			
88	运一肢	瘫痪不动	1																				10
89	运一肢	向体两侧伸出	1																				10

续 7 组

序	类	症 状	统	2	3	5	7	15	29	31	33	34	50	51	56	58	62	64	78	79	82	83	96
				黏液瘤病	兔痘	仔兔轮状病毒病	巴氏杆菌病	葡萄球菌病	兔衣原体病	兔附红细胞体病	兔深部真菌病	球虫病	胃肠炎	肠臌胀	感冒	肺炎	中暑	维生素A缺乏症	菜籽饼中毒	马铃薯中毒	食盐中毒	眼结膜炎	遗传性外貌损征
90	杂一声	尖叫∨鸣叫	1											10									
91	特征	败血症∧器官化脓性	1					15															
92	特征	发热＋贫血＋黄疸＋瘦	1							15													
93	特征	发热∧上呼吸道炎	1												15								
94	特征	腹围急剧膨大∧腹痛	1											15									
95	特征	腹泻∧脱水	1			15																	
96	特征	腹胀＋泻＋消瘦＋贫血	1									15											
97	特征	关节炎∨脑炎∨尿道炎	1						15														
98	特征	面＋眼睑＋耳根肿瘤	1	15																			
99	特征	温高、循环衰竭∨神经症状	1														15						

8 组　眼睑眼球异常

序	类	症(信息)	统	2 黏液瘤病	3 兔痘	21 兔大肠杆菌病	33 兔深部真菌病	34 球虫病	35 弓形虫病	39 肝片吸虫病	59 肾炎	83 眼结膜炎	96 遗传性外貌损症
		ZPDS		10	12	11	10	12	11	10	10	12	12
1	眼眵	浆性∨脓性	1						5				
2	眼睑	黏结∨闭合∨裂小	1									10	
3	眼睑	绒毛脱落	1									10	
4	眼睑	水肿	3	5						5	5		
5	眼睑	下垂(病 5～7 天见)	1	10									
6	眼睑	发炎	2		5							10	
7	眼睑	黏液性肿瘤	1	5									
8	眼眶	下陷	1			5							
9	眼球	发绀	2				5	5					
10	眼球	突∨增大	1										10
11	眼球	发炎	1									10	
12	眼球	有分泌物	1				5						
13	眼球	震颤	1		5								
14	精神	不振∨欠佳	1				5						
15	精神	沉郁	3			5		5			5		
16	精神	昏迷	1								10		
17	精神	惊厥(病后数日)	1						5				
18	精神	嗜睡	1						5				
19	颌下	水肿	1							5			
20	头	狮子头(皮下黏液性水肿)	1	25									
21	头面	黏液瘤性肿胀	1	5									
22	眼	白内障－单侧发	1										10
23	眼	独眼∨双眼被一眼代	1										10
24	眼	化脓	1		5								
25	眼	角膜溃疡	2		5							10	
26	眼	角膜:失光∨渐浑	2									10	10
27	眼	角膜发炎	1		5								
28	眼	结膜苍白	1					5					
29	眼	结膜潮红∨黏膜潮红	1									5	
30	眼	结膜黄染	1					5					
31	眼	结膜渗出液增加	1		5								

续8组

序	类	症(信息)	统	2 黏液瘤病	3 兔痘	21 兔大肠杆菌病	33 兔深部真菌病	34 球虫病	35 弓形虫病	39 肝片吸虫病	59 肾炎	83 眼结膜炎	96 遗传性外貌损症
32	眼	结膜发炎(活10天以上者)	1	10									
33	眼	晶体不透明∨混浊	1										10
34	眼	流脓∨膜囊内聚黄白色脓	1									10	
35	眼	泌物浆性∧少－黏性∧多	1									10	
36	眼	前房大	1										10
37	眼	疼剧	1									10	
38	眼	畏光流泪∨怕光流泪	1		5								
39	眼	肿显	1									10	
40	眼视	失明∨视减∨视异常	1									10	
41	鼻膜	水肿	2	5	5								
42	鼻	发炎	1	5									
43	鼻液	浆液性∨水样	1						5				
44	鼻液	流∨渗出液∨分泌物增加	2		5			5					
45	鼻液	脓性	1						5				
46	口	唇散在丘疹	1		10								
47	口	发炎	1	5									
48	口	流涎∨唾液多	2			5		5					
49	口	磨牙	1			5							
50	身	渐瘦∨营养障碍	2				5			15			
51	身	消瘦－迅速	1			10							
52	身－力	乏力∨无力∨倦怠	1								10		
53	身－力	衰弱∨极度衰弱	2							10	10		
54	身－水	脱水	1			5							
55	身－瘫	后躯麻痹(完全∨部分)	1						5				
56	身胸腹	水肿	2							5	5		
57	腹围	大∨腹胀	2			5		5					
58	皮－毛	粗乱∨易折∨断毛	2				5	5					
59	皮－毛	环状覆珍珠灰状秃毛斑	1				5						
60	皮毛色	无光泽∨褪色∨焦无光	1				5						
61	皮－色	黄疸	1							5			
62	皮炎	化脓性	1				5						
63	呼吸	困难	3		5		10				5		

续 8 组

序	类	症(信息)	统	2	3	21	33	34	35	39	59	83	96
				黏液瘤病	兔痘	兔大肠杆菌病	兔深部真菌病	球虫病	弓形虫病	肝片吸虫病	肾炎	眼结膜炎	遗传性外貌损症
64	呼吸	快－急促∨浅表	1						5				
65	消－粪	水样	1			10							
66	消－粪	黄水样	1			5							
67	循环	贫血	2					5		5			
68	尿－肾	压迫肾区不安∨躲避	1								10		
69	运－肌	麻痹	3		5			5	10				
70	运－身	蹲伏∨不愿动	1								10		
71	运－肢	不能收于腹下	1										10
72	运－肢	后肢麻痹	1						15				
73	运－肢	四肢发冷∨末端发凉	1			5							
74	运－肢	四肢水肿	1								5		
75	运－肢	瘫痪不动	1										10
76	运－肢	向体两侧伸出	1										10
77	运－肢	做短距离滑行	1										10
78	胆管	受损	1					5					
79	胆管	发炎	1							5			
80	肝	肿大	1							5			
81	公兔	精浓度降	1										10
82	公兔	性欲减	1										10
83	特征	粪水∨胶冻样＋脱水＋败血症	1			15							
84	特征	腹胀＋泻＋消瘦＋贫血	1					15					
85	特征	肝炎＋胆管炎＋营养障碍	1							15			
86	特征	面＋眼睑＋耳根瘤肿	1	15									
87	病龄	仔兔∨幼兔∨幼龄	2				5		5				
88	病龄	老年兔	1						5				

9组 鼻异常

序	类	症状	统	1	2	3	7	9	10	11	13	15	24	25	29	30	34	35	43	50	56	57	58	80
				兔瘟	黏液瘤病	兔痘	巴氏杆菌病	波氏杆菌病	野兔热	李氏杆菌病	肺炎球菌病	葡萄球菌病	兔炭疽	兔类鼻疽	兔衣原体病	兔支原体病	球虫病	弓形虫病	兔螨病	胃肠炎	感冒	支气管炎	肺炎	灭鼠药中毒
		ZPDS		10	10	16	17	10	8	10	10	11	10	10	18	10	14	11	11	10	14	10	10	13
1	鼻	潮红V充血	2					5						5										
2	鼻	出血V流血	2	15																				5
3	鼻	发凉V冷	2																	5	10			
4	鼻	喷嚏	4				5	5								5					10			
5	鼻梁	皮屑∧血痂	1																10					
6	鼻膜	坏死	1			5																		
7	鼻膜	水肿	2		5	5																		
8	鼻	发炎	7		5		5	5	5	5		5			5									
9	鼻	痒	1																		10			
10	鼻液	浆液性V水样	9				5			5			10		5	5		5			10	10	5	
11	鼻液	流V渗出液V分泌物增加	5			5					10			5			5					5		
12	鼻液	黏性	7				5	5		5	5		10			5						10		
13	鼻液	脓性	6				5	5			5							5				10	5	
14	精神	沉郁	11	5			5			5	5	5	10		5		5			5	5	5		
15	精神	高度沉郁	1																	10				
16	精神	功能紊乱V损害	3			5				5							5							
17	头	个别病例水肿	1										5											
18	头	后仰	1														5							

续 9 组

序	类	症 状	统	1 兔瘟	2 黏液瘤病	3 兔痘	7 巴氏杆菌病	9 波氏杆菌病	10 野兔热	11 李氏杆菌病	13 肺炎球菌病	15 葡萄球菌病	24 兔炭疽	25 兔类鼻疽	29 兔衣原体病	30 兔支原体病	34 球虫病	35 弓形虫病	43 兔螨病	50 胃肠炎	56 感冒	57 支气管炎	58 肺炎	80 灭鼠药中毒
19	头	狮子头—皮下黏液性水肿	1		25																			
20	头	摇头	1																5					
21	头颈	偏向一侧	1							5														
22	眼	结膜发炎∨肿胀∨眼炎	6		10	10	10					5			5						5			
23	眼	结膜发炎(活10天以上者)	1		10																			
24	眼睑	下垂(病5～7天见)	1		10																			
25	眼睑	黏液性瘤肿	1		5																			
26	眼角	浆性∨脓性分泌物	1											10										
27	眼圈	皮屑∧血痂	1																10					
28	口	齿龈出血	1																					5
29	口	唇散在丘疹	1			10																		
30	口	发炎	1		5																			
31	口	流涎∨唾液多	4										10		5		5							10
32	口	流血	1	15																				
33	口	呕吐	1																					10
34	口	舌散在丘疹	1			10																		
35	口	咽炎	1					5																
36	口	嘴唇肿胀	1																5					
37	耳	耳下垂	1																5					

续 9 组

序	类	症状	统	1 兔瘟	2 黏液瘤病	3 兔痘	7 巴氏杆菌病	9 波氏杆菌病	10 野兔热	11 李氏杆菌病	13 肺炎球菌病	15 葡萄球菌病	24 兔炭疽	25 兔类鼻疽	29 兔衣原体病	30 兔支原体病	34 球虫病	35 弓形虫病	43 兔螨病	50 胃肠炎	56 感冒	57 支气管炎	58 肺炎	80 灭鼠药中毒
38	耳	发凉V冷	2																	5	10			
39	耳	外耳道炎(黄痂如纸卷)	1																15					
40	身一动	抽搐	3	5													5							10
41	身	消瘦	7					5	15			5			5		5	5	5					
42	身	消瘦一高度	1						15															
43	身	消瘦一迅速	1																10					
44	身一汗	全身出汗	1																					5
45	身化脓	扩散V向内破溃	1									5												
46	身一力	乏力V无力V倦怠	1																			5		
47	身一力	虚弱V体弱V软弱	2									5			5									
48	身一力	衰竭V极度衰竭	1						15															
49	呼吸	咳嗽	7				5				10				5	10					5	10	5	
50	呼吸	困难	6			5	5							5								5	5	5
51	呼吸	伸颈V头上仰	1																				5	
52	呼吸	急促V频数V浅表	8	10			5	5						5		5		5		10			5	
53	呼吸音	呼吸音增强	1																				5	
54	呼吸音	音:湿啰音	1																				5	
55	食欲	不振V减少V骤减	15	5		5	5	5			5	5			5	5	5	5	5		5	5	5	5
56	食欲	厌食V不食V不吃	14	5		5	5		10	5		5	5		5		5	5		5	5		5	10

续9组

序	类	症状	统	1 兔瘟	2 黏液瘤病	3 兔痘	7 巴氏杆菌病	9 波氏杆菌病	10 野兔热	11 李氏杆菌病	13 肺炎球菌病	15 葡萄球菌病	24 兔炭疽	25 兔类鼻疽	29 兔衣原体病	30 兔支原体病	34 球虫病	35 弓形虫病	43 兔螨病	50 胃肠炎	56 感冒	57 支气管炎	58 肺炎	80 灭鼠药中毒
57	消一粪	腹泻	5			10	5										5			5				5
58	消粪含	血∨带血∨便血	3														5			5				5
59	运步	蹦跳	1	10																				
60	运步	共济失调	1						5															
61	运一关	关节炎∨肿痛	4				5								5	5								5
62	运一肌	麻痹	4			5											5	10						10
63	运一肌	失调	2			5				5														
64	运一肢	后肢麻痹	1															15						
65	运一肢	四肢:发冷∨末端发凉	2																	5	10			
66	运一肢	四肢:无力∨划水状	1												10									
67	母兔	流产	4			5				5				5	5									
68	温	体温高∨高热∨发热	14	10	10	10	10		15	10	10	5	5	5	5			5		5	10			
69	温	寒战	1																		10			
70	特征	体温高＋咳嗽＋突死	1								15													
71	特征	败血症＋脾大＋皮下胶样	1										15											
72	特征	败血症∧器官化脓性	1									15												
73	特征	鼻炎＋咽炎＋支气管肺炎	1					15																
74	特征	鼻眼分泌物＋呼吸困难	1											15										
75	特征	发热∧上呼吸道发炎	1																		15			

续 9 组

序	类	症状	统	1	2	3	7	9	10	11	13	15	24	25	29	30	34	35	43	50	56	57	58	80
				兔瘟	黏液瘤病	兔痘	巴氏杆菌病	波氏杆菌病	野兔热	李氏杆菌病	肺炎球菌病	葡萄球菌病	兔炭疽	兔类鼻疽	兔衣原体病	兔支原体病	球虫病	弓形虫病	兔螨病	胃肠炎	感冒	支气管炎	肺炎	灭鼠药中毒
76	特征	腹胀+泻+消瘦+贫血	1														15							
77	特征	关节炎∨脑炎∨尿道炎	1												15									
78	特征	呼吸道炎∧关节炎	1													15								
79	特征	咳+流鼻液+胸听诊啰音	1																			15		
80	特征	面+眼睑黏液性瘤肿	1		15																			
81	特征	器官脓性炎+肉芽结	1											15										
82	病龄	各龄	6			5							5	5	5	5			5					
83	病龄	仔兔∨幼兔∨幼龄	5								5				5	5		5	5					
84	症	败血症	4				5		5			10	10											
85	死时	突然∨快∨速死∨急性死亡	6	15			5				10				5		5	5						

10组 口一涎唾异常

序	类	症状	统	1	4	17	21	24	29	34	47	49	61	62	75	76	78	79	80
				兔瘟	传染性口炎	坏死杆菌病	兔大肠杆菌病	兔炭疽	兔衣原体病	球虫病	口炎	胃扩张	癫痫	中暑	真菌毒素中毒	有毒植物中毒	菜籽饼中毒	马铃薯中毒	灭鼠药中毒
		ZPDS		11	11	8	11	11	11	12	10	11	10	11	11	10	10	10	11
1	口	流涎∨唾液多	11		15	5	5	10	5	5		5			5	5		5	5
2	口	流血	1	15															
3	口膜	坏死∧伴有恶臭	1		10														
4	口	吐沫∨吐白沫∨粉红沫	3										10	10			10		
5	口流	不洁液∨臭唾液∨血液	1								10								
6	口流	涎∧黏附被毛	1								10								
7	精神	昏睡	1					10											
8	精神	惊厥	1	10															
9	精神	兴奋→沉郁	1											10					
10	精神	兴奋∨兴奋不安	3									5		10		10			
11	精神	意识丧失∨昏迷	3										15	10					5
12	头	低头伸颈	1													10			
13	头	个别病例水肿	1					5											
14	颌下	皮坏死脓肿∨溃疡∨恶臭	1			5													
15	头颈	皮坏死脓肿∨溃疡∨恶臭	1			5													
16	头颈	严重水肿	1					10											
17	头颈	疹块	1															5	
18	眼	结膜潮红∨黏膜潮红	2											5				10	

续 10 组

序	类	症状	统	1 兔瘟	4 传染性口炎	17 坏死杆菌病	21 兔大肠杆菌病	24 兔炭疽	29 兔衣原体病	34 球虫病	47 口炎	49 胃扩张	61 癫痫	62 中暑	75 真菌毒素中毒	76 有毒植物中毒	78 菜籽饼中毒	79 马铃薯中毒	80 灭鼠药中毒
19	眼	结膜发绀 V 黏膜发绀	3											5			5	10	
20	眼	结膜发炎 V 肿胀 V 眼炎	1						5										
21	眼	瞳孔:散大 V 反射无	2										10				10		
22	鼻	发炎	1						5										
23	鼻液	浆液性 V 水样	2					10	5										
24	鼻液	黏性	1					10											
25	口	磨牙	1				5												
26	口膜	潮红、充血	1		10														
27	口膜	发炎疼痛—损伤	1								5								
28	口	呕吐	2									5							5
29	口	皮坏死脓肿 V 溃疡 V 恶臭	1			5													
30	口	小米粒大至扁豆大水疱	1		10														
31	口	牙关紧闭	1										10						
32	口	硬腭出现水疱	1		10														
33	口唇	皮坏死脓肿 V 溃疡 V 恶臭	1			5													
34	口膜	红肿 V 损伤 V 溃疡	1								5								
35	口膜	水疱性炎	1		15														
36	口膜	小水疱 V 糜烂 V 坏死	1								10								
37	口—舌	小米粒大至扁豆大水疱	1		10														

续10组

序	类	症状	统	1	4	17	21	24	29	34	47	49	61	62	75	76	78	79	80
				兔瘟	传染性口炎	坏死杆菌病	兔大肠杆菌病	兔炭疽	兔衣原体病	球虫病	口炎	胃扩张	癫痫	中暑	真菌毒素中毒	有毒植物中毒	菜籽饼中毒	马铃薯中毒	灭鼠药中毒
38	口炎	继发于舌伤、咽炎等	1								5								
39	口炎	因霉料∨误食生石灰、氨水	1								5								
40	口炎	因损伤－机械性	1								5								
41	身－病	天然孔流血样液体	1	15															
42	身－动	抽搐	4	5						5				10					5
43	身－动	抽搐－倒地	1	10															
44	身－动	倒地不起	1												10				
45	身－动	痉挛	3							5			5			5			
46	身－动	突然倒地	1										15						
47	身	消瘦	4		5		5		5	5									
48	身	消瘦－迅速	1				10												
49	身－力	乏力∨无力∨倦怠	2											5			5		
50	身－力	衰弱∨极度衰弱	1													10			
51	身胸	严重水肿	1					5											
52	身胸前	皮坏死脓肿∨溃疡∨恶臭	1			5													
53	身－育	生长发育不良∨慢	1							5									
54	身－重	体重降∨减轻∨增重减慢	1			10													
55	身－姿	角弓反张	1						10										
56	身－姿	缩成一团	1					10											

续 10 组

序	类	症 状	统	1	4	17	21	24	29	34	47	49	61	62	75	76	78	79	80
				兔瘟	传染性口炎	坏死杆菌病	兔大肠杆菌病	兔炭疽	兔衣原体病	球虫病	口炎	胃扩张	癫痫	中暑	真菌毒素中毒	有毒植物中毒	菜籽饼中毒	马铃薯中毒	灭鼠药中毒
57	腹水	多	1							5									
58	腹	疼痛	4									5					10	10	10
59	腹痛	剧烈	1									10							
60	腹痛	频繁换位∨痛苦∨起卧不宁	1									5							
61	腹围	大∨腹胀	5				5			5		5				5	10		
62	腹下	严重水肿	1					5											
63	皮	过敏	1						5										
64	皮毛	脱毛	1		10														
65	皮下	胶样	1					10											
66	乳房	疹块	1															5	
67	呼吸	困难	4									10		10		5			5
68	呼吸	急促∨浅表	4	10										10	5		5		
69	食欲	不振∨减少	7	5	5		5		5	5	5								5
70	消一粪	腹泻	7		5					5					5	5	10	10	10
71	消一粪	失禁	2										5						5
72	消一粪	污(毛∨肛∨肢∨腹∨足)	1				5												
73	消粪含	胶冻样	1				10												
74	消粪含	黏液	2				5								10				
75	消粪含	血∨带血∨便血	5							5					10		5	10	5

续 10 组

序	类	症 状	统	1	4	17	21	24	29	34	47	49	61	62	75	76	78	79	80
				兔瘟	传染性口炎	坏死杆菌病	兔大肠杆菌病	兔炭疽	兔衣原体病	球虫病	口炎	胃扩张	癫痫	中暑	真菌毒素中毒	有毒植物中毒	菜籽饼中毒	马铃薯中毒	灭鼠药中毒
76	消粪	恶臭味∨难闻臭味	1												10				
77	消化	障碍∨胃肠紊乱∨分泌低下	1												5				
78	尿色	血尿	2													5		5	
79	运步	蹦跳	1	10															
80	运－动	不爱活动∨不爱走动	1									5							
81	运－动	不灵活	1												10				
82	运－动	不稳∨摇晃	1															5	
83	运－身	欠伸	1													5			
84	运－身	卧于一角	1									5							
85	运－肢	四肢:疹块	1															5	
86	运－肢	体强直痉挛	1										15						
87	母兔	流产	3						5						5		5		
88	特征	败血症＋脾大＋皮下胶样	1					15											
89	特征	病急＋病程短＋腹痛剧烈	1									15							
90	特征	粪水∨胶冻样＋脱水＋败血症	1				15												
91	特征	腹胀＋泻＋消瘦＋贫血	1							15									
92	特征	关节炎∨脑炎∨尿道炎	1						15										
93	特征	口流涎＋红肿＋疱＋溃疡	1								15								
94	特征	皮膜(坏死∧溃疡∧脓肿)	1			15													

续 10 组

序	类	症 状	统	1	4	17	21	24	29	34	47	49	61	62	75	76	78	79	80
				兔瘟	传染性口炎	坏死杆菌病	兔大肠杆菌病	兔炭疽	兔衣原体病	球虫病	口炎	胃扩张	癫痫	中暑	真菌毒素中毒	有毒植物中毒	菜籽饼中毒	马铃薯中毒	灭鼠药中毒
95	特征	温高、循环衰竭∨神经症状	1											15					
96	特征	发病突然＋体温高	1	15															
97	特征	死前尖叫＋口鼻流血	1	15															
98	症癫痫	阵发性	1										5						
99	症癫痫	周期发	1										5						
100	死时	突然∨快	4	15			10		5	5									
101	死因	衰竭	1												10				

11组　呕　吐

序	类	症(信息)	统	5	49	80	81
				仔兔轮状病毒病	胃扩张	灭鼠药中毒	有机氯农药中毒
		ZPDS		12	12	13	12
1	口	呕吐	4	5	5	10	5
2	精神	不振Ⅴ欠佳	1			5	
3	精神	沉郁	1		5		
4	精神	昏迷	1			10	
5	精神	昏睡	1	5			
6	精神	惊恐不安	1				10
7	精神	兴奋Ⅴ兴奋不安	2		5		5
8	精神	兴奋－极度	1				10
9	精神	意识丧失Ⅴ意障	1			10	
10	眼	结膜:苍白	1	5			
11	眼	瞳孔:缩小	1			10	
12	鼻	出血Ⅴ流血	1			5	
13	口	流涎Ⅴ唾液多	2		5	10	
14	口膜	糜烂Ⅴ溃疡	1				10
15	身－动	抽搐	1			10	
16	身	渐瘦Ⅴ营养障碍	1				5
17	身	消瘦	1	5			
18	身－汗	全身出汗	1			5	
19	身－水	脱水	1	10			
20	腹痛		2		5	5	
21	腹痛	剧烈	1		10		
22	腹痛	频繁换位Ⅴ痛苦Ⅴ起卧不宁	1		5		
23	腹围	大Ⅴ腹胀	1		5		
24	呼吸	窒息	1		10		
25	食欲	不振Ⅴ减少	3	5		5	5
26	食欲	厌食Ⅴ拒食	2	5		10	
27	消－粪	水样	1	5			
28	消－粪	稀软Ⅴ粥样Ⅴ半流质	1	5			
29	消－粪	腹泻	3	10		5	5
30	运－肌	震颤Ⅴ强直性收缩	1				5
31	运－肌	周期性痉挛	1				5
32	运－身	卧于一角	1		5		

续 11 组

序	类	症(信息)	统	5 仔兔轮状病毒病	49 胃扩张	80 灭鼠药中毒	81 有机氯农药中毒
33	运－肢	四肢:不稳	1				10
34	运－肢	四肢:强拘∨强直	1				10
35	温	体温正常∨无变化∨不高	1	5			
36	特征	病急＋病程短＋腹痛剧烈	1		15		
37	特征	腹泻∧脱水	1	15			
38	病时	食后 1～2 小时	1		5		

12 组　口舌异常

序	类	症(信息)	统	2 黏液瘤病	3 兔痘	4 传染性口炎	9 波氏杆菌病	17 坏死杆菌病	32 兔体表真菌病	43 兔螨病	47 口炎	72 锌缺乏症	80 灭鼠药中毒	81 有机氯农药中毒
		ZPDS		13	13	14	11	13	15	14	8	12	13	14
1	口	齿龈出血	1										5	
2	口	唇散在丘疹	1		10									
3	口	发炎	1	5										
4	口膜	糜烂∨溃疡	1											10
5	口	咽炎	1				5							
6	口	硬腭小米粒大至扁豆大水疱	1			10								
7	口	圆∨不规则脱毛∨痂灰∨黄	1						5					
8	口	嘴唇肿胀	1							5				
9	口唇	皮坏死脓肿∨溃疡∨恶臭	1					5						
10	口唇	小米粒大至扁豆大水疱	1			10								
11	口角	溃疡	1									5		
12	口角	痛	1									5		
13	口角	肿胀	1									5		
14	口膜	小水疱∨糜烂∨坏死	1								10			
15	口－舌	小米粒大至扁豆大水疱	1			10								
16	口炎	继发于舌伤、咽炎等	1								5			
17	精神	惊恐不安	1											10
18	精神	兴奋∨兴奋不安	1											5
19	精神	兴奋－极度	1											10
20	精神	意识丧失∨昏迷	1										10	

续 12 组

序	类	症(信息)	统	2 黏液瘤病	3 兔瘟	4 传染性口炎	9 波氏杆菌病	17 坏死杆菌病	32 兔体表真菌病	43 兔螨病	47 口炎	72 锌缺乏症	80 灭鼠药中毒	81 有机氯农药中毒
21	精神	神经症状∨功能紊乱∨损害	2		5				5					
22	颌下	皮坏死脓肿∨溃疡∨恶臭	1					5						
23	头	狮子头－皮下黏液性水肿	1	25										
24	头	歪头∨斜颈	1							5				
25	头	摇头	1							5				
26	头颈	环形∨凸起灰色∨黄色痂皮	1						5					
27	头颈	皮坏死脓肿∨溃疡∨恶臭	1					5						
28	头颈	圆∨不规则脱毛∨痂灰∨黄	1						5					
29	头面	皮坏死脓肿∨溃疡∨恶臭	1					5						
30	头面	黏液性水肿	1	5										
31	头癣	圆∨不规则脱毛∨痂灰∨黄	1						5					
32	眼	化脓	1		5									
33	眼	结膜:渗出液增加	1		5									
34	眼	结膜:发炎∨肿胀	2	10	10									
35	眼	瞳孔:缩小	1										10	
36	眼	畏光流泪∨怕光流泪	1		5									
37	眼睑	水肿	1	5										
38	眼睑	下垂(病 5～7 天见)	1	10										
39	眼睑	发炎	1		5									
40	眼睑	黏液性肿瘤	1	5										
41	眼圈	皮屑∧血痂	1							10				
42	鼻	潮红∨充血	1				5							
43	鼻	出血∨流血	1										5	
44	鼻	喷嚏	1				5							
45	鼻梁	皮屑∧血痂	1							10				
46	鼻膜	水肿	2	5	5									
47	鼻	发炎	2	5			5							
48	鼻液	流∨渗出液∨分泌物增加	1		5									
49	鼻液	黏性	1				5							
50	鼻液	脓性	1				5							
51	口	流涎∨唾液多	3			15		5					10	
52	口膜	潮红、充血	1			10								

续 12 组

序	类	症(信息)	统	2	3	4	9	17	32	43	47	72	80	81
				黏液瘤病	兔痘	传染性口炎	波氏杆菌病	坏死杆菌病	兔体表真菌病	兔螨病	口炎	锌缺乏症	灭鼠药中毒	有机氯农药中毒
53	口膜	发炎疼痛－损伤	1								5			
54	口膜	坏死∧伴有恶臭	1			10								
55	口	呕吐	2										10	5
56	口	皮坏死脓肿∨溃疡∨恶臭	1					5						
57	口流	不洁液∨臭唾液∨血液	1								10			
58	口流	涎∧黏附被毛	1								10			
59	口膜	红肿∨损伤∨溃疡	1								5			
60	口膜	水疱性炎	1			15								
61	耳	耳下垂	1							5				
62	耳	外耳道炎∨黄痂如纸卷	1							15				
63	耳	用脚搔耳	1							5				
64	耳病	延至筛骨∧脑部	1							5				
65	耳根	水肿(活 10 天以上者)	1	10										
66	耳聋	最急性病例	1	15										
67	身－背	圆形∨不规则脱毛∨痂灰∨黄	1						5					
68	身－病	全身皮下黏液性水肿	1	10										
69	身－动	抽搐	1										10	
70	身	渐瘦∨营养障碍	1											5
71	身	消瘦	3			5	5			5				
72	身	消瘦－迅速	1							10				
73	身－汗	全身出汗	1										5	
74	身－力	虚弱∨体弱∨软弱	1			5								
75	身胸前	皮坏死脓肿∨溃疡∨恶臭	1					5						
76	身－重	体重降∨减轻∨增重减慢	1					10						
77	腹痛		1										5	
78	腹下	圆形或不规则脱毛∨痂灰∨黄	1						5					
79	皮－毛	脱毛	1			10								
80	皮－毛	粗乱∨易折∨断毛	1						10					
81	皮－毛	囊:脓肿	1						5					
82	皮－毛	脱落∨局部脱毛	2						10			10		
83	皮毛色	无光泽∨褪色∨焦无光	1									10		
84	皮－性	坏死脓肿∨溃疡∨恶臭	1					5						

续 12 组

序	类	症(信息)	统	2	3	4	9	17	32	43	47	72	80	81
				黏液瘤病	兔痘	传染性口炎	波氏杆菌病	坏死杆菌病	兔体表真菌病	兔螨病	口炎	锌缺乏症	灭鼠药中毒	有机氯农药中毒
85	皮－性	灰白色结痂	1							5				
86	皮炎	化脓性	2			10			5					
87	呼吸	支气管炎	1				5							
88	呼吸	快－急促∨频数∨促迫∨浅表	1				5							
89	食欲	不振∨减少∨减退∨下降∨骤减	8		5	5	5			5	5	5	5	5
90	食欲	厌食∨拒食∨停食∨不食∨不吃	4		5	5		5					10	
91	消－粪	腹泻	4		10	5							5	5
92	运－肌	震颤∨强直性收缩	1											5
93	运－肌	周期性痉挛	1											5
94	运－脚	脚底皮坏死脓肿∨溃疡∨恶臭	1					5						
95	运－脚	皮屑∧血痂	1							10				
96	运－肢	不稳	1											10
97	运－肢	皮坏死脓肿∨溃疡∨恶臭	1					5						
98	运－肢	强拘∨强直	1											10
99	运－肢	圆∨不规则脱毛∨痂灰∨黄	1						5					
100	运－爪	(圆∨不规则)脱毛∨皮损	1						5					
101	运－爪	环形∨凸起灰色∨黄色痂皮	1						5					
102	母兔	分娩时间延长	1									10		
103	母兔	胎盘停滞	1									10		
104	幼兔	生长发育迟滞	1									5		
105	仔兔	死亡率高	1									15		
106	生殖能力	降低	1									10		
107	生殖能力	丧失	1									10		
108	特征	鼻炎＋咽炎＋支气管肺炎	1				15							
109	特征	口流涎＋红肿＋疱＋溃疡	1								15			
110	特征	面＋眼睑＋耳根黏液性水肿	1	15										
111	特征	皮膜(坏死∧溃疡∧脓肿)	1					15						
112	特征	皮脱毛＋断毛＋皮炎	1						15					
113	死时	4～7天	2		5									5
114	死因	昏迷死	2										10	10

13组 身颤∨抽搐∨痉挛

序	类	症(信息)	统	1 兔瘟	23 兔破伤风	34 球虫病	36 兔脑炎原虫病	59 肾炎	61 癫痫	62 中暑	65 维生素B_1缺乏症	68 佝偻病	69 全身性缺钙	76 有毒植物中毒	77 棉籽饼中毒	80 灭鼠药中毒
		ZPDS		12	9	12	12	13	11	13	12	11	11	11	12	13
1	身－动	抽搐(颤抖)	7	5		5	5			10	10	5				10
2	身－动	抽搐－倒地	1	10												
3	身－动	痉挛	7		15	5		5	5		10		5	5		
4	身－动	痉挛－阵发性	1					10								
5	身－动	身颤	1												5	
6	精神	不振∨不好∨欠佳	3							5		5				5
7	精神	沉郁	6	5		5	5	5		10					5	
8	精神	倒地不起	1							10						
9	精神	昏迷	5				5	10		10	10					10
10	精神	惊厥	1	10												
11	精神	兴奋∨兴奋不安	2							10				10		
12	精神	意识丧失∨昏迷	3						15	10						10
13	精神	神经功能紊乱∨损害	4			5	5			5	10					
14	头	低头伸颈	1											10		
15	头－脑	无质变,功能异常	1						5							
16	眼	瞳孔反射无	1						10							
17	眼	瞳孔散大	1						10							
18	眼睑	水肿	1					5								
19	鼻	出血∨流血	2	15												5
20	口	流涎∨唾液多	3			5								5		10
21	口	流血	1	15												
22	口	吐沫∨吐白沫∨粉红沫	2						10	10						
23	口	牙关紧闭	2		5				10							
24	耳根	发绀	1	10												
25	身－病	渐进性水肿	1								10					
26	身－病	天然孔流血样液体	1	15												
27	身－动	翻滚	1				10									
28	身－动	突然倒地	1						15							
29	身	消瘦	3			5	5					5				
30	身－力	乏力∨无力∨倦怠	2					10		5						
31	身－力	衰弱∨极度衰弱	2					10						10		

续 13 组

序	类	症(信息)	统	1 兔瘟	23 兔破伤风	34 球虫病	36 兔脑炎原虫病	59 肾炎	61 癫痫	62 中暑	65 维生素B_1缺乏症	68 佝偻病	69 全身性缺钙	76 有毒植物中毒	77 棉籽饼中毒	80 灭鼠药中毒
32	身－力	虚弱∨体弱∨软弱	1									5				
33	身－姿	角弓反张	1		15											
34	呼吸	停－促迫	1						10							
35	呼吸	缓慢	1											5		
36	食欲	不振∨减少	9	5		5	5	5			5	5	5		10	5
37	食欲	厌食∨拒食	7	5	5	5		5		5					10	10
38	食欲	异常∨异嗜	2									5	5			
39	消－粪	腹泻	5			5					5			5	5	5
40	消－粪	便秘	2								5				5	
41	消粪含	黏液	1												10	
42	消粪含	血∨带血∨便血	3			5									10	5
43	消化	障碍∨胃肠紊乱∨分泌低下	2								5				5	
44	尿	失禁	2						5							5
45	尿	尿频	1												10	
46	尿色	红色	1												10	
47	尿色	血尿	2											5		5
48	尿	量少	2				5	5								
49	尿－肾	泌尿功能障碍	1								10					
50	排尿	疼痛	2				10								10	
51	运步	跛	2									10	10			
52	运－骨	长管骨肿大	1										10			
53	运－骨	骨骼变形与缺钙似	1										10			
54	运－骨	膨大	1										10			
55	运－骨	软化	1										10			
56	运－骨	易折	2									10	10			
57	运－骨	肢骨弯X形或O形	1									15				
58	运－骨	质软化	1										5			
59	运－肌	痉挛	1											10		
60	运－肌	麻痹	6			5	5				10		5	10		10
61	运－肌	麻痹－四肢∧颈肌肉	1											10		
62	运－肌	强行运动∧跳跃小心	1					10								
63	运－肌	强直性痉挛	1		5											

续 13 组

序	类	症(信息)	统	1	23	34	36	59	61	62	65	68	69	76	77	80
				兔瘟	兔破伤风	球虫病	兔脑炎原虫病	肾炎	癫痫	中暑	维生素B_1缺乏症	佝偻病	全身性缺钙	有毒植物中毒	棉籽饼中毒	灭鼠药中毒
64	运一肌	失调	1								10					
65	运一身	蹲伏∨不愿动	1					10								
66	运一肢	关节痛	1									10				
67	运一肢	四肢:强拘∨强直	1		15											
68	运一肢	四肢:水肿	1					5								
69	运一肢	体强直痉挛	1						15							
70	特征	发育慢∧骨骺肿∨骨变形	1									15				
71	特征	腹胀+泻+消瘦+贫血	1			15										
72	特征	温高、循环衰竭∨神经症状	1							15						
73	特征	发病突然+体温高	1	15												
74	特征	死前尖叫+口鼻流血	1	15												
75	病季	四季∨无季节性	2		5		5									
76	病龄	各龄	3		5		5			5						
77	病流行	散发	1		5											

14 组　背异常

序	类	症(信息)	统	41	74	91	94	104
				囊尾蚴病	异嗜癖	截瘫	脚垫和脚皮炎	阴道脱出和子宫脱出
		ZPDS		10	10	10	7	6
1	身一背	断背	1			5		
2	身一背	弓背	4	5	5		15	5
3	精神	胆小∨易惊	1		5			
4	精神	嗜睡	1	5				
5	头一脑	破坏中枢神经∧脑血管	1	10				
6	眼	结膜:苍白	1	5				
7	身一动	后躯痛觉迟钝	1			5		
8	身一动	后躯运动不灵	1			5		
9	身一动	后躯运动功能1~2周恢复	1			5		
10	身	渐瘦∨营养障碍	2	5	5			

续14组

序	类	症(信息)	统	41 囊尾蚴病	74 异嗜癖	91 截瘫	94 脚垫和脚皮炎	104 阴道脱出和子宫脱出
11	身-骨	椎骨:创伤性脊椎骨折	1			5		
12	身-力	衰竭∨极度衰竭	1	5				
13	身-瘫	因惊吓而蹿跳∨跌落	1			5		
14	身-瘫	因腰椎骨折∨腰荐脱位	1			5		
15	身-瘫	后躯麻痹(完全∨部分)	1			10		
16	身-尾	举尾	1					5
17	身-腰	掉腰	1			5		
18	身-重	体重降∨减轻∨增重减慢	1				5	
19	腹围	大∨膨胀	1	5				
20	皮-毛	粗乱∨易折∨断毛	1		5			
21	皮毛色	无光泽∨褪色∨焦无光	1	5				
22	食欲	不振∨减少	1		5			
23	食欲	味觉异常	1		10			
24	食欲	厌食∨拒食	1				5	
25	食欲	异常∨异嗜	1		35			
26	消-肛	频努∨排少量粪	1					5
27	消肛门	失控-粪沾污	1			5		
28	消化	障碍∨胃肠紊乱∨分泌低下	1		10			
29	尿	尿频	1					5
30	尿	量少	1					5
31	运步	高抬脚	1				15	
32	运-脚	脚皮:痂∨溃疡∨周脓肿	1				10	
33	运-肢	脚垫皮炎-继发	1				15	
34	母兔	阴道脱出呈球形+站立可回缩	1					15
35	温	体温阵发性发热	1	5				
36	温	体温正常∨无变化∨不高	1		10			
37	病因	缺乏蛋白质和氨基酸	1		5			
38	死时	突然∨快	1	5				
39	死因	败血症	1				5	

15组 身渐瘦

序	类	症(信息)	统	16 棒状杆菌病	33 兔深部真菌病	39 肝片吸虫病	41 囊尾蚴病	48 消化不良	74 异嗜癖	81 有机氯农药中毒
		ZPDS		9	11	9	11	11	10	12
1	**身**	**渐瘦Ⅴ营养障碍**	7	5	5	15	5	5	5	5
2	精神	胆小Ⅴ易惊	1						5	
3	精神	惊恐不安	1							10
4	精神	嗜睡	1				5			
5	精神	兴奋Ⅴ兴奋不安	1							5
6	精神	极度兴奋	1							10
7	颌下	水肿	1			5				
8	头一脑	破坏中枢神经Λ脑血管	1				10			
9	眼	结膜:苍白	1				5			
10	眼	结膜:发炎Ⅴ肿胀	1		5					
11	眼睑	水肿	1			5				
12	眼球	发绀	1		5					
13	眼球	有分泌物	1		5					
14	口膜	糜烂Ⅴ溃疡	1							10
15	口	呕吐	1							5
16	身一背	弓背	2				5		5	
17	身	消瘦	1			10				
18	身一力	乏力Ⅴ无力Ⅴ倦怠	1					5		
19	身一力	衰弱Ⅴ极度衰弱	1			10				
20	身一力	衰竭Ⅴ极度衰竭	1				5			
21	胸腹	水肿	1			5				
22	腹	疼痛	1					5		
23	腹围	大Ⅴ臌胀	2				5	5		
24	皮一毛	粗乱Ⅴ易折Ⅴ断毛	2		5				5	
25	皮一毛	环状覆珍珠灰状秃毛斑	1		5					
26	皮毛色	无光泽Ⅴ褪色Ⅴ焦无光	2		5		5			
27	皮一色	黄疸	1			5				
28	皮下	脓肿	1	5						

续 15 组

序	类	症(信息)	统	16 棒状杆菌病	33 兔深部真菌病	39 肝片吸虫病	41 囊尾蚴病	48 消化不良	74 异嗜癖	81 有机氯农药中毒
29	皮下	小脓灶	1	15						
30	皮炎	化脓性	1		5					
31	呼吸	困难	1		10					
32	呼吸	器官发炎	1		5					
33	食欲	不振∨减少∨骤减	5	5	5			5	5	5
34	食欲	味觉异常	1						10	
35	食欲	厌食∨拒食	2			5		5		
36	食欲	异常∨异嗜	2					5	35	
37	食欲	饮:渴∨增加∨渴喜饮	1				5			
38	食欲	障碍∨有明显变化∨微变	1				5			
39	消-粪	水样	1					10		
40	消-粪	稀软∨粥样∨半流质	1					10		
41	消-粪	腹泻	2					5		5
42	消粪色	恶臭味∨难闻臭味	1					10		
43	消化	障碍∨胃肠紊乱∨分泌低下	1						10	
44	运-动	不喜活动∨不愿走动	1				5			
45	运-关	关节变形(肘∨膝∨跗)	1	15						
46	运-肌	震颤∨强直性收缩	1							5
47	运-肌	周期性痉挛	1							5
48	运-肢	四肢:不稳	1							10
49	运-肢	四肢:强拘∨强直	1							10
50	温	体温正常∨无变化∨不高	1						10	
51	特征	营养障碍	1			15				
52	病感途	伤接触污染料∨水	1	5						
53	病感途	污土∨垫料	1	5						
54	病感途	消化道感染	1	5						
55	病流行	散发	1	5						
56	病因	缺乏蛋白质和氨基酸	1						5	

16-1组　身　瘦

序	类	症(信息)	统	4 传染性口炎	5 仔兔轮状病毒病	9 波氏杆菌病	10 野兔热	15 葡萄球菌病	18 兔结核病	19 兔伪结核病	20 兔沙门氏菌病	21 兔大肠杆菌病	29 兔衣原体病	31 兔附红细胞体病
		ZPDS		21	13	12	12	20	12	12	12	16	19	13
1	**身**	**消瘦**	11	5	5	5	15	5	5	5	5	5	5	5
2	**身**	**消瘦－高度**	1				15							
3	**身**	**消瘦－迅速**	1									10		
4	精神	昏睡	2		5			10						
5	眼	结膜:苍白	1		5									
6	眼	结膜:黄染Ｖ淡黄	1											5
7	眼	结膜:发炎Ｖ肿胀	2					5					5	
8	眼	晶体不透明Ｖ混浊	1						5					
9	眼眶	下陷	1									5		
10	鼻	潮红Ｖ充血	1			5								
11	鼻	喷嚏	1			5								
12	鼻	发炎	4			5	5	5					5	
13	鼻液	浆液性Ｖ水样	1										5	
14	鼻液	黏性	1			5								
15	鼻液	脓性	1			5								
16	口	流涎Ｖ唾液多	3	15								5	5	
17	口	磨牙	1									5		
18	口膜	潮红∧充血	1	10										
19	口膜	坏死∧伴有恶臭	1	10										
20	口	呕吐	1		5									
21	口	小米粒大至扁豆大水疱	1	10										
22	口	咽炎	1			5								
23	口	硬腭小米粒至扁豆大水疱	1	10										
24	口唇	小米粒大至扁豆大水疱	1	10										
25	口唇	黏膜坏死∧伴有恶臭	1	10										
26	口膜	水疱性炎	1	15										
27	口－舌	小米粒至扁豆大水疱	1	10										
28	身－病	脓肿－各部位	1					5						
29	身－骨	脊椎炎症	1						5					
30	身化脓	扩散Ｖ向内破溃	1					5						
31	身－力	乏力Ｖ无力Ｖ倦怠	1											5

续 16-1 组

序	类	症(信息)	统	4 传染性口炎	5 仔兔轮状病毒病	9 波氏杆菌病	10 野兔热	15 葡萄球菌病	18 兔结核病	19 兔伪结核病	20 兔沙门氏菌病	21 兔大肠杆菌病	29 兔衣原体病	31 兔附红细胞体病
32	身—力	衰弱∨极度衰弱	2				15			15				
33	身—力	虚弱∨体弱∨软弱	3	5				5					5	
34	身—水	脱水	3		10							5	5	
35	身—瘫	麻痹	1										10	
36	身—姿	角弓反张	1										10	
37	腹触诊	肠系膜淋结∧蚓突肿硬	1							5				
38	腹围	大∨臌胀	1									5		
39	皮	过敏	1										5	
40	皮毛	脱毛	1	10										
41	皮—毛	粗乱∨易折∨断毛	2						5	5				
42	皮—膜	黏膜苍白	1						5					
43	皮脓肿	变干∨消失∨痊愈	1					5						
44	皮—色	黄疸	1											5
45	皮下	脓肿∧流脓∨破久不愈	1					5						
46	皮—性	出现小米粒大肿块	1					5						
47	皮炎	化脓性	1	10										
48	皮	肿胀	1										5	
49	乳房	发炎∨肿块∨脓肿∨胀大	1					5						
50	乳房	疹块	1					5						
51	乳房色	紫红∨蓝紫	1					10						
52	呼吸	咳嗽	2						5				5	
53	呼吸	困难	2						5	5				
54	呼吸	气喘	1						5					
55	呼吸	快—急促∨浅表	2			5								5
56	食欲	不振∨减少∨骤减	8	5	5	5		5	5	5		5	5	
57	食欲	厌食∨拒食	7	5	5		10	5		5	5		5	
58	食欲	饮:渴∨增加∨渴喜饮	1								5			
59	消—粪	水样	2		5							10		
60	消—粪	黄水样	1									5		
61	消—粪	稀软∨粥样∨半流质	1		5									
62	消—粪	腹泻	5	5	10				5	5	5			
63	消—粪	干稀不定∨秘泻交替	1											5

续 16-1 组

序	类	症(信息)	统	4 传染性口炎	5 仔兔轮状病毒病	9 波氏杆菌病	10 野兔热	15 葡萄球菌病	18 兔结核病	19 兔伪结核病	20 兔沙门氏菌病	21 兔大肠杆菌病	29 兔衣原体病	31 兔附红细胞体病
64	消粪含	黏液	2								5	5		
65	消粪含	泡沫	1								5			
66	循环	贫血∨心力衰弱	1											5
67	运步	共济失调	1				5							
68	母兔	流产	2								5		5	
69	母兔	流产 70%	1								10			
70	温	体温高∨高热∨发热	8	5			15	5	5	5	5		5	5
71	温	体温升高 1℃～1.5℃	1				5							
72	温	体温正常∨无变化∨不高	1		5									
73	腺淋结	淋巴结:炎肿	1				15							
74	腺淋结	体表淋巴结:肿大发硬	1				5							
75	特征	败血症∧器官化脓性	1					15						
76	特征	败血症死亡＋腹泻＋流产	1								15			
77	特征	鼻炎＋咽炎＋支气管肺炎	1			15								
78	特征	发热＋贫血＋黄疸＋瘦	1											15
79	特征	粪水∨胶冻样＋脱水＋败血症	1									15		
80	特征	腹泻∧脱水	1		15									
81	特征	关节炎∨脑炎∨尿道炎	1										15	
82	病季	春	4	5		5	5			5				
83	病季	夏	2				5							5
84	病季	秋	3	5		5								5
85	病季	四季∨无季节性	5						5	5		5	5	5
86	病龄	各龄	3							5			5	5
87	病龄	1～3 月龄幼兔和仔兔	1	5										
88	症	败血症	4				5	10			5	5		
89	死亡率	高	5	5	10			5			5	15		
90	死亡率	100%	1									15		

16-2 组　身　瘦

序	类	症(信息)	统	34 球虫病	35 弓形虫病	36 兔脑炎原虫病	38 栓尾线虫病	39 肝片吸虫病	40 日本血吸虫病	43 兔螨病	44 兔虱病	45 蝇蛆病	46 硬蜱	54 腹泻	55 腹膜炎	63 蛋白质缺乏症	68 佝偻病	95 肿瘤
		ZPDS		13	11	9	7	10	10	10	9	10	10	12	12	14	13	10
1	**身**	**消瘦**	15	5	5	5	10	10	10	5	5	5	5	5	5	5	5	5
2	**身**	**消瘦如柴**	1													5		
3	**身**	**消瘦－迅速**	2							10		10						
4	精神	不安	3								10	10	10					
5	精神	不安躁动	1										15					
6	精神	沉郁	4	5		5								5	5			
7	精神	昏睡	1													5		
8	精神	惊厥	1		5													
9	精神	嗜睡	1		5													
10	耳	外耳道炎∨黄痂如纸卷	1							15								
11	耳	用脚搔耳	1							5								
12	耳病	延至筛骨∧脑部	1							5								
13	身－病	全身恶化	1											5				
14	身－动	抽搐∨颤抖	3	5		5											5	
15	身－动	翻滚	1			10												
16	身	渐瘦∨营养障碍	1					15										
17	身－力	乏力∨无力∨倦怠	2												5	5		
18	身－力	衰弱∨极度衰弱	1					10										
19	身－力	虚弱∨体弱∨软弱	1														5	
20	身－力	衰竭∨极度衰竭	1													10		
21	身－瘫.	后躯麻痹(完全∨部分)	1		5													
22	身－腰	弓腰	1														10	
23	身－育	生长发育不良∨慢	6	5			10				5		5			10	5	
24	身－重	体重降∨减轻∨增重减慢	2				10									10		
25	身－姿	伏卧	1			10												
26	腹壁	痛	1												15			
27	腹水	多	2	5					15									
28	腹痛	触诊紧张∨疼痛	1												15			
29	腹围	大∨臌胀	2	5		10												
30	皮感觉	痛痒	1										10					

续 16-2 组

序	类	症(信息)	统	34 球虫病	35 弓形虫病	36 兔脑炎原虫病	38 栓尾线虫病	39 肝片吸虫病	40 日本血吸虫病	43 兔螨病	44 兔虱病	45 蝇蛆病	46 硬蜱	54 腹泻	55 腹膜炎	63 蛋白质缺乏症	68 佝偻病	95 肿瘤
31	皮一结	小结	1								5							
32	皮毛	质量下降	1										5					
33	皮毛色	污染	1											5				
34	皮毛色	无光泽∨褪色∨焦无光	2											5	5			
35	皮蛆	红肿∨痛∨敏感∨炎性物	1									15						
36	皮一蛆	口∨鼻∨肛∨殖道∨伤∧皮	1									5						
37	皮一蛆	脓肿流恶臭红棕色液	1									10						
38	皮一蛆	体表∨腋下∨腹股沟∨面	1									5						
39	皮一蛆	小洞∨瘘管	1									10						
40	皮一色	黄疸	1					5										
41	皮一色	小出血点	1								5							
42	皮一伤	损伤一机械性	2								5		10					
43	皮一性	变硬	1							5								
44	皮一性	灰白色结痂	1							5								
45	皮炎	化脓性	1								5							
46	皮炎	尾蚴钻皮致	1						10									
47	皮一炎	坏死灶	1								5							
48	呼吸	浅表	1												10			
49	呼吸	胸式呼吸	1												10			
50	呼吸	快一急促∨浅表	1		5													
51	食	采食不安	2								10		15					
52	食	采食困难	1							5								
53	食欲	不振∨减少∨骤减	7	5	5	5				5				5	5		5	
54	食欲	厌食∨拒食	5	5	5			5						5	5			
55	食欲	异常∨异嗜	3											5		5	5	
56	食欲	饮:渴∨增加∨渴喜饮	1											5				
57	消一粪	水样	1											10				
58	消一粪	稀软∨粥样∨半流质	1											10				
59	消一粪	腹泻	3	5					10							5		
60	消一粪	腹泻一持续∨顽固	1													5		
61	消粪含	血∨带血∨便血	2	5					5									

续 16-2 组

序	类	症(信息)	统	34 球虫病	35 弓形虫病	36 兔脑炎原虫病	38 栓尾线虫病	39 肝片吸虫病	40 日本血吸虫病	43 兔螨病	44 兔虱病	45 蝇蛆病	46 硬蜱	54 腹泻	55 腹膜炎	63 蛋白质缺乏症	68 佝偻病	95 肿瘤
62	循环	贫血	6	5				5	5				5			10		5
63	排尿	疼痛	1			10												
64	运一骨	骨骺肿∨骨变形	1														15	
65	运一骨	骺端大	1														10	
66	运一骨	肋骨结合处肿∨串珠	1														15	
67	运一骨	松易折	1														10	
68	运一骨	肢骨弯X形或O形∨鸡胸	1														15	
69	运一肌	麻痹	3	5	10	5												
70	运一脚	皮屑∧血痂	1							10								
71	运一身	卧地不起	1													10		
72	运一肢	后肢麻痹	2		15								5					
73	杂一声	尖叫∨鸣叫	1									10						
74	温	体温高∨高热∨发热	3		5									5	10			
75	温	体温下降	1													10		
76	特征	发育慢、骨骺肿∨骨变形	1														15	
77	特征	腹壁痛＋腹腔积液	1												15			
78	特征	腹胀＋泻＋消瘦＋贫血	1	15														
79	特征	营养障碍	1					15										
80	病布	长江流域	1						5									
81	病一瘤	不出血∨质匀∨弹性∨压缩性	1															15
82	病一瘤	不破	1															10
83	病一瘤	不移∨不复发∨无全身反应	1															10
84	病一瘤	出血∨不匀∨无弹性∨无压缩性	1															10
85	病一瘤	浸润性快长(无∨有)包膜	1															10
86	病瘤界	明显	1															10
87	病瘤形	球∨椭圆∨结节∨乳头状	1															10
88	病性	肠炎一慢性	1				10											
89	症	无明症状∨少量感染无症	4				5	5	5							5		
90	诊虫寄	肝∨胆管∨胆囊一肝片吸虫	1					10										
91	诊虫寄	盲肠∨结肠一线虫	1				5											

续 16-2 组

序	类	症(信息)	统	34 球虫病	35 弓形虫病	36 兔脑炎原虫病	38 栓尾线虫病	39 肝片吸虫病	40 日本血吸虫病	43 兔螨病	44 兔虱病	45 蝇蛆病	46 硬蜱	54 腹泻	55 腹膜炎	63 蛋白质缺乏症	68 佝偻病	95 肿瘤
92	死		1						5									
93	死率	幼兔死亡率高	1									5						
94	死时	经1～2个月	1					15										
95	死时	最后	1						10									
96	预后	复发	1															10
97	预后	康复－多数	1		5													
98	做检	粪卵－饱和盐水浮集法	1				35											

17 组　身瘫痪

序	类	症(信息)	统	29 兔衣原体病	35 弓形虫病	71 铜缺乏症	91 截瘫	108 产后瘫痪
		ZPDS		9	10	11	11	9
1	**身－瘫**	**因惊吓而蹿跳∨跌落**	1				5	
2	**身－瘫**	**因腰椎骨折∨腰荐脱位**	1				5	
3	**身－瘫**	**瘫痪:产仔窝次过密∨哺乳仔多**	1					5
4	**身－瘫**	**瘫痪:惊吓**	1					5
5	**身－瘫**	**瘫痪:肾炎**	1					5
6	**身－瘫**	**瘫痪:球虫病∨梅毒**	1					5
7	**身－瘫**	**瘫痪:钙磷缺∨比例不当**	1					5
8	**身－瘫**	**瘫痪:光照差∨运动少∨营养差**	1					5
9	**身－瘫**	**瘫痪:助产不当**	1					5
10	**身－瘫**	**后躯麻痹(完全∨部分)**	3		5	10	10	
11	**身－瘫**	**麻痹**	1	10				
12	**身－姿**	**不能立**	1					10
13	精神	沉郁	1	5				
14	精神	惊厥	1		5			
15	精神	嗜睡	1		5			
16	精神	中枢神经症状	1		5			

续 17 组

序	类	症(信息)	统	29	35	71	91	108
				兔衣原体病	弓形虫病	铜缺乏症	截瘫	产后瘫痪
17	眼	结膜:发炎∨肿胀	1	5				
18	眼眵	浆性∨脓性	1		5			
19	鼻液	浆液性∨水样	2	5	5			
20	鼻液	脓性	1		5			
21	口	流涎∨唾液多	1	5				
22	身－背	断背	1				5	
23	身－动	后躯痛觉迟钝	1				5	
24	身－动	后躯运动不灵	1				5	
25	身－动	后躯运动功能1～2周后复	1				5	
26	身	消瘦	2	5	5			
27	身－骨	椎骨:创伤性脊椎骨折	1				5	
28	身－力	衰弱∨极度衰弱	1			5		
29	身－力	虚弱∨体弱∨软弱	1	5				
30	身－腰	掉腰	1				5	
31	身－姿	角弓反张	1	10				
32	皮感觉	丧失	1				5	
33	皮－毛	脱落∨局部脱毛	1			10		
34	皮毛色	无光泽∨褪色∨焦无光	1			10		
35	皮	病变	1			10		
36	循环	贫血	1			5		
37	循环	贫血低色素小细胞性	1			15		
38	尿	膀胱失控∨充盈	1				5	
39	运－骨	长管骨弯	1			15		
40	运－关	关节变形(肘∨膝∨跗)	1			10		
41	运－关	关节肿痛	2	5		5		
42	运－肌	麻痹	1		10			
43	运－身	起立困难	1			10		
44	运－肢	后肢麻痹	2		15			10

18 组　体重低∨生长发育慢

序	类	症(信息)	统	17	27	34	38	44	46	59	63	64	66	67	68	70	94
				坏死杆菌病	兔密螺旋体病	球虫病	栓尾线虫病	兔虱病	硬蜱	肾炎	蛋白质缺乏症	维生素A缺乏症	维生素E缺乏症	胆碱缺乏症	佝偻病	磷缺乏症	脚垫和脚皮炎
		ZPDS		9	11	10	7	8	10	10	10	12	12	9	13	6	9
1	**身－育**	**生长发育不良∨慢**	11		5	5	10	5	5		10	5	5	5	5	5	
2	**身－重**	**体重降∨减轻∨增重减慢**	9	10			10			5	10	5	5	5		5	5
3	**精神**	**不安**	2					10	10								
4	**精神**	**不安躁动－蜱致**	1						15								
5	**精神**	**沉郁**	2			5				5							
6	**精神**	**昏迷**	1							10							
7	**精神**	**昏睡**	1								5						
8	**精神**	**惊厥**	1									10					
9	**精神**	**神经功能紊乱∨损害**	2			5						5					
10	颌下	皮坏死脓肿∨溃疡∨恶臭	1	5													
11	头	后仰	1			5											
12	头	面骨肿大	1													25	
13	头颈	皮坏死脓肿∨溃疡∨恶臭	1	5													
14	头－脸	皮膜炎结疡	1		10												
15	头面部	皮坏死脓肿∨溃疡∨恶臭	1	5													
16	眼	眵多∨分泌物增多	2			5						10					
17	眼	干	1									10					
18	眼	角膜:失光∨渐浑	1									10					
19	眼视	失明∨视减∨视异常	1									10					
20	身－背	弓背	1														15
21	身－动	痉挛－阵发性	1							10							
22	身	消瘦	6			5	10	5	5		5				5		
23	身	消瘦如柴	1								5						
24	身－力	乏力∨无力∨倦怠	3							10	5		10				
25	身－力	衰竭∨极度衰竭	1								10						
26	皮感觉	痛痒	1						10								
27	皮感觉	痒:抓带到鼻∨睑∨唇∨爪	1		5												
28	皮－结	小结	1					5									
29	皮毛	质量下降	1						5								

续 18 组

序	类	症(信息)	统	17 坏死杆菌病	27 兔密螺旋体病	34 球虫病	38 栓尾线虫病	44 兔虱病	46 硬蜱	59 肾炎	63 蛋白质缺乏症	64 维生素A缺乏症	66 维生素E缺乏症	67 胆碱缺乏症	68 佝偻病	70 磷缺乏症	94 脚垫和脚皮炎
30	皮－伤	损伤－机械性	2					5	10								
31	皮－性	坏死脓肿∨溃疡∨恶臭	1	5													
32	皮炎	化脓性	1					5									
33	皮－炎	坏死灶	1					5									
34	皮－炎	慢感染呈干燥鳞片稍凸	1		5												
35	呼吸	咳嗽	1									5					
36	呼吸	困难	1							5							
37	食	采食不安－蜱∨虱致	2					10	15								
38	食欲	不振	1		5												
39	食欲	不振∨减少∨骤减	5			5				5			5	5	5		
40	食欲	厌食∨拒食	5	5		5				5			5				5
41	食欲	异常∨异嗜	2								5				5		
42	消－肠	肠炎	1				10										
43	循环	贫血	4			5			5		10			10			
44	尿－肾	压现不安∨躲避∨抗拒	1							10							
45	运步	跛	1												10		
46	运步	高抬脚	1														15
47	运步	行难∨运障	1										10				
48	运－动	不爱活动∨不爱走动	1										10				
49	运－动	不稳∨摇晃	1										10				
50	运－动	转圈	1									10					
51	运－骨	长骨端肿大	1													15	
52	运－骨	骨骼变形与缺钙似	1													20	
53	运－骨	骨骺肿∨骨变形	1												15		
54	运－骨	骺端大	1												10		
55	运－骨	鸡胸	1												15		
56	运－骨	肋骨结合处肿∨串珠	1												15		
57	运－骨	肢骨弯形X或O形	1												15		
58	运－肌	失调	1										10				
59	运－肌	萎缩	2										10	5			

续18组

序	类	症(信息)	统	17 坏死杆菌病	27 兔密螺旋体病	34 球虫病	38 栓尾线虫病	44 兔虱病	46 硬蜱	59 肾炎	63 蛋白质缺乏症	64 维生素A缺乏症	66 维生素E缺乏症	67 胆碱缺乏症	68 佝偻病	70 磷缺乏症	94 脚垫和脚皮炎
60	运－肌	无力∨松弛	2										5	5			
61	运－脚	脚皮:痂∨溃疡∨周脓肿	1														10
62	运－身	蹲伏∨不愿动	1							10							
63	运－身	卧地不起	1								10						
64	运－身	喜卧	1										10				
65	运－身	站不稳∨摇晃	2									10			5		
66	运－肢	关节痛	1												10		
67	运－肢	后肢脚垫和脚皮炎	1														5
68	运－肢	后肢麻痹	1						5								
69	运－肢	麻	1									10					
70	运－肢	前肢:脚垫皮炎－继发	1														15
71	公兔	龟头肿大	1		5												
72	公兔	皮肤呈糠麸样	1		5												
73	公兔	阴茎水肿	1		5												
74	腺淋结	淋巴结:炎肿	1		15												
75	特征	发育慢、骨骺肿∨骨变形	1												15		
76	特征	腹胀＋泻＋消瘦＋贫血	1			15											
77	特征	皮膜(坏死∧溃疡∧脓肿)	1	15													
78	特征	生殖器肛门皮膜炎结痂	1		15												
79	病龄	仔兔∨幼兔	2	5													5
80	病龄	成年兔	2		5												5
81	病性	肠炎－慢性	1				10										
82	病因	蛋白质含量不足∨质量不佳	1											5			
83	病因	钙、磷比例失调∨磷少	1													5	
84	症	似维生素 B_1 缺乏	1											5			
85	诊虫布	我国严重－尤其卫生差群	1				5										
86	死因	衰竭	2										5	5			
87	做检	粪卵－饱和盐水浮集法	1				35										

19组　角弓反张

序	类	症(信息)	统	23	29	82
				兔破伤风	兔衣原体病	食盐中毒
		ZPDS		10	12	11
1	身－姿	角弓反张	3	15	10	10
2	精神	沉郁	2		5	5
3	精神	兴奋∨兴奋不安	1			5
4	精神	神经症状∨功能紊乱∨损害	1			5
5	头部	震颤	1			10
6	眼	结膜潮红∨黏膜潮红	1			5
7	口	牙关紧闭	1	5		
8	身－动	痉挛	1	15		
9	食欲	厌食∨拒食	2	5	5	
10	消－肠	肠炎	1		5	
11	消－粪	腹泻	1			5
12	消化	障碍∨胃肠紊乱∨分泌低下	1			5
13	运步	蹒跚	1			10
14	运－关	关节炎∨肿痛	1		5	
15	运－肌	痉挛－癫痫样	1			10
16	运－肌	强直性痉挛	1	5		
17	运－肢	四肢:强拘∨强直	1	15		
18	运－肢	四肢:无力∨划水状	1		10	
19	温	体温高∨高热∨发热	1		5	
20	温	体温正常∨无变化∨不高	1	5		
21	温	低热	1		5	
22	特征	关节炎∨脑炎∨尿道炎	1		15	
23	病兔	各种	2	5	5	
24	死亡率	高	1	15		
25	死时	突然∨快∨速死∨急性死亡	2	5	5	
26	死时	3天内	1		5	
27	死因	因卧地不起而死	1			5

20组 脱 水

序	类	症(信息)	统	5	6	21	26	29
				仔兔轮状病毒病	流行性肠炎	兔大肠杆菌病	兔泰泽氏病	兔衣原体病
		ZPDS		11	9	12	11	12
1	身-水	脱水	5	10	10	5	5	5
2	精神	沉郁	3			5	5	5
3	精神	昏睡	1	5				
4	眼	结膜:苍白	1	5				
5	口	呕吐	1	5				
6	身	消瘦	3	5		5		5
7	身	消瘦-迅速	1			10		
8	身-瘫	麻痹	1					10
9	身-姿	角弓反张	1					10
10	腹围	大∨臌胀	2		5	5		
11	腹围	臌胀呈球状	1		10			
12	皮-毛	粗乱∨易折∨断毛	1		5			
13	呼吸	咳嗽	1					5
14	食欲	不振∨减少∨骤减	4	5	5	5		5
15	食欲	厌食∨拒食	3	5			5	5
16	消-粪	水样	4	5	15	10	10	
17	消-粪	黄水样	1			5		
18	消-粪	稀软∨粥样∨半流质	2	5			10	
19	消-粪	腹泻	1	10				
20	消粪含	胶冻样	1			10		
21	消粪含	黏液	2			5	5	
22	消粪色	褐色	1				10	
23	运-肢	四肢:无力∨划水状	1					10
24	公兔	睾丸炎∨红肿∨发热	1				5	
25	母兔	流产	1					5
26	特征	粪水∨胶冻样+脱水+败血症	1			15		
27	特征	腹泻∧脱水	1	15				
28	特征	关节炎∨脑炎∨尿道炎	1					15
29	特征	泻(水∨黏液)+脱水+速死	1				15	
30	病龄	各龄	2		5			5
31	病龄	断奶后至12周龄	1		5			
32	病龄	断奶至3月龄多发	1		5			
33	病龄	3~12周∨断奶前	1				5	
34	病龄	成年兔	1				5	
35	病流行	暴发流行	1			10		

21组 体乏∨衰弱∨虚弱∨衰竭

序	类	症(信息)	统	4	10	15	19	29	31	39	41	48	52	55	57	59	62	63	66	68	71	76	78
				传染性口炎	野兔热	葡萄球菌病	兔伪结核病	兔衣原体病	兔附红细胞体病	肝片吸虫病	囊尾蚴病	消化不良	毛球病	腹膜炎	支气管炎	肾炎	中暑	蛋白质缺乏症	维生素E缺乏症	佝偻病	铜缺乏症	有毒植物中毒	菜籽饼中毒
		ZPDS		10	10	10	11	12	11	11	11	12	10	12	10	10	11	10	11	14	11	8	9
1	**身一力**	**乏力∨无力∨倦怠**	10						5			5	5	5	5	10	5	5	10				5
2	**身一力**	**衰弱∨极度衰弱**	5				15			10						10					5	10	
3	**身一力**	**虚弱∨体弱∨软弱**	5	5		5		5				5								5			
4	**身一力**	**衰竭∨极度衰竭**	3		15						5							10					
5	精神	不振∨不好∨欠佳	3						5								5			5			
6	精神	沉郁	9	5		5	5	5				5		5	5	5	10						
7	精神	昏迷	2													10	10						
8	精神	昏睡	2			10												5					
9	精神	嗜睡	1								5												
10	精神	意识丧失∨昏迷	1														10						
11	头	低头伸颈	1																			10	
12	颌下	水肿	1							5													
13	头一脑	破坏中枢神经∧脑血管	1								10												
14	眼	多有化脓性结膜炎	1				5																
15	眼	结膜:苍白	1								5												
16	眼	结膜:黄染∨淡黄	1						5														
17	眼	瞳孔:散大	1																				10

续 21 组

序	类	症(信息)	统	4 传染性口炎	10 野兔热	15 葡萄球菌病	19 兔伪结核病	29 兔衣原体病	31 兔附红细胞体病	39 肝片吸虫病	41 囊尾蚴病	48 消化不良	52 毛球病	55 腹膜炎	57 支气管炎	59 肾炎	62 中暑	63 蛋白质缺乏症	66 维生素E缺乏症	68 佝偻病	71 铜缺乏症	76 有毒植物中毒	78 菜籽饼中毒
18	眼睑	水肿	2							5						5							
19	鼻	发炎	3		5	5		5															
20	鼻液	黏性	1												10								
21	鼻液	脓性	1												10								
22	口	流涎∨唾液多	3	15				5														5	
23	口	吐沫∨吐白沫∨粉红沫	2														10						10
24	口膜	水疱性炎	1	15																			
25	口－舌	小米粒大至扁豆大水疱	1	10																			
26	身－背	弓背	1								5												
27	身－病	体况下降	1																		5		
28	身	渐瘦∨营养障碍	3							15	5	5											
29	身	消瘦	10	5	15	5	5	5	5	10				5				5		5			
30	身	消瘦－高度	1		15																		
31	身	消瘦如柴	1															5					
32	身－瘫	后躯麻痹(完全∨部分)	1																		10		
33	身－瘫	麻痹	1					10															
34	身胸腹下	水肿	1							5													
35	身腰	背腰:活动受限	1													10							

续 21 组

序	类	症(信息)	统	4 传染性口炎	10 野兔热	15 葡萄球菌病	19 兔伪结核病	29 兔衣原体病	31 兔附红细胞体病	39 肝片吸虫病	41 囊尾蚴病	48 消化不良	52 毛球病	55 腹膜炎	57 支气管炎	59 肾炎	62 中暑	63 蛋白质缺乏症	66 维生素E缺乏症	68 佝偻病	71 铜缺乏症	76 有毒植物中毒	78 菜籽饼中毒
36	身一腰	弓腰	1																	10			
37	身一育	生长发育不良∨慢	3															10	5	5			
38	身一重	体重降∨增重减慢	3													5		10	5				
39	身一姿	角弓反张	1					10															
40	腹壁	痛	1											15									
41	腹触诊	肠系膜淋巴结∧蚓突肿硬	1				5																
42	腹内	积液橙黄液∧混絮状液	1											15									
43	腹	疼痛	4									5	5	5									10
44	腹痛	触诊紧张	1											15									
45	腹	腹围大∨臌胀	4								5	5										5	10
46	皮毛	脱毛	1	10																			
47	皮一毛	粗乱∨易折∨断毛	1				5																
48	皮一毛	脱落∨局部脱毛	1																		10		
49	皮毛色	无光泽∨褪色∨焦无光	3								5			5							10		
50	皮脓肿	变干∨消失∨痊愈	1			5																	
51	皮一色	黄疸	2						5	5													
52	皮一性	有病变	1																		10		
53	呼吸	咳嗽	2					5							10								

续 21 组

序	类	症(信息)	统	4	10	15	19	29	31	39	41	48	52	55	57	59	62	63	66	68	71	76	78
				传染性口炎	野兔热	葡萄球菌病	兔伪结核病	兔衣原体病	兔附红细胞体病	肝片吸虫病	囊尾蚴病	消化不良	毛球病	腹膜炎	支气管炎	肾炎	中暑	蛋白质缺乏症	维生素E缺乏症	佝偻病	铜缺乏症	有毒植物中毒	菜籽饼中毒
54	呼吸	困难	5				5								5	5	10					5	
55	呼吸	气热	1														10						
56	呼吸	呼吸音增强	1												10								
57	呼吸	有干湿啰音	1												5								
58	呼吸	快-急促∨浅表	3						5								10						5
59	呼吸	缓慢	1																			5	
60	食欲	不振∨减少∨骤减	12	5		5	5	5				5	5	5	5	5			5	5	5		
61	食欲	时好时坏	1									5											
62	食欲	厌食∨拒食	12	5	10	5	5	5		5		5	5	5		5	5		5				
63	食欲	异常∨异嗜	3									5						5		5			
64	食欲	饮:渴∨增加∨渴喜饮	2								5		10										
65	食欲	障碍∨有明显变化∨微变	1								5												
66	消-粪	便秘	2									5	5										
67	消-粪	秘结∧混有兔毛	1										5										
68	消-胃	大∧可摸到硬毛球	1										15										
69	循环	贫血	4						5	5								10			5		
70	循-脉	脉搏增数∨疾速	1																			5	
71	运步	跛	2																	10	10		

续 21 组

序	类	症(信息)	统	4	10	15	19	29	31	39	41	48	52	55	57	59	62	63	66	68	71	76	78
				传染性口炎	野兔热	葡萄球菌病	兔伪结核病	兔衣原体病	兔附红细胞体病	肝片吸虫病	囊尾蚴病	消化不良	毛球病	腹膜炎	支气管炎	肾炎	中暑	蛋白质缺乏症	维生素E缺乏症	佝偻病	铜缺乏症	有毒植物中毒	菜籽饼中毒
72	运步	共济失调	1		5																		
73	运步	行难∨运障	2			5													10				
74	运一动	不爱活动∨不爱走动	3									5		5					10				
75	运一动	不稳∨摇晃	1																10				
76	运一动	不喜活动∨不愿走动	2						5		5												
77	运一骨	长管骨弯	1																		15		
78	运一骨	骨骺肿∨骨变形	1																	15			
79	运一骨	鸡胸	1																	15			
80	运一骨	肋骨结合处肿∨串珠	1																	15			
81	运一骨	肢骨弯X形或O形	1																	15			
82	运一关	关节变形(肘∨膝∨跗)	1																		10		
83	运一身	卧地不起	1															10					
84	运一身	喜卧	4						5				5						10				5
85	运一身	站不稳∨摇晃	2																	5			5
86	杂项	经济损失严重	1							10													
87	公兔	睾丸伤∧精子产生障碍	1																10				
88	母兔	繁殖障碍	1																			5	
89	母兔	流产	3					5											10				5

续 21 组

序	类	症(信息)	统	4 传染性口炎	10 野兔热	15 葡萄球菌病	19 兔伪结核病	29 兔衣原体病	31 兔附红细胞体病	39 肝片吸虫病	41 囊尾蚴病	48 消化不良	52 毛球病	55 腹膜炎	57 支气管炎	59 肾炎	62 中暑	63 蛋白质缺乏症	66 维生素E缺乏症	68 佝偻病	71 铜缺乏症	76 有毒植物中毒	78 菜籽饼中毒
90	淋巴结	炎肿	1		15																		
91	淋巴结	体表淋巴结:肿大发硬	1		5																		
92	特征	(肠∨器官)∧淋巴结肿硬	1				15																
93	特征	败血症∧器官化脓性	1			15																	
94	特征	发热＋贫血＋黄疸＋瘦	1						15														
95	特征	发育慢、骨骺肿∨骨变形	1																	15			
96	特征	腹壁痛＋腹腔积液	1											15									
97	特征	肝炎＋胆管炎＋营养障碍	1							15													
98	特征	关节炎∨脑炎∨尿道炎	1					15															
99	特征	咳＋流鼻液＋胸听诊啰音	1												15								
100	特征	温高、循环衰竭∨神经症状	1														15						
101	病季	春	3	5	5		5																
102	病季	夏	2		5				5														
103	死因	胃肠破裂	1										5										

22组 腹 痛

序	类	症(信息)	统	48 消化不良	49 胃扩张	50 胃肠炎	51 肠臌胀	52 毛球病	53 便秘	55 腹膜炎	78 菜籽饼中毒	79 马铃薯中毒	80 灭鼠药中毒	101 子宫出血
		ZPDS		13	11	12	10	11	12	13	9	10	11	10
1	腹	疼痛	10	5	5	5	5	5	5	5	10	10	5	
2	腹痛	不安	2				15							5
3	腹痛	触诊紧张∨疼痛	1							15				
4	腹痛	剧烈	1		10									
5	腹痛	痛苦∨起卧不宁	3		5				10					10
6	腹痛	轻	1	5										
7	腹痛	头下俯∨弓背看肛门	1						10					
8	精神	不振∨不好∨欠佳	2						5				5	
9	精神	沉郁	5	5	5	5				5		5		
10	精神	高度沉郁	1			10								
11	精神	昏迷	1										10	
12	精神	兴奋∨兴奋不安	1		5									
13	精神	意识丧失∨昏迷	1										10	
14	头颈	疹块	1									5		
15	眼	结膜潮红∨黏膜潮红	2			5							10	
16	眼	结膜发绀∨黏膜发绀	4			10	5				5	10		
17	身一力	乏力∨无力∨倦怠	4	5				5		5	5			
18	身一力	虚弱∨体弱∨软弱	1	5										
19	腹壁	痛	1							15				
20	腹块	触有痛感∨摸到硬粪块	1						15					
21	腹内	积液橙黄液∧混絮状液	1							15				
22	腹围	腹围大∨臌胀	4	5	5		5				10			
23	腹围	大叩鼓音∨触有弹性	1				15							
24	腹围	急速增大	1				15							
25	腹围	肷窝膨大	1				15							
26	皮毛色	无光泽∨褪色∨焦无光	1							5				
27	皮膜	黏膜苍白	1											10
28	皮一色	发绀	1										5	
29	皮一色	紫癜	1										10	
30	呼吸	窒息	1		10									
31	呼吸	快一急促∨浅表	3			10	10				5			
32	食欲	不振∨减少∨骤减	5	5				5	5	5			5	

续 22 组

序	类	症(信息)	统	48 消化不良	49 胃扩张	50 胃肠炎	51 肠臌胀	52 毛球病	53 便秘	55 腹膜炎	78 菜籽饼中毒	79 马铃薯中毒	80 灭鼠药中毒	101 子宫出血
33	食欲	厌食∨拒食	7	5		5		5	5	5		5	10	
34	食欲	饮:渴∨增加∨渴喜饮	1					10						
35	消一粪	频做排便姿势	1						15					
36	消一粪	水样	2	10		5								
37	消一粪	稀软∨粥样∨半流质	1	10										
38	消一粪	腹泻	5	5		5					10	10	5	
39	消一粪	腹泻－持续∨顽固	1			5								
40	消一粪	便秘	3	5				5	5					
41	消一粪	量少∨间隔延长∨排便停	1						10					
42	消一粪	秘结∧混有兔毛	1					5						
43	消肛门	指检过敏∨直肠内有干粪	1						15					
44	消一胃	大∧可摸到硬毛球	1					15						
45	消胃肠	功障	1			5								
46	运一动	不爱活动∨不爱走动	4	5	5				5	5				
47	运一肌	颤抖	1											10
48	运一肌	肌颤动－肉跳	1										10	
49	运一肌	麻痹	2									5	10	
50	运一身	卧于一角	1		5									
51	运一身	喜卧	2					5			5			
52	运一身	站不稳∨摇晃	1								5			
53	运一肢	四肢:疹块	1									5		
54	杂一声	尖叫∨鸣叫	1				10							
55	公兔	阴囊疹块	1									5		
56	母兔	流产	1								5			
57	母兔	流产预兆∨先兆	1											10
58	母兔	阴道流褐色血	1											10
59	母兔	子宫出血多	1											10
60	母兔	子宫血少不外流,积壁与胎膜间	1											5
61	温	体温高∨高热∨发热	2			5				10				
62	温	40℃以上	1							10				
63	特征	病急＋病程短＋腹痛剧烈	1		15									
64	特征	腹壁痛＋腹腔积液	1							15				
65	特征	腹围急剧膨大∧腹痛	1				15							

续 22 组

序	类	症(信息)	统	48 消化不良	49 胃扩张	50 胃肠炎	51 肠臌胀	52 毛球病	53 便秘	55 腹膜炎	78 菜籽饼中毒	79 马铃薯中毒	80 灭鼠药中毒	101 子宫出血
66	病时	食后 1~2 小时	1		5									
67	病因	子宫绒毛膜∨血管破裂	1											5
68	预后	死亡	1											10
69	死因	胃肠破裂	1					5						
70	死因	自体中毒	1					5						

23 组 腹围大

序	类	症(信息)	统	6 流行性肠炎	21 兔大肠杆菌病	34 球虫病	35 弓形虫病	36 兔脑炎原虫病	41 囊尾蚴病	48 消化不良	49 胃扩张	51 肠臌胀	76 有毒植物中毒	78 菜籽饼中毒	107 宫外孕
		ZPDS		10	13	13	11	10	8	11	12	10	10	10	8
1	**腹围**	**大∨臌胀**	11	5	5	5		10	5	5	5	5	5	10	5
2	**腹围**	**大叩鼓音∨触有弹性**	1									15			
3	**腹围**	**臌胀呈球状**	1	10											
4	**腹围**	**急速增大**	1									15			
5	**腹围**	**肷窝膨大**	1									15			
6	精神	沉郁	5		5	5		5		5	5				
7	精神	昏迷	1					5							
8	精神	惊厥	1				5								
9	精神	嗜睡	2				5		5						
10	精神	无明显变化	1												5
11	精神	兴奋∨兴奋不安	2								5		10		
12	精神	中枢神经症状	1				5								
13	精神	神经症状∨功能紊乱∨损害	2			5		5							
14	头	低头伸颈	1										10		
15	头	后仰	1			5									
16	头颈	斜颈	1					5							
17	眼	结膜:苍白	2			5			5						
18	眼	结膜发绀∨黏膜发绀	2									5		5	
19	眼	结膜:黄染∨淡黄	1			5									
20	眼	瞳孔:散大	1											10	
21	眼眵	浆性∨脓性	1				5								

续 23 组

序	类	症(信息)	统	6 流行性肠炎	21 兔大肠杆菌病	34 球虫病	35 弓形虫病	36 兔脑炎原虫病	41 囊尾蚴病	48 消化不良	49 胃扩张	51 肠臌胀	76 有毒植物中毒	78 菜籽饼中毒	107 宫外孕
22	眼眶	下陷	1		5										
23	鼻液	浆液性∨水样	1				5								
24	鼻液	脓性	1				5								
25	口	流涎∨唾液多	4		5	5					5		5		
26	口	呕吐	1								5				
27	口	吐沫∨吐白沫∨粉红沫	1											10	
28	身－背	弓背	1						5						
29	身	消瘦	4		5	5	5	5							
30	身	消瘦－迅速	1		10										
31	身－力	乏力∨无力∨倦怠	2							5				5	
32	身－力	衰弱∨极度衰弱	2							5			10		
33	身－力	虚弱∨体弱∨软弱	1							5					
34	身－水	脱水	2	10	5										
35	身－瘫	后躯麻痹(完全∨部分)	1				5								
36	腹块	触摸有肿块	1												10
37	腹部	疼痛	4							5	5	5		10	
38	腹痛	不安	1									15			
39	腹痛	剧烈	1								10				
40	腹痛	痛苦∨起卧不宁	1								5				
41	腹痛	轻	1							5					
42	皮－毛	粗乱∨易折∨断毛	2	5		5									
43	皮毛色	无光泽∨褪色∨焦无光	1						5						
44	呼吸	困难	2								10		5		
45	呼吸	窒息	1								10				
46	呼吸	快－急促∨浅表	3				5					10		5	
47	呼吸	缓慢	1										5		
48	食欲	不振∨减少∨骤减	6	5	5	5	5	5		5					
49	食欲	饮:渴∨增加∨渴喜饮	1						5						
50	食欲	有明显变化∨微变	1						5						
51	消－道	胃肠炎－出血性	1										10		
52	消－粪	水样	3	15	10					10					
53	消－粪	稀软∨粥样∨半流质	1							10					
54	消－粪	腹泻	4			5				5			5	10	

续 23 组

序	类	症(信息)	统	6 流行性肠炎	21 兔大肠杆菌病	34 球虫病	35 弓形虫病	36 兔脑炎原虫病	41 囊尾蚴病	48 消化不良	49 胃扩张	51 肠臌胀	76 有毒植物中毒	78 菜籽饼中毒	107 宫外孕
55	运一肢	后肢麻痹	1				15								
56	运一肢	四肢:发冷∨末端发凉	2		5									5	
57	杂一声	尖叫∨鸣叫	1									10			
58	母兔	不孕	1												5
59	母兔	不孕(拒配)	1												5
60	母兔	繁殖障碍	1										5		
61	母兔	宫外胎儿外部有薄膜∨脂肪	1												10
62	母兔	宫外孕:(输卵管∨难产)致宫破	1												5
63	母兔	流产	1											5	
64	母兔	胎头较大木乃伊样	1												15
65	特征	病急＋病程短＋腹痛剧烈	1								15				
66	特征	粪水∨胶冻样＋脱水＋败血症	1		15										
67	特征	腹围急剧膨大∧腹痛	1									15			
68	特征	腹胀＋泻＋消瘦＋贫血	1			15									
69	病季	无季节性	3	5	5			5							
70	病龄	各龄	2	5				5							
71	病龄	断奶后至 12 周龄	2	5		5									
72	病龄	断奶至 3 月龄多发	2	5				5							
73	病流行	暴发流行	1		10										
74	病时	食后 1～2 小时	1								5				
75	症	无明症状∨少量感染无症	1						5						

24组 毛异常

序	类	症(信息)	统	4 传染性口炎	6 流行性肠炎	18 兔结核病	19 兔伪结核病	32 体表真菌病	33 深部真菌病	34 球虫病	41 囊尾蚴病	46 硬蜱	54 腹泻	55 腹膜炎	71 铜缺乏症	72 锌缺乏症	73 镁缺乏症	74 异嗜癖	85 湿性皮炎
		ZPDS		10	7	10	11	10	11	12	8	9	11	13	11	11	10	10	9
1	皮毛	脱毛	1	10															
2	皮毛	质量下降	1									5							
3	皮－毛	背毛∨肢毛∨尾毛最易脱落	1														15		
4	皮－毛	粗乱∨易折∨断毛	8		5	5	5	10	5	5							10	5	
5	皮－毛	环状覆珍珠灰状秃毛斑	1						5										
6	皮－毛	囊:脓肿	1					5											
7	皮－毛	脱落∨局部脱毛	5					10							10	10	10		10
8	皮毛色	绿色:绿毛病蓝毛病绿脓杆菌	1																15
9	皮毛色	污染	1										5						
10	皮毛色	无光泽∨褪色∨焦无光	7						5		5		5	5	10	10	10		
11	精神	不安躁动	1									15							
12	精神	沉郁	5	5			5			5			5	5					
13	精神	胆小∨易惊	1															5	
14	精神	急躁－壮龄	1														10		
15	精神	惊厥	1														10		
16	精神	嗜睡	1								5								
17	精神	症状∨功能紊乱∨损害	2					5		5									
18	下颌	皮肤慢性炎	1																5
19	头颈	(圆∨不规则)脱毛∨皮损	1					5											
20	头颈	环形∨凸起灰色∨黄色痂皮	1					5											
21	头颈	颈下皮肤慢性炎	1																5
22	头颈	(圆∨不规则)脱毛∨痂灰∨黄	1					5											
23	头－脑	破坏中枢神经∧脑血管	1								10								
24	眼	虹膜变色	1			5													
25	眼	晶体不透明∨混浊	1			5													
26	口角	溃疡	1													5			
27	口角	痛	1													5			
28	口角	肿胀	1													5			
29	口膜	水疱性炎	1	15															
30	身－背	弓背	2								5							5	

续 24 组

序	类	症(信息)	统	4 传染性口炎	6 流行性肠炎	18 兔结核病	19 兔伪结核病	32 体表真菌病	33 深部真菌病	34 球虫病	41 囊尾蚴病	46 硬蜱	54 腹泻	55 腹膜炎	71 铜缺乏症	72 锌缺乏症	73 镁缺乏症	74 异嗜癖	85 湿性皮炎
31	身-病	全身恶化	1										5						
32	身-病	体况下降	1												5				
33	身	渐瘦∨营养障碍	3						5		5							5	
34	身	消瘦	7	5		5	5			5		5	5	5					
35	身-水	脱水	1		10														
36	身-瘫.	后躯麻痹(完全∨部分)	1												10				
37	身-育	生长发育不良∨慢	2							5		5							
38	腹壁	痛	1											15					
39	腹触诊	肠系膜淋结∧蚓突肿硬	1				5												
40	腹痛	触诊紧张∨疼痛	1											15					
41	腹围	膨胀呈球状	1		10														
42	皮感觉	痛痒	1									10							
43	皮-伤	损伤-机械性	1									10							
44	皮-性	有病变	1												10				
45	皮炎	化脓性	3	10				5	5										
46	皮-炎	局部发炎	1																10
47	皮-炎	局部糜烂、溃疡∨坏死	1																10
48	呼吸	咳嗽	1			5													
49	呼吸	困难	3			5	5		10										
50	呼吸	浅表	1											10					
51	呼吸	胸式呼吸	1											10					
52	食	采食不安	1									15							
53	食欲	不振∨减少∨骤减	11	5	5	5	5		5	5			5	5	5	5		5	
54	食欲	味觉异常	1															10	
55	食欲	厌食∨拒食	6	5			5			5			5	5			5		
56	食欲	异常∨异嗜	2										5					35	
57	食欲	饮:渴∨增加∨渴喜饮	2								5		5						
58	消-粪	水样	2		15								10						
59	消化	障碍∨胃肠紊乱∨分泌低下	1															10	
60	循环	贫血	3							5		5			5				
61	循环	贫血低色素小细胞性	1												15				

续 24 组

序	类	症(信息)	统	4 传染性口炎	6 流行性肠炎	18 兔结核病	19 兔伪结核病	32 体表真菌病	33 深部真菌病	34 球虫病	41 囊尾蚴病	46 硬蜱	54 腹泻	55 腹膜炎	71 铜缺乏症	72 锌缺乏症	73 镁缺乏症	74 异嗜癖	85 湿性皮炎
62	循一心	心动过速	1														5		
63	运一骨	长管骨弯	1												15				
64	运一关	关节变形(肘∨膝∨跗)	2			5									10				
65	运一身	起立困难	1												10				
66	运一肢	后肢麻痹	1									5							
67	母兔	分娩时间延长	1													10			
68	母兔	死胎∨排足月死胎	1														10		
69	母兔	胎盘停滞	1													10			
70	母兔	产仔成活率低	1													15			
71	殖能力	降低	1													10			
72	殖能力	丧失	1													10			
73	温	体温高∨高热∨发热	6	5		5	5		5				5	10					
74	温	体温阵发性发热	1								5								
75	温	体温正常∨无变化∨不高	1															10	
76	温	39℃或40℃以上	2						5					10					
77	特征	(肠∨器官)∧淋巴结肿硬	1				15												
78	特征	腹壁痛+腹腔积液	1											15					
79	特征	腹胀+泻+消瘦+贫血	1							15									
80	特征	各脏与淋巴结芽肿	1			15													
81	特征	皮脱毛+断毛+皮炎	1					15											
82	病兔	各种	4				5	5	5	5									
83	病因	缺乏蛋白质和氨基酸	1															5	
84	病因	牙、口腔疾病引起	1																5
85	病因	饮水不当,垫料潮	1																5
86	病感染	通过淋巴、血液	1																5
87	潜伏期	3天	1		5														
88	潜伏期	5~7天	1	5															
89	死亡率	高	3	5	5					10									
90	死时	突然∨快	3				5			5	5								
91	死因	衰竭	1											5					
92	死因	消瘦衰竭而死	1						5										
93	死因	心衰	1														5		

25 组　不爱活动∨不爱走动

序	类	症(信息)	统	28 兔疏螺旋体病	30 兔支原体病	31 兔附红细胞体病	41 囊尾蚴病	48 消化不良	49 胃扩张	53 便秘	55 腹膜炎	56 感冒	66 维生素E缺乏症
		ZPDS		7	11	9	8	10	12	12	10	11	9
1	运-动	不爱活动∨不爱走动	10	5	5	5	5	5	5	5	5	5	10
2	精神	不振∨不好∨欠佳	2			5				5			
3	精神	沉郁	5	5				5	5		5	5	
4	精神	嗜睡	2	5			5						
5	精神	兴奋∨兴奋不安	1						5				
6	眼	结膜:苍白	1				5						
7	眼	结膜:黄染∨淡黄	1			5							
8	鼻	发凉∨冷	1									10	
9	鼻	喷嚏	2		5							10	
10	鼻	痒	1									10	
11	鼻液	浆液性∨水样	2		5							10	
12	鼻液	黏性	1		5								
13	口	流涎∨唾液多	1						5				
14	口	呕吐	1						5				
15	身-背	弓背	1				5						
16	身	渐瘦∨营养障碍	2				5	5					
17	身-力	衰竭∨极度衰竭	1				5						
18	身-育	生长发育不良∨慢	1										5
19	身-重	体重降∨增重减慢	1										5
20	腹	触有痛感∨摸到硬粪块	1							15			
21	腹	疼痛	4					5	5	5	5		
22	腹	触诊紧张∨疼痛	1								15		
23	腹痛	剧烈	1						10				
24	腹痛	痛苦∨起卧不宁	2						5	10			
25	腹痛	轻	1					5					
26	腹痛	头下俯∨弓背看肛门	1							10			
27	腹围	大∨臌胀	3				5	5	5				
28	皮-虫	蜱叮皮损	1	5									
29	皮毛色	无光泽∨褪色∨焦无光	2				5				5		

续 25 组

序	类	症(信息)	统	28 兔疏螺旋体病	30 兔支原体病	31 兔附红细胞体病	41 囊尾蚴病	48 消化不良	49 胃扩张	53 便秘	55 腹膜炎	56 感冒	66 维生素E缺乏症
30	呼吸	咳嗽	2		10							5	
31	呼吸	困难	1						10				
32	呼吸	气喘	1		5								
33	呼吸	浅表	1								10		
34	呼吸	胸式呼吸	1								10		
35	呼吸	窒息	1						10				
36	呼吸	快-急促∨浅表	2		5	5							
37	呼吸道	发炎	1		5								
38	食欲	不振∨减少∨骤减	6		5			5		5	5	5	5
39	食欲	厌食∨拒食	6	5				5		5	5	5	5
40	消-粪	频做排便姿势	1							15			
41	消-粪	水样	1					10					
42	消-粪	稀软∨粥样∨半流质	1					10					
43	消-粪	次少∨间隔延长∨排便停	1							10			
44	消-粪	无粪排出∨排少坚硬粪	1							10			
45	消肛门	指检过敏∨直肠内有干粪	1							15			
46	循环	贫血	1			5							
47	循-心	心力衰弱	1			5							
48	运-关	关节炎∨肿痛	3	5	5	5							
49	运-肌	紧张性降	1										10
50	运-肌	失调	1										10
51	运-肌	萎缩	1										10
52	运-身	喜卧	2			5							10
53	运-肢	四肢:发冷∨末端发凉	1									10	
54	特征	病急+病程短+腹痛剧烈	1						15				
55	特征	发热+贫血+黄疸+瘦	1			15							
56	特征	发热∧上呼吸道炎	1									15	
57	特征	腹壁痛+腹腔积液	1								15		
58	特征	呼吸道炎∧关节炎	1		15								
59	特征	脑炎∧心肌炎	1	15									

26组　皮肤炎肿

序	类	症(信息)	统	4 传染性口炎	27 兔密螺旋体病	32 兔体表真菌病	33 兔深部真菌病	44 兔虱病	85 湿性皮炎
		ZPDS		13	12	12	13	10	9
1	皮炎	化脓性	4	10		5	5	5	
2	皮－炎	坏死灶	1					5	
3	皮－炎	局部发炎	1						10
4	皮－炎	局部糜烂溃疡∨坏死－染菌	1						10
5	皮－炎	慢感染呈干燥鳞片稍凸	1		5				
6	精神	不安	1					10	
7	精神	不振∨不好∨欠佳	1				5		
8	精神	沉郁	1	5					
9	精神	休息不安	1					10	
10	精神	症状∨功能紊乱∨损害	1			5			
11	下颌	皮肤慢性炎	1						5
12	头颈	(圆∨不规则)脱毛∨皮损	1			5			
13	头颈	环形∨凸起灰色∨黄色痂皮	1			5			
14	头颈	颈下皮肤慢性炎	1						5
15	头颈	圆∨不规则脱毛∨痂灰∨黄	1			5			
16	头－脸	皮膜炎结痂	1		10				
17	头癣	圆∨不规则脱毛∨痂灰∨黄	1			5			
18	眼	结膜:发炎∨肿胀	1				5		
19	眼球	发绀	1				5		
20	眼球	有分泌物	1				5		
21	口	流涎∨唾液多	1	15					
22	口膜	潮红、充血	1	10					
23	口膜	坏死∧伴有恶臭	1	10					
24	口	小米粒大至扁豆大水疱	1	10					
25	口	硬腭小米粒大至扁豆大水疱	1	10					
26	口膜	水疱性炎	1	15					
27	口－舌	小米粒大至扁豆大水疱	1	10					
28	身－背	圆∨不规则脱毛∨痂灰∨黄	1			5			
29	身	渐瘦∨营养障碍	1				5		
30	身	消瘦	2	5				5	

续 26 组

序	类	症(信息)	统	4	27	32	33	44	85
				传染性口炎	兔密螺旋体病	兔体表真菌病	兔深部真菌病	兔虱病	湿性皮炎
31	身一育	生长发育不良∨慢	2		5			5	
32	腹下	圆∨不规则脱毛∨痂灰∨黄	1			5			
33	皮感觉	痒:抓带到鼻∨睑∨唇∨爪	1		5				
34	皮一结	小结	1					5	
35	皮毛	脱毛	1	10					
36	皮一毛	粗乱∨易折∨断毛	2			10	5		
37	皮一毛	环状覆珍珠灰状秃毛斑	1				5		
38	皮一毛	囊:脓肿	1			5			
39	皮一毛	脱落∨局部脱毛	2			10			10
40	皮毛色	绿色:绿毛病蓝毛病绿脓杆菌	1						15
41	皮毛色	无光泽∨褪色∨焦无光	1				5		
42	皮一色	小出血点	1					5	
43	皮一伤	损伤一机械性	1					5	
44	呼吸	困难	1				10		
45	食	采食不安	1					10	
46	消一粪	腹泻	1	5					
47	消一肛	皮膜炎结疡	1		10				
48	公兔	龟头肿大	1		5				
49	公兔	皮肤呈糠麸样	1		5				
50	公兔	阴茎水肿	1		5				
51	公兔	阴囊水肿	1		5				
52	温	体温高∨高热∨发热	2	5			5		
53	温	39℃	1				5		
54	温	40℃以上	1				5		
55	淋巴结	腹股沟、腘淋巴结肿胀	1		5				
56	淋巴结	淋巴结:炎肿	1		15				
57	特征	皮脱毛+断毛+皮炎	1			15			
58	特征	生殖器肛门皮膜结节溃疡	1		15				
59	病因	牙、口腔疾病引起多涎	1						5
60	病因	饮水不当、垫料潮,久泻	1						5
61	病感染	通过淋巴、血液一全身	1						5

27 组　乳房∨乳腺∨乳汁异常

序	类	症(信息)	统	7 巴氏杆菌病	15 葡萄球菌病	79 马铃薯中毒	97 乳房炎	98 缺乳和无乳	106 假孕
		ZPDS		11	12	12	12	9	8
1	乳房	局部肿胀	1				10		
2	乳房	松弛∨软	1					5	
3	乳房	萎缩∨变小	1					5	
4	乳房	发炎∨肿块∨脓肿∨胀大	2		5				10
5	乳房	疹块	2		5	5			
6	乳房	肿胀(紫红∨蓝紫色)	1		10				
7	乳头	松弛∨软∨萎缩∨变小	1					5	
8	乳腺	不发达	1					5	
9	乳腺	患部皮肤蓝紫	1				15		
10	乳腺	激活∨分泌少量乳汁	1						10
11	乳腺	淋巴结肿胀	1	10					
12	乳腺	皮红	1				15		
13	乳腺	肿胀、发热、敏感	1				15		
14	乳汁	挤不出∨量少	1					10	
15	乳汁	中混有脓液∨血液	1		5				
16	精神	不振∨不好∨欠佳	1				5		
17	精神	沉郁	3	5	5	5			
18	精神	昏睡	1		10				
19	头颈	疹块	1			5			
20	眼	角膜炎	1	10					
21	眼	结膜潮红∨黏膜潮红	1			10			
22	眼	结膜发绀∨黏膜发绀	1			10			
23	身胸壁	肿胀	1	10					
24	腹部	疼痛	1			10			
25	食欲	不振∨减少∨骤减	3	5	5		5		
26	食欲	厌食∨拒食	3	5	5	5			
27	消一粪	腹泻	2	5		10			
28	消粪含	血∨带血∨便血	1			10			
29	运步	行难∨运障	2		5		5		
30	运步	不稳∨摇晃	1			5			
31	运一肌	麻痹	1			5			
32	运一肢	四肢:疹块	1			5			

续 27 组

序	类	症(信息)	统	7	15	79	97	98	106
				巴氏杆菌病	葡萄球菌病	马铃薯中毒	乳房炎	缺乳和无乳	假孕
33	母兔	16天后黄体退化使假孕结束	1						10
34	母兔	不发情∨不接受交配	1						10
35	母兔	不愿哺乳	1					5	
36	母兔	发情后未配∨未孕但似孕	1						5
37	母兔	假孕完配种易受胎	1						5
38	母兔	拒仔吮乳	1				15		
39	母兔	现临产行为－衔草拉毛做巢	1						5
40	母兔	子宫增大	1						5
41	仔兔	吃次增,饿,爬、叫	1					10	
42	仔兔	发育不良∨增重慢	1					10	
43	仔兔	渐瘦	1					10	
44	温	体温高∨高热∨发热	3	10	5		5		
45	温	40℃以上	1				5		
46	温	41℃	1	10					
47	腺淋巴结	淋巴结炎肿	1	10					
48	特征	败血症∧器官化脓性	1		15				
49	病时	产后5～20天	1				15		
50	症	败血症	3	5	10		10		

28 组　咳　嗽

序	类	症(信息)	统	7	13	18	29	30	56	57	58	64
				巴氏杆菌病	肺炎球菌病	兔结核病	兔衣原体病	兔支原体病	感冒	支气管炎	肺炎	维生素A缺乏症
		ZPDS		11	10	9	11	11	12	11	9	10
1	**呼吸**	**咳嗽**	9	5	10	5	5	10	5	10	5	5
2	**呼吸**	**咳嗽湿长**	1							10		
3	精神	不振∨欠佳	1								5	
4	精神	沉郁	5	5	5		5		5	5		
5	精神	惊厥	1									10
6	眼	眵多∨分泌物增多	1									10
7	眼	干	1									10
8	眼	虹膜变色	1			5						

续 28 组

序	类	症(信息)	统	7	13	18	29	30	56	57	58	64
				巴氏杆菌病	肺炎球菌病	兔结核病	兔衣原体病	兔支原体病	感冒	支气管炎	肺炎	维生素A缺乏症
9	眼	结膜潮红∨黏膜潮红	1								5	
10	眼	结膜发绀∨黏膜发绀	1								5	
11	眼	结膜:发炎∨肿胀∨眼炎	3	10			5		5			
12	眼	晶体不透明∨混浊	1			5						
13	眼	畏光流泪∨怕光流泪	1						5			
14	眼视	失明∨视减∨视异常	1									10
15	鼻	发凉∨冷	1						10			
16	鼻	喷嚏	3	5				5	10			
17	鼻	痒	1						10			
18	鼻液	浆液性∨水样	6	5			5	5	10	10	5	
19	鼻液	流∨渗出液∨分泌物增加	2		10					5		
20	鼻液	黏性	4	5	5			5		10		
21	鼻液	脓性	4	5	5					10	5	
22	耳	发凉∨冷	1						10			
23	身一瘫	麻痹	1				10					
24	身一姿	角弓反张	1				10					
25	皮一毛	粗乱∨易折∨断毛	1			5						
26	皮膜	黏膜伤	1									5
27	皮一膜	黏膜苍白	1			5						
28	皮一膜	黏膜上皮细胞质萎缩∨炎症	1									10
29	皮温	不整	1						10			
30	呼吸	干痛咳	1							10		
31	呼吸	困难	4	5		5				5	5	
32	呼吸	气喘	2			5		5				
33	呼吸	伸颈∨头上仰	1								5	
34	呼吸	听胸呼吸音增强	1							10		
35	呼吸	快一急促∨频数∨促迫∨浅表	3	5				5			5	
36	呼吸道	发炎	1					5				
37	运一动	不喜活动∨不愿走动	1					5				
38	运一动	转圈	1									10
39	运一关	关节变形(肘∨膝∨跗)	1			5						
40	运一关	关节炎∨肿痛	3	5			5	5				

续 28 组

序	类	症(信息)	统	7 巴氏杆菌病	13 肺炎球菌病	18 兔结核病	29 兔衣原体病	30 兔支原体病	56 感冒	57 支气管炎	58 肺炎	64 维生素A缺乏症
41	运一身	后躯麻痹	1			5						
42	运一身	站不稳∨摇晃	1									10
43	运一肢	麻	1									10
44	运一肢	四肢:发冷∨末端发凉	1						10			
45	运一肢	四肢:无力∨划水状	1				10					
46	特征	体温高＋咳嗽＋鼻液＋突死	1		15							
47	特征	发热∧上呼吸道炎	1						15			
48	特征	关节炎∨脑炎∨尿道炎	1				15					
49	特征	呼吸道炎∧关节炎	1					15				
50	特征	咳＋流鼻液＋胸听诊啰音	1							15		
51	病龄	仔兔∨幼兔	3		5		5	5				
52	病龄	成年兔	1		5							
53	病龄	妊娠母兔(25 天以后)	1		5							
54	病流行	地方流行	3	5	5		5					

29 组 呼吸困难∨气喘

序	类	症(信息)	统	3 兔瘟	7 巴氏杆菌病	12 绿脓假单胞菌病	14 链球菌病	18 兔结核病	19 兔伪结核病	25 兔类鼻疽	30 兔支原体病	33 兔深部真菌病	49 胃扩张	57 支气管炎	58 肺炎	59 肾炎	62 中暑	76 有毒植物中毒	80 灭鼠药中毒	82 食盐中毒	110 妊娠毒血症
		ZPDC		10	12	9	8	9	9	9	10	9	10	14	9	9	13	11	9	9	8
1	**呼吸**	**困难**	17	5	5	10	15	5	5	5		10	10	5	5	5	10	5	5	5	10
2	**呼吸**	**气喘**	3			10		5			5										
3	精神	不振∨欠佳	4									5			5		5		5		
4	精神	沉郁	10		5	5	5		5				5	5		5	10			5	5
5	精神	倒地不起	1														10				
6	精神	高度沉郁	1			15															
7	精神	昏迷	4													10	10		10		10
8	精神	惊厥	1																		10

续 29 组

序	类	症(信息)	统	3 兔痘	7 巴氏杆菌病	12 绿脓假单胞菌病	14 链球菌病	18 兔结核病	19 兔伪结核病	25 兔类鼻疽	30 兔支原体病	33 兔深部真菌病	49 胃扩张	57 支气管炎	58 肺炎	59 肾炎	62 中暑	76 有毒植物中毒	80 灭鼠药中毒	82 食盐中毒	110 妊娠毒血症
9	精神	兴奋∨兴奋不安	4										5				10	10		5	
10	精神	神经症状∨功能紊乱∨损害	3	5													5			5	
11	头	低头伸颈	1															10			
12	头	歪头∨斜颈	2		5		5														
13	头部	震颤	1																	10	
14	眼	眵多∨分泌物增多	1							5											
15	眼	多有化脓性结膜炎	1						5												
16	眼	虹膜变色	1					5													
17	眼	化脓	1	5																	
18	眼	角膜溃疡	1	5																	
19	眼	结膜潮红∨黏膜潮红	3												5		5			5	
20	眼	结膜发绀∨黏膜发绀	2												5		5				
21	眼	结膜炎∨肿胀∨眼炎	3	10	10							5									
22	眼	晶体不透明∨混浊	1					5													
23	眼	瞳孔缩小	1																10		
24	眼角	浆性∨脓性分泌物	1							10											
25	眼球	发绀	1									5									
26	眼球	有分泌物	1									5									
27	鼻	潮红∨充血	1							5											
28	鼻	出血∨流血	1																5		
29	鼻	喷嚏	2		5						5										
30	鼻液	浆液性∨水样	4		5						5			10	5						
31	鼻液	流∨渗出液∨分泌物增加	3	5						5				5							
32	鼻液	黏性	3		5						5			10							
33	鼻液	脓性	3		5									10	5						
34	口	流涎∨唾液多	3										5					5	10		
35	口	呕吐	2										5						10		
36	身－动	痉挛	2													5		5			
37	身－动	痉挛－阵发性	1													10					

续 29 组

序	类	症(信息)	统	3 兔痘	7 巴氏杆菌病	12 绿脓假单胞菌病	14 链球菌病	18 兔结核病	19 兔伪结核病	25 兔类鼻疽	30 兔支原体病	33 兔深部真菌病	49 胃扩张	57 支气管炎	58 肺炎	59 肾炎	62 中暑	76 有毒植物中毒	80 灭鼠药中毒	82 食盐中毒	110 妊娠毒血症
38	身-动	旋转Ⅴ翻滚	1				5														
39	身	渐瘦Ⅴ营养障碍	1									5									
40	身	消瘦	2					5	3												
41	身-骨	脊椎炎症	1					5													
42	身-力	乏力Ⅴ无力Ⅴ倦怠	3											5		10	5				
43	身-力	衰弱Ⅴ极度衰弱	3						15							10		10			
44	身-姿	角弓反张	1																	10	
45	腹痛	剧烈	1										10								
46	腹围	大Ⅴ腹胀	2										5					5			
47	呼吸	肺炎	1			5															
48	呼吸	肺炎(大叶Ⅴ小叶Ⅴ卡他Ⅴ脓)性	1												5						
49	呼吸	干痛咳	1											10							
50	呼吸	呼出气酮味-烂苹果味	1																		25
51	呼吸	咳时动Ⅴ采食Ⅴ早晚低温	1											5							
52	呼吸	咳嗽	5		5			5			10			10	5						
53	呼吸	咳嗽湿长	1											10							
54	呼吸	听胸呼吸音增强	1											10							
55	呼吸	听胸有干湿啰音	1											5							
56	呼吸	窒息	1										10								
57	食欲	厌食Ⅴ拒食	8	5	5		5		5						5	5	5		10		
58	消-肠	肠炎	1			5															
59	消-道	胃肠炎-出血性	1															10			
60	尿少		2													5					5
61	尿-肾	压现不安Ⅴ躲避Ⅴ抗拒	1													10					
62	运步	共济失调	1																		10
63	运步	蹒跚	1																	10	
64	运-肌	痉挛	2	5														10			
65	运-肌	痉挛-癫痫样	1																	10	
66	运-肌	麻痹	3	5														10	10		

续 29 组

序	类	症(信息)	统	3 兔瘟	7 巴氏杆菌病	12 绿脓假单胞菌病	14 链球菌病	18 兔结核病	19 兔伪结核病	25 兔类鼻疽	30 兔支原体病	33 兔深部真菌病	49 胃扩张	57 支气管炎	58 肺炎	59 肾炎	62 中暑	76 有毒植物中毒	80 灭鼠药中毒	82 食盐中毒	110 妊娠毒血症
67	运－肌	麻痹－四肢∧颈肌肉	1															10			
68	腺淋结	颈部∧腋下淋巴结肿大	1							5											
69	特征	鼻眼分泌物＋呼吸困难	1							15											
70	特征	病急＋病程短＋腹痛剧烈	1										15								
71	特征	呼吸道炎∧关节炎	1								15										
72	特征	咳＋流鼻液＋胸听诊啰音	1											15							
73	特征	体温高、循环衰竭∨神经症状	1														15				
74	病季	春、秋	3		5		5				5										
75	病季	四季∨无季节性	6			5	5	5	5		5	5									
76	病龄	各龄	7	5		5			5	5	5	5					5				
77	病龄	仔兔∨幼兔	3				5				5	5									
78	病流行	暴发流行	1							10											
79	病流行	散发	4		5	5		5	5												
80	病时	食后 1～2 小时	1										5								
81	症	轻重不一∨轻无症∨重者死	1																		5

30 组　呼吸快

序	类	症(信息)	统	1 兔瘟	7 巴氏杆菌病	9 波氏杆菌病	25 兔类鼻疽	30 兔支原体病	31 兔附红体病	35 弓形虫病	50 胃肠炎	51 肠臌胀	58 肺炎	62 中暑	75 真菌毒素中毒	77 棉籽饼中毒	78 菜籽饼中毒
		ZPDS		11	13	10	9	10	10	10	11	10	10	13	10	12	10
1	**呼吸**	**快－急促∨浅表**	14	10	5	5	5	5	5	5	10	10	5	10	5	5	5
2	**精神**	不振∨欠佳	3						5				5	5			
3	**精神**	嗜睡	1							5							
4	**精神**	兴奋∨兴奋不安	1											10			
5	**精神**	意识丧失∨意障	1											10			
6	**精神**	中枢神经症状	1							5							
7	**眼**	眵多∨分泌物增多	1				5										
8	**眼**	结膜潮红∨黏膜潮红	3								5		5	5			

续30组

序	类	症(信息)	统	1 兔瘟	7 巴氏杆菌病	9 波氏杆菌病	25 兔类鼻疽	30 兔支原体病	31 兔附红体病	35 弓形虫病	50 胃肠炎	51 肠臌胀	58 肺炎	62 中暑	75 真菌毒素中毒	77 棉籽饼中毒	78 菜籽饼中毒
9	眼	结膜发绀∨黏膜发绀	5								10	5	5	5			5
10	眼	结膜黄染∨淡黄	2						5		5						
11	眼	瞳孔散大	1														10
12	眼眵	浆性∨脓性	1							5							
13	眼角	浆性∨脓性分泌物	1				10										
14	鼻	潮红∨充血	2			5	5										
15	鼻	出血∨流血	1	15													
16	鼻	喷嚏	3		5	5		5									
17	鼻	发炎	2		5	5											
18	鼻液	浆液性∨水样	4		5			5		5			5				
19	鼻液	流∨渗出液∨分泌物增加	1				5										
20	鼻液	黏性	3		5	5		5									
21	鼻液	脓性	4		5	5				5			5				
22	口	流涎∨唾液多	1												5		
23	口	流血	1	15													
24	口	吐沫∨吐白沫∨粉红沫	2											10			10
25	口	咽炎	1			5											
26	耳根	发绀	1	10													
27	身一病	天然孔流血样液体	1	15													
28	身一动	倒地不起	1												10		
29	身一动	颤抖	1													5	
30	身	消瘦	3			5			5	5							
31	身一力	乏力∨无力∨倦怠	3						5					5			5
32	身胸壁	肿胀	1		10												
33	腹部	疼痛	3								5	5					10
34	腹痛	不安	1									15					
35	腹围	大∨腹胀	2									5					10
36	腹围	大叩鼓音∨触有弹性	1									15					
37	腹围	急速增大	1									15					
38	腹围	肷窝膨大	1									15					
39	皮一色	黄疸	1						5								
40	皮下	肿胀	1		10												
41	呼吸	咳嗽	3		5			10					5				

续 30 组

序	类	症(信息)	统	1 兔瘟	7 巴氏杆菌病	9 波氏杆菌病	25 兔类鼻疽	30 兔支原体病	31 兔附红体病	35 弓形虫病	50 胃肠炎	51 肠臌胀	58 肺炎	62 中暑	75 真菌毒素中毒	77 棉籽饼中毒	78 菜籽饼中毒
42	呼吸	困难	4		5		5						5	10			
43	呼吸	气喘	1					5									
44	呼吸	气热	1											10			
45	呼吸道	发炎	1					5									
46	食欲	不振∨减少∨骤减	7	5	5	5		5		5			5			10	
47	食欲	厌食∨拒食	7	5	5					5	5		5	5		10	
48	消-粪	水样	1								5						
49	消-粪	腹泻	5		5						5				5	5	10
50	消-粪	干稀不定∨秘泻交替	1						5								
51	消粪含	黏液	3								5				10	10	
52	消粪含	血∨带血∨便血	4								5				10	10	5
53	消粪色	恶臭味∨难闻臭味	2								5				10		
54	消化	障碍∨胃肠紊乱∨分泌低下	2												5	5	
55	循环	贫血	1						5								
56	循环	衰竭	1											5			
57	循-脉	脉搏增数∨疾速	1													15	
58	尿	尿频	1													10	
59	尿色	发黄	1						5								
60	尿色	红色	1													10	
61	排尿	疼痛	1													10	
62	运步	蹦跳	1	10													
63	运步	不灵活	1												10		
64	运-肢	后肢麻痹	1							15							
65	杂-声	尖叫∨鸣叫	1									10					
66	母兔	流产	3				5								5		5
67	母兔	流产∨死胎	1					5									
68	淋巴结	颈部∧腋下淋巴结肿大	1				5										
69	特征	鼻炎+咽炎+支气管肺炎	1			15											
70	特征	鼻眼分泌物+呼吸困难	1				15										
71	特征	发热+贫血+黄疸+瘦	1						15								
72	特征	腹围急剧膨大∧腹痛	1									15					
73	特征	呼吸道炎∧关节炎	1					15									
74	特征	体温高、循环衰竭∨神经症状	1											15			

续 30 组

序	类	症(信息)	统	1 兔瘟	7 巴氏杆菌病	9 波氏杆菌病	25 兔类鼻疽	30 兔支原体病	31 兔附红体病	35 弓形虫病	50 胃肠炎	51 肠臌胀	58 肺炎	62 中暑	75 真菌毒素中毒	77 棉籽饼中毒	78 菜籽饼中毒
75	特征	发病突然+体温	1	15													
76	特征	死前尖叫+口鼻流血	1	15													
77	死声	尖叫而死∨鸣叫而死	1	15													

31 组　异　嗜

序	类	症(信息)	统	48 消化不良	54 腹泻	63 蛋白质缺乏症	68 佝偻病	69 全身性缺钙	74 异嗜癖	109 吞食仔兔癖
		ZPDS		10	11	10	13	11	10	10
1	食欲	异常∨异嗜	7	5	5	5	5	5	35	10
2	精神	不振∨欠佳	1				5			
3	精神	沉郁	2	5	5					
4	精神	胆小∨易惊	1						5	
5	精神	昏睡	1			5				
6	身-背	弓背	1						5	
7	身-病	全身恶化	1		5					
8	身-动	抽搐	1				5			
9	身-动	痉挛	1					5		
10	身	渐瘦∨营养障碍	2	5					5	
11	身	消瘦	3		5	5	5			
12	身	消瘦如柴	1			5				
13	身-力	乏力∨无力∨倦怠	2	5		5				
14	身-力	虚弱∨体弱∨软弱	2	5			5			
15	身-力	衰竭∨极度衰竭	1			10				
16	身-腰	弓腰	1				10			
17	身-育	生长发育不良∨慢	2			10	5			
18	身-重	体重降∨增重减慢	1			10				
19	皮-毛	粗乱∨易折∨断毛	1						5	
20	皮毛色	污染	1		5					
21	皮毛色	无光泽∨褪色∨焦无光	1		5					
22	食幼仔	恶癖	1							10

续 31 组

序	类	症(信息)	统	48 消化不良	54 腹泻	63 蛋白质缺乏症	68 佝偻病	69 全身性缺钙	74 异嗜癖	109 吞食仔兔癖
23	食吃仔	分娩后口渴无水	1							10
24	食吃仔	分娩受惊∨产箱异味∨仔兔异味	1							10
25	食吃仔	死仔没及时取出	1							10
26	食吃仔	因钙、磷等不足	1							10
27	食欲	不振∨减少∨骤减	6	5	5		5	5	5	10
28	食欲	味觉异常	1						10	
29	食欲	厌食∨拒食	3	5	5					10
30	食欲	饮:渴∨增加∨好喝∨渴喜饮	2		5					10
31	消一粪	水样	2	10	10					
32	消一粪	稀软∨粥样∨半流质	2	10	10					
33	消化	障碍∨胃肠紊乱∨分泌低下	1						10	
34	循环	贫血	1			10				
35	运步	跛	2				10	10		
36	运一动	不爱活动∨不爱走动	1	5						
37	运一骨	长管骨肿大	1					10		
38	运一骨	骨骼变形与缺钙似	1					10		
39	运一骨	膨大	1					10		
40	运一骨	软化	1					10		
41	运一骨	松	1				10			
42	运一骨	易折	2				10	10		
43	运一骨	肢骨弯 X 形或 O 形	1				15			
44	运一骨	质软化	1					5		
45	运一肌	麻痹	1					5		
46	运一身	卧地不起	1			10				
47	温	体温正常∨无变化∨不高	1						10	
48	特征	发育慢、骨骺肿∨骨变形	1				15			
49	病性	代谢紊乱＋营养缺乏征	1							10
50	病因	缺乏蛋白质和氨基酸	1						5	

32组　饮欲异常

序	类	症(信息)	统	20 兔沙门氏菌病	24 兔炭疽	41 囊尾蚴病	52 毛球病	54 腹泻	109 吞食仔兔癖
		ZPDS		10	12	10	11	11	9
1	**食欲**	**饮:不饮**	1		5				
2	**食欲**	**饮:渴∨增加∨喜饮**	5	5		5	10	5	10
3	精神	沉郁	3	5	10			5	
4	精神	昏睡	1		10				
5	精神	嗜睡	1			5			
6	头颈	严重水肿	1		10				
7	眼	个别病例眼球突出	1		5				
8	眼	结膜苍白	1			5			
9	鼻液	浆液性∨水样	1		10				
10	鼻液	黏性	1		10				
11	口	流涎∨唾液多	1		10				
12	身－背	弓背	1			5			
13	身－病	全身恶化	1					5	
14	身	渐瘦∨营养障碍	1			5			
15	身	消瘦	2	5				5	
16	身－力	乏力∨无力∨倦怠	1				5		
17	身－力	衰竭∨极度衰竭	1			5			
18	身－姿	缩成一团	1		10				
19	腹部	疼痛	1				5		
20	腹围	大∨腹胀	1			5			
21	皮毛色	污染	1					5	
22	皮毛色	无光泽∨褪色∨焦无光	2			5		5	
23	食吃仔	恶癖	1						10
24	食吃仔	分娩后口渴无水	1						10
25	食吃仔	分娩受惊∨产箱异味∨仔兔异味	1						10
26	食吃仔	死仔没及时取出	1						10
27	食吃仔	因钙磷等缺乏	1						10
28	食欲	不振∨减少∨骤减	3				5	5	10
29	食欲	厌食∨拒食	5	5	5		5	5	10
30	食欲	异常∨异嗜	2					5	10
31	食欲	障碍∨有明显变化∨微变	1			5			
32	消－粪	水样	1					10	

续 32 组

序	类	症(信息)	统	20 兔沙门氏菌病	24 兔炭疽	41 囊尾蚴病	52 毛球病	54 腹泻	109 吞食仔兔癖
33	消一粪	稀软∨粥样∨半流质	1					10	
34	消一粪	腹泻	1	5					
35	消一粪	便秘	1				5		
36	消一粪	秘结∧混有兔毛	1				5		
37	消粪含	黏液∨泡沫	1	5					
38	消一胃	大∧可摸到硬毛球	1				15		
39	循环	血凝不全煤焦油状	1		15				
40	运一动	不喜活动∨不愿走动	1			5			
41	运一身	喜卧	1				5		
42	母兔	流产	1	5					
43	母兔	流产 70%	1	10					
44	母兔	阴道潮红∨水肿	1	5					
45	特征	败血症＋脾大＋皮下胶样	1		15				
46	特征	败血症死亡＋腹泻＋流产	1	15					
47	死因	胃肠破裂	1				5		
48	死因	自体中毒	1				5		

33 组　水样粪

序	类	症(信息)	统	5 仔兔轮状病毒病	6 流行性肠炎	8 魏氏梭菌病	21 兔大肠杆菌病	26 兔泰泽氏病	48 消化不良	50 胃肠炎	54 腹泻
		ZPDS		11	8	11	13	9	13	11	10
1	消一粪	水样	8	5	15	5	10	10	10	5	10
2	消一粪	黑水样	1			5					
3	消一粪	黄水样	1				5				
4	消一粪	水样＋特殊腥臭	1			10					
5	精神	沉郁	6			5	5	5	5	5	5
6	精神	高度沉郁	1							10	
7	精神	昏睡	1	5							
8	眼	结膜苍白	1	5							
9	口	呕吐	1	5							
10	身一病	全身恶化	1								5

续 33 组

序	类	症(信息)	统	5 仔兔轮状病毒病	6 流行性肠炎	8 魏氏梭菌病	21 兔大肠杆菌病	26 兔泰泽氏病	48 消化不良	50 胃肠炎	54 腹泻
11	身	渐瘦∨营养障碍	1						5		
12	身	消瘦	3	5			5				5
13	身	消瘦-迅速	1				10				
14	身-力	乏力∨无力∨倦怠	1						5		
15	身-水	脱水	4	10	10		5	5			
16	腹围	大∨腹胀	3		5		5		5		
17	腹围	臌胀呈球状	1		10						
18	皮-毛	粗乱∨易折∨断毛	1		5						
19	皮毛色	污染	1								5
20	皮毛色	无光泽∨褪色∨焦无光	1								5
21	呼吸	快-急促∨浅表	1							10	
22	食欲	不振∨减少∨骤减	5	5	5		5		5		5
23	食欲	厌食∨拒食	6	5		5		5	5	5	5
24	食欲	饮:渴∨增加∨渴喜饮	1								5
25	消-肠	盲肠:浆膜有出血斑	1			10					
26	消-粪	稀软∨粥样∨半流质	4	5				10	10		10
27	消-粪	腹泻	3	10					5	5	
28	消-粪	腹泻-急剧	1			15					
29	消粪含	胶冻样	3			5	10			5	
30	消粪含	膜-灰白色纤维膜	1						10		
31	消粪含	黏液	4				5	5	5	5	
32	消粪含	血∨带血∨便血	3			5			5	5	
33	消粪色	恶臭味∨难闻臭味	2						10	5	
34	消粪色	褐色	1					10			
35	消胃肠	出血∨溃疡	1			10					
36	特征	粪水∨胶冻样+脱水+败血症	1				15				
37	特征	腹泻∧脱水	1	15							
38	特征	泻(水∨黏液)+脱水+速死	1					15			
39	病季	四季∨无季节性	3		5	5	5				
40	病龄	断奶至3月龄多发	1		5						
41	死时	突然∨快∨速死∨急性死亡	2				10	5			
42	死因	虚脱	1							5	

34-1组 腹 泻

序	类	症(信息)	统	3 兔痘	4 传染性口炎	5 仔兔轮状病毒病	7 巴氏杆菌病	8 魏氏梭菌病	12 绿脓假单胞菌病	14 链球菌病	18 兔结核病	19 兔伪结核病	20 兔沙门氏菌病	26 兔泰泽氏病	34 球虫病	40 日本血吸虫病	48 消化不良
		ZPDS		9	10	10	12	10	11	10	9	10	13	10	14	8	12
1	**消－粪**	**稀软∨粥样∨半流质**	3			5								10			10
2	**消－粪**	**腹泻**	13	10	5	10	5	5	5	15	5	5	5		5	10	5
3	**消－粪**	**腹泻－急剧**	1					15									
4	**消－粪**	**腹泻－间歇性**	1							5							
5	食欲	不振∨减少∨骤减	9	5	5	5	5		5		5	5			5		5
6	精神	沉郁	10		5		5	5	5	5		5	5	5	5		5
7	食欲	时好时坏	1														5
8	精神	高度沉郁	1						15								
9	精神	昏睡	1			5											
10	精神经	症状∨功能紊乱∨损害	2	5											5		
11	头	歪头∨斜颈	2				5			5							
12	眼	虹膜变色	1								5						
13	眼	晶体不透明∨混浊	1								5						
14	口	唇散在丘疹	1	10													
15	口	流涎∨唾液多	2		15										5		
16	口膜	潮红(充血)	1		10												
17	口膜	坏死∧伴有恶臭	1		10												
18	口	呕吐	1			5											
19	口	舌散在丘疹	1	10													
20	身－动	旋转∨翻滚	1							5							
21	身	消瘦	7		5	5					5	5	5		5	10	
22	身－力	衰弱∨极度衰弱	1									15					
23	身－力	虚弱∨体弱∨软弱	2		5												5
24	身－水	脱水	2			10								5			
25	腹水	多	2												5	15	
26	皮炎	尾蚴钻皮致	1													10	
27	呼吸	咳嗽	2				5				5						
28	呼吸	困难	6	5			5		10	15	5	5					
29	呼吸	气喘	2						10		5						

续 34-1 组

序	类	症(信息)	统	3	4	5	7	8	12	14	18	19	20	26	34	40	48
				兔瘟	传染性口炎	仔兔轮状病毒病	巴氏杆菌病	魏氏梭菌病	绿脓假单胞菌病	链球菌病	兔结核病	兔伪结核病	兔沙门氏菌病	兔泰泽氏病	球虫病	日本血吸虫病	消化不良
30	食欲	厌食∨拒食	11	5	5	5	5	5		5		5	5	5	5		5
31	食欲	异常∨异嗜	1														5
32	食欲	饮:渴∨增加∨渴喜饮	1										5				
33	消－肠	肠炎	1						5								
34	消－肠	臌气	1												5		
35	消－肠	上皮因球虫受损	1												5		
36	消－粪	水样	4			5		5						10			10
37	消－粪	黑水样	1					5									
38	消－粪	水样＋特殊腥臭	1					10									
39	消粪含	胶冻样	1					5									
40	消粪含	黏液	3										5	5			5
41	消粪含	血∨带血∨便血	5					5	5						5	5	5
42	消粪色	恶臭味∨难闻臭味	1														10
43	消粪色	褐色	1											10			
44	消胃肠	出血∨溃疡	1					10									
45	循环	贫血	2												5	5	
46	公兔	睾丸炎∨红肿∨发热	2				5							5			
47	温	体温高∨高热∨发热	8	10	5		10		5	15	5	5	5				
48	淋巴结	炎肿	1				10										
49	特征	(肠∨器官)∧淋巴结肿硬	1									15					
50	特征	败血症死亡＋腹泻＋流产	1										15				
51	特征	出血性肠炎∧肺炎	1						15								
52	特征	腹泻∧脱水	1			15											
53	特征	腹胀＋泻＋消瘦＋贫血	1												15		
54	特征	泻(水∨黏液)＋脱水＋速死	1											15			
55	病布	长江流域	1													5	
56	症	败血症	3				5			15			5				
57	症	无明症状∨少量感染无症	1													5	

续 34-1 组

序	类	症(信息)	统	3 兔痘	4 传染性口炎	5 仔兔轮状病毒病	7 巴氏杆菌病	8 魏氏梭菌病	12 绿脓假单胞菌病	14 链球菌病	18 兔结核病	19 兔伪结核病	20 兔沙门氏菌病	26 兔泰泽氏病	34 球虫病	40 日本血吸虫病	48 消化不良
58	死时	突然∨速死∨急性死亡	5				5					5	10	5	5		
59	死时	24 小时左右死亡	1						5								
60	死时	4～7 天	1	5													
61	死时	流产后死亡	1										5				
62	死因	败血症	1										5				
63	死因	脓毒败血症	1							5							
64	预后	康复兔不能再妊娠产仔	1										5				

34-2 组　腹　泻

序	类	症(信息)	统	50 胃肠炎	54 腹泻	63 蛋白质缺乏症	64 维生素A缺乏症	65 维生素B_1缺乏症	75 真菌毒素中毒	76 有毒植物中毒	77 棉籽饼中毒	78 菜籽饼中毒	79 马铃薯中毒	80 灭鼠药中毒	81 有机氯农药中毒	82 食盐中毒	92 长毛兔腹壁疝
		ZPDS		13	11	11	12	11	10	10	9	10	11	12	11	10	10
1	消－粪	稀软∨粥样∨半流质	1		10												
2	消－粪	腹泻	13	5		5	5	5	5	5	5	10	10	5	5	5	5
3	消－粪	腹泻－持续∨顽固	2	5		5											
4	精神	不振∨欠佳	2											5			5
5	精神	沉郁	6	5	5				5		5		5			5	
6	精神	昏迷	2					10						10			
7	精神	昏睡	1			5											
8	精神	惊厥	1				10										
9	精神	惊恐不安	1												10		
10	精神	骚动不安	1														5
11	精神	兴奋∨兴奋不安	3							10					5	5	
12	精神	兴奋－极度	1												10		
13	精神经	症状∨功能紊乱∨损害	3				5	10								5	
14	头	低头伸颈	1							10							

续 34-2 组

序	类	症(信息)	统	50 胃肠炎	54 腹泻	63 蛋白质缺乏症	64 维生素A缺乏症	65 维生素B_1缺乏症	75 真菌毒素中毒	76 有毒植物中毒	77 棉籽饼中毒	78 菜籽饼中毒	79 马铃薯中毒	80 灭鼠药中毒	81 有机氯农药中毒	82 食盐中毒	92 长毛兔腹壁疝
15	头部	震颤	1													10	
16	头颈	疹块	1										5				
17	眼	眵多∨分泌物增多	1				10										
18	眼	干	1				10										
19	眼	角膜:失光∨浙浑	1				10										
20	眼	结膜潮红∨黏膜潮红	3	5									10			5	
21	眼	结膜:沉色素	1				5										
22	眼	结膜发绀∨黏膜发绀	3	10								5	10				
23	眼	瞳孔散大	1									10					
24	眼视	失明∨视减∨视异常	1				10										
25	口	流涎∨唾液多	4						5	5			5	10			
26	口膜	糜烂∨溃疡	1												10		
27	口	呕吐	2											10	5		
28	口	吐沫∨吐白沫∨粉红沫	1									10					
29	耳	听觉迟钝	1				5										
30	身—病	渐进性水肿	1					10									
31	身—病	全身恶化	1		5												
32	身—病	体况下降	1														5
33	身—动	抽搐∨震颤	2					10						10			
34	身—动	倒地不起	1						10								
35	身—动	痉挛	2					10		5							
36	身	渐瘦∨营养障碍	1												5		
37	身	消瘦	2		5	5											
38	身	消瘦如柴	1			5											
39	身—力	乏力∨无力∨倦怠	2			5						5					
40	身—力	衰弱∨极度衰弱	1							10							
41	身—力	衰竭∨极度衰竭	1			10											
42	身—育	生长发育不良∨慢	2			10	5										
43	身—重	体重降∨增重减慢	2			10	5										
44	身—姿	角弓反张	1													10	

续 34-2 组

序	类	症(信息)	统	50 胃肠炎	54 腹泻	63 蛋白质缺乏症	64 维生素A缺乏症	65 维生素B_1缺乏症	75 真菌毒素中毒	76 有毒植物中毒	77 棉籽饼中毒	78 菜籽饼中毒	79 马铃薯中毒	80 灭鼠药中毒	81 有机氯农药中毒	82 食盐中毒	92 长毛兔腹壁疝
45	腹壁	局部:红肿热痛炎症	1														15
46	腹部	疼痛	4	5								10	10	5			
47	腹围	大∨腹胀	2							5		10					
48	腹现	圆∨椭圆形肿+手按小∨消	1														10
49	皮毛色	污染	1		5												
50	皮毛色	无光泽∨褪色∨焦无光	1		5												
51	皮下	肠管脱出到皮下(疝)	1														15
52	乳房	疹块	1										5				
53	呼吸	咳嗽	1				5										
54	呼吸	困难	3							5				5		5	
55	呼吸	快-急促∨浅表	4	10					5		5	5					
56	食欲	不振∨减少∨骤减	6		5			5			10			5	5	5	
57	食欲	厌食∨拒食	6	5	5						10		5	10			5
58	食欲	异常∨异嗜	2		5	5											
59	食欲	饮:渴∨增加∨渴喜饮	1		5												
60	消-肠	重者肠管粘连∨坏死	1														10
61	消-粪	水样	2	5	10												
62	消-粪	便秘	2					5			5						
63	消粪含	黏液	3	5					10		10						
64	消粪含	血∨带血∨便血	6	5					10		10	5	10	5			
65	消粪色	恶臭味∨难闻臭味	2	5					10								
66	消化	障碍∨胃肠紊乱∨分泌低下	4					5	5		5					5	
67	运步	不灵活	1						10								
68	运-肌	麻痹	4					10		10			5	10			
69	运-肌	麻痹-四肢∧颈肌肉	1							10							
70	运-肌	失调	1					10									
71	运-肌	震颤∨强直性收缩	1												5		
72	运-身	卧地不起	1			10											
73	运-肢	四肢:不稳	1												10		
74	运-肢	四肢:发冷∨末端发凉	2	5								5					
75	运-肢	四肢:强拘∨强直	1												10		
76	病因	抓绒∨拉毛不当-腹肌撕裂	1														5

35组 便 秘

序	类	症(信息)	统	21	48	52	53	65	77	93	100	108
				兔大肠杆菌病	消化不良	毛球病	便秘	维生素B_1缺乏症	棉籽饼中毒	直肠脱和脱肛	生殖器炎症	产后瘫痪
		ZPDS		12	13	11	10	11	12	6	9	8
1	消-粪	便秘	5		5	5	5	5	5			
2	消-粪	少∨间隔延长∨排便停	1				10					
3	消-粪	粪球干硬∨小∨不均	1		5							
4	消-粪	秘结∧混有兔毛	1			5						
5	消-粪	排便(尿)呻吟、拱背	1								10	
6	消-粪	排粪困难	1							5		
7	消-粪	细小成串	1	5								
8	消-粪	少∨不通	1									5
9	精神	不振∨欠佳	1				5					
10	精神	沉郁	3	5	5				5			
11	精神	昏迷	1					10				
12	精神	神经症状∨功能紊乱∨损害	1					10				
13	眼眶	下陷	1	5								
14	口	流涎∨唾液多	1	5								
15	口	磨牙	1	5								
16	身-病	渐进性水肿	1					10				
17	身-动	抽搐∨震颤	2					10	5			
18	身-动	痉挛	1					10				
19	身	渐瘦∨营养障碍	1		5							
20	身	消瘦	1	5								
21	身	消瘦-迅速	1	10								
22	身-力	乏力∨无力∨倦息	2		5	5						
23	身-瘫	瘫痪(产后)	1									15
24	身-姿	不能立	1									10
25	腹块	触有痛感∨摸到硬粪块	1				15					
26	腹部	疼痛	3		5	5	5					
27	食欲	不振∨减少∨骤减	8	5	5	5	5	5	10		5	5
28	食欲	厌食∨拒食	5		5	5	5		10			5
29	食欲	饮:渴∨增加∨渴喜饮	1			10						
30	食欲	障碍∨有明显变化∨微变	1							5		
31	消-肠	肠音:减弱∨消失	1				5					
32	消-肠	直肠后段脱出肛门外	1							10		
33	消-肠	直肠:排便后黏膜外翻-粉∨鲜红	1							5		
34	消-肠	直肠:全层脱出肛门外	1							10		

续35组

序	类	症(信息)	统	21 兔大肠杆菌病	48 消化不良	52 毛球病	53 便秘	65 维生素B_1缺乏症	77 棉籽饼中毒	93 直肠脱和脱肛	100 生殖器炎症	108 产后瘫痪
35	消一粪	频做排便姿势	1				15					
36	消一粪	水样	2	10	10							
37	消一粪	稀软∨粥样∨半流质	1		10							
38	消粪含	黏液	3	5	5				10			
39	消粪含	血∨带血∨便血	2		5				10			
40	消粪色	恶臭味∨难闻臭味	1		10							
41	消肛门	指检过敏∨直肠内有干粪	1				15					
42	消化	障碍∨胃肠紊乱∨分泌低下	2					5	5			
43	消一胃	大∧可摸到硬毛球	1			15						
44	循一脉	脉搏增数∨疾速	1						15			
45	尿	尿频	1						10			
46	尿色	红色	1						10			
47	尿一肾	泌尿功能障碍	1					10				
48	排尿	疼痛	1						10			
49	运步	跛	1									5
50	运一肌	麻痹	1					10				
51	运一肌	失调	1					10				
52	运一身	喜卧	1			5						
53	运一肢	后肢麻痹	1									10
54	公兔	包皮肿、热痛、痒	1								10	
55	公兔	睾丸化脓破溃	1								10	
56	公兔	睾丸肿∨增温∨痛∨精索粗	1								10	
57	母兔	努责	1								10	
58	母兔	阴部溃烂、结痂	1								10	
59	母兔	子宫脱出	1									5
60	母兔	子宫炎:慢,排少量浑黏液	1								5	
61	母兔	子宫炎:排红褐色黏液∨脓物	1								10	
62	特征	粪水∨胶冻样＋脱水＋败血症	1	15								
63	死时	突然∨快∨速死∨急性死亡	1	10								
64	死因	胃肠破裂	1			5						
65	死因	治疗不及时	1							10		
66	死因	自体中毒	1			5						

36 组　粪便含黏液

序	类	症(信息)	统	8 魏氏梭菌病	20 兔沙门氏菌病	21 兔大肠杆菌病	26 兔泰泽氏病	48 消化不良	50 胃肠炎	75 真菌毒素中毒	77 棉籽饼中毒
		ZPDS		10	9	11	10	12	11	11	11
1	**消粪**	**胶冻样**	3	5		10			5		
2	**消粪**	**含膜－灰白色纤维膜**	1					10			
3	**消粪**	**含黏液**	7		5	5	5	5	5	10	10
4	**消粪**	**含泡沫**	1		5						
5	精神	高度沉郁	1						10		
6	眼	结膜发绀Ｖ黏膜发绀	1						10		
7	眼	黏膜暗红	1						10		
8	口	流涎Ｖ唾液多	2			5				5	
9	身－动	倒地不起	1							10	
10	身－动	震颤	1								5
11	身	渐瘦Ｖ营养障碍	1					5			
12	身	消瘦	2		5	5					
13	身	消瘦－迅速	1			10					
14	身－力	乏力Ｖ无力Ｖ倦怠	1					5			
15	身－力	虚弱Ｖ体弱Ｖ软弱	1					5			
16	身－水	脱水	2			5	5				
17	呼吸	快－急促Ｖ浅表	3						10	5	5
18	食欲	不振Ｖ减少Ｖ骤减	3			5		5			10
19	食欲	厌食Ｖ拒食	6	5	5		5	5	5		10
20	食欲	饮:渴Ｖ增加Ｖ渴喜饮	1		5						
21	消－肠	盲肠:浆膜有出血斑	1	10							
22	消－粪	水样	5	5		10	10	10	5		
23	消－粪	黑水样	1	5							
24	消－粪	黄水样	1			5					
25	消－粪	水样＋特殊腥臭	1	10							
26	消－粪	稀软Ｖ粥样Ｖ半流质	2				10	10			
27	消－粪	腹泻	5		5			5	5	5	5
28	消－粪	腹泻－急剧	1	15							
29	消粪	含血Ｖ带血Ｖ便血	5	5				5	5	10	10
30	消粪	恶臭味Ｖ难闻臭味	3					10	5	10	
31	消粪	褐色	1				10				
32	消化	障碍Ｖ胃肠紊乱Ｖ分泌低下	2							5	5

续 36 组

序	类	症(信息)	统	8 魏氏梭菌病	20 兔沙门氏菌病	21 兔大肠杆菌病	26 兔泰泽氏病	48 消化不良	50 胃肠炎	75 真菌毒素中毒	77 棉籽饼中毒
33	消胃肠	出血∨溃疡	1	10							
34	尿频	尿	1								10
35	尿色	红色	1								10
36	排尿	疼痛	1								10
37	运步	不灵活	1							10	
38	公兔	睾丸炎∨红肿∨发热	1				5				
39	母兔	流产	2		5					5	
40	母兔	流产死∨死胎∨死产	1							5	
41	特征	败血症死亡＋腹泻＋流产	1		15						
42	特征	粪水∨胶冻样＋脱水＋败血症	1			15					
43	特征	泻(水∨黏液)＋脱水＋速死	1				15				
44	病龄	1～3 月龄	1	5							
45	病龄	成年兔	1				5				
46	病龄	妊娠母兔(25 天以后)	1		5						
47	病流行	暴发流行	1			10					
48	病流行	隐性感染	1				10				

37 组　粪带血

序	类	症(信息)	统	8 魏氏梭菌病	12 绿脓假单胞菌病	34 球虫病	40 日本血吸虫病	48 消化不良	50 胃肠炎	75 真菌毒素中毒	77 棉籽饼中毒	78 菜籽饼中毒	79 马铃薯中毒	80 灭鼠药中毒
		ZPDS		10	10	12	8	13	14	10	10	10	10	11
1	消粪含	血∨带血∨便血	11	5	5	5	5	5	5	10	10	5	10	5
2	精神	不振∨不好∨欠佳	1											5
3	精神	沉郁	8	5	5	5		5	5	5	5		5	
4	精神	高度沉郁	2		15				10					
5	头颈	疹块	1										5	
6	眼	结膜潮红∨黏膜潮红	2						5				10	
7	眼	结膜发绀∨黏膜发绀	3						10			5	10	
8	眼	瞳孔散大	1									10		
9	眼	瞳孔缩小	1											10

续 37 组

序	类	症(信息)	统	8 魏氏梭菌病	12 绿脓假单胞菌病	34 球虫病	40 日本血吸虫病	48 消化不良	50 胃肠炎	75 真菌毒素中毒	77 棉籽饼中毒	78 菜籽饼中毒	79 马铃薯中毒	80 灭鼠药中毒
10	口	流涎∨唾液多	4			5				5			5	10
11	口	呕吐	1											10
12	口	吐沫∨吐白沫∨粉红沫	1									10		
13	身-动	倒地不起	1							10				
14	身	消瘦	2			5	10							
15	身-力	乏力∨无力∨倦怠	2					5				5		
16	腹水	多	2			5	15							
17	腹痛		5					5	5			10	10	5
18	腹围	大∨腹胀	3			5		5				10		
19	皮-毛	粗乱∨易折∨断毛	1			5								
20	皮	发炎(尾蚴钻皮致)	1				10							
21	乳房	疹块	1										5	
22	呼吸	肺炎	1		5									
23	呼吸	困难	2		10									5
24	呼吸	气喘	1		10									
25	呼吸	快-急促∨浅表	4						10	5	5	5		
26	食欲	不振∨减少∨骤减	5		5	5		5			10			5
27	食欲	厌食∨拒食	7	5		5		5	5		10		5	10
28	消-肠	肠炎	1		5									
29	消-肠	盲肠:浆膜有出血斑	1	10										
30	消-粪	水样	3	5				10	5					
31	消-粪	黑水样	1	5										
32	消-粪	水样+特殊腥臭	1	10										
33	消-粪	腹泻	10		5	5	10	5	5	5	5	10	10	5
34	消-粪	腹泻-急剧	1	15										
35	消-粪	便秘	2					5			5			
36	消粪含	胶冻样	2	5					5					
37	消粪含	膜-灰白色纤维膜	1					10						
38	消粪含	黏液	4					5	5	10	10			
39	消粪色	恶臭味∨难闻臭味	3					10	5	10				
40	消化	障碍∨胃肠紊乱∨分泌低下	2							5	5			
41	消胃肠	出血∨溃疡	1	10										

续 37 组

序	类	症(信息)	统	8 魏氏梭菌病	12 绿脓假单胞菌病	34 球虫病	40 日本血吸虫病	48 消化不良	50 胃肠炎	75 真菌毒素中毒	77 棉籽饼中毒	78 菜籽饼中毒	79 马铃薯中毒	80 灭鼠药中毒
42	循环	贫血	2			5	5							
43	循－脉	脉搏增数∨疾速	1								15			
44	特征	出血性肠炎∧肺炎	1		15									
45	特征	腹胀＋泻＋消瘦＋贫血	1			15								
46	病布	长江流域	1				5							
47	症	无明症状∨少量感染无症	1				5							
48	死因	昏迷死	1											10
49	死因	衰竭	1							10				
50	死因	虚脱	2						5			5		

38 组 尿∨泌尿异常

序	类	症(信息)	统	29 兔衣原体病	31 兔附红细胞体病	34 球虫病	36 兔脑炎原虫病	59 肾炎	60 脑震荡	61 癫痫	65 维生素 B_1 缺乏症	76 有毒植物中毒	77 棉籽饼中毒	80 灭鼠药中毒	88 烧伤	91 截瘫	95 肿瘤	104 阴道(或子宫)脱出	110 妊娠毒血症
		ZPDS		10	9	15	12	11	8	9	9	10	11	14	10	11	7	7	9
1	尿	膀胱失控∨充盈	2			5										5			
2	尿	失禁	3						5	5				5					
3	尿道	发炎	1	5															
4	尿毒	尿毒症	1													5			
5	尿后	症状减轻	1				10												
6	尿频	呈排尿姿势	1			5													
7	尿	尿频	2										10					5	
8	尿色	发黄	1		5														
9	尿色	红色	1										10						
10	尿色	血尿	3									5		5	5				
11	尿	少	4				5	5										5	5
12	尿－肾	压现不安∨躲避∨抗拒	1					10											
13	排尿	疼痛	2				10						10						

续 38 组

序	类	症(信息)	统	29 兔衣原体病	31 兔附红细胞体病	34 球虫病	36 兔脑炎原虫病	59 肾炎	60 脑震荡	61 癫痫	65 维生素B_1缺乏症	76 有毒植物中毒	77 棉籽饼中毒	80 灭鼠药中毒	88 烧伤	91 截瘫	95 肿瘤	104 阴道(或子宫)脱出	110 妊娠毒血症
14	尿-无	不排尿	1				5												
15	精神	不振Ⅴ欠佳	2		5									5					
16	精神	沉郁	6	5		5	5	5					5						5
17	精神	反应减退Ⅴ消失	1						5										
18	精神	昏迷	5				5	10			10			10					10
19	精神	惊厥	1																10
20	精神	兴奋Ⅴ兴奋不安	1									10							
21	精神	休克	1												5				
22	精神	意识丧失Ⅴ昏迷	2							15				10					
23	精神	神经症状Ⅴ功能紊乱Ⅴ损害	3			5	5				10								
24	头	低头伸颈	1									10							
25	眼	结膜:黄染Ⅴ淡黄	2		5	5													
26	眼	结膜炎Ⅴ肿胀Ⅴ眼炎	1	5															
27	眼	瞳孔:大小不等	1						5										
28	眼	瞳孔:反射无	1							10									
29	口	流涎Ⅴ唾液多	4	5		5						5		10					
30	口	吐沫Ⅴ吐白沫Ⅴ粉红沫	1							10									
31	口	牙关紧闭	1							10									
32	身-背	断背	1													5			
33	身-背	弓背	1															5	
34	身-病	渐进性水肿	1								10								
35	身-动	抽搐	4			5	5				10			10					
36	身-动	后躯痛觉迟钝	1													5			
37	身-动	后躯运动不灵	1													5			
38	身-动	后躯运动功能1~2周后复	1													5			
39	身-动	痉挛	5			5		5		5	10	5							
40	身-动	痉挛-阵发性	1					10											
41	身-动	突然倒地	1							15									
42	身-动	震颤(颤抖)	1										5						

续 38 组

序	类	症(信息)	统	29 兔衣原体病	31 兔附红细胞体病	34 球虫病	36 兔脑炎原虫病	59 肾炎	60 脑震荡	61 癫痫	65 维生素B_1缺乏症	76 有毒植物中毒	77 棉籽饼中毒	80 灭鼠药中毒	88 烧伤	91 截瘫	95 肿瘤	104 阴道(或子宫)脱出	110 妊娠毒血症
43	身	消瘦	5	5	5	5	5										5		
44	身一骨	椎骨:创伤性脊椎骨折	1													5			
45	身一汗	全身出汗	1											5					
46	身一力	乏力∨无力∨倦怠	2		5			10											
47	身一力	衰弱∨极度衰弱	2					10				10							
48	身一瘫	因惊吓而蹿跳∨跌落	1													5			
49	身一瘫	因腰椎骨折∨腰荐脱位	1													5			
50	身一瘫	后躯麻痹(完全∨部分)	1													10			
51	身一尾	举尾	1															5	
52	身一腰	掉腰	1													5			
53	皮创面	干,边缘清,肿轻	1												5				
54	皮创面	疼痛轻∨无,温降	1												10				
55	皮烧伤	磷性伤重致肝肾损害	1												10				
56	皮烧伤	全层∨肌∨骨	1												5				
57	皮烧伤	显轻度热痛肿	1												10				
58	皮一性	表伤,血管扩、充血	1												10				
59	皮一性	焦痂	1												10				
60	皮血管	透性增加	1												10				
61	呼吸	呼出气酮味一烂苹果味	1																25
62	呼吸	减弱∨不匀	1						5										
63	呼吸	困难	4					5				5		5					10
64	呼吸	快一急促∨频数∨促迫∨浅表	2		5								5						
65	呼吸	缓慢	1									5							
66	食欲	不振∨减少∨骤减	7	5		5	5	5			5		10	5					
67	食欲	厌食∨拒食	5	5		5		5					10	10					
68	消一粪	失禁	3						5	5				5					
69	消粪含	黏液	1										10						
70	消粪含	血∨带血∨便血	3			5							10	5					
71	消一肛	频努∨排少量粪	1															5	

续 38 组

序	类	症(信息)	统	29 兔衣原体病	31 兔附红细胞体病	34 球虫病	36 兔脑炎原虫病	59 肾炎	60 脑震荡	61 癫痫	65 维生素 B_1 缺乏症	76 有毒植物中毒	77 棉籽饼中毒	80 灭鼠药中毒	88 烧伤	91 截瘫	95 肿瘤	104 阴道(或子宫)脱出	110 妊娠毒血症
72	消化	障碍∨胃肠紊乱∨分泌低下	2								5		5						
73	循环	贫血	3		5	5											5		
74	运步	共济失调	2				5												10
75	运-肌	麻痹	5			5	5				10	10		10					
76	运-肌	麻痹-四肢∧颈肌肉	1									10							
77	运-肌	失调	1								10								
78	运-肌	无力∨松弛	1						5										
79	母兔	肥胖∨运动不足∨氧不足	1																10
80	母兔	流产死∨死胎∨死产	2	5															5
81	母兔	子宫全脱(其物像肠管)	1															15	
82	母兔	子宫脱出(部分∨全部)	1															10	
83	特征	发热+贫血+黄疸+瘦	1		15														
84	特征	关节炎∨脑炎∨尿道炎	1	15															
85	特征	昏迷∧(反射减∨消失)	1						15										
86	病-瘤	膨胀性生长∨慢	1														10		
87	病-瘤	痛	1														10		
88	病-瘤	无痛	1														10		
89	病瘤形	球∨椭圆∨结节∨乳头状	1														10		
90	病兔	各种	3	5	5	5													
91	病因	暴力致	1						5										
92	症癫痫	阵发性	1							5									
93	预后	复发	1														10		

39 组　骨骼异常

序	类	症(信息)	统	68	69	70	71	90
				佝偻病	全身性缺钙	磷缺乏症	铜缺乏症	骨　折
		ZPDS		14	12	6	13	12
1	运一骨	长骨端肿大	1			15		
2	运一骨	长管骨弯	1				15	
3	运一骨	长管骨肿大	1		10			
4	运一骨	断端刺破皮肤一开放骨折	1					35
5	运一骨	骨骼变形与缺钙似	2		10	20		
6	运一骨	骨骼弯曲	1		10			
7	运一骨	骨骺肿∨骨变形	1	15				
8	运一骨	骺端大	1	10				
9	运一骨	鸡胸	1	15				
10	运一骨	胫骨∨腓骨易折	1					15
11	运一骨	肋骨结合处肿∨串珠	1	15				
12	运一骨	摩擦音	1					10
13	运一骨	膨大	1		10			
14	运一骨	软化	1		10			
15	运一骨	松	1	10				
16	运一骨	痛	1					10
17	运一骨	易折	2	10	10			
18	运一骨	肢骨弯X形或O形	1	15				
19	运一骨	质软化	1		5			
20	头	面骨肿大	1			25		
21	身一病	体况下降	1				5	
22	身一动	痉挛	1		5			
23	身一动	挣扎	1					10
24	身一力	衰弱∨极度衰弱	1				5	
25	身一瘫.	后躯麻痹(完全∨部分)	1				10	
26	身一腰	弓腰	1	10				
27	身一育	生长发育不良∨慢	2	5		5		
28	身一重	体重降∨增重减慢	1			5		
29	皮一毛	脱落∨局部脱毛	1				10	
30	皮毛色	无光泽∨褪色∨焦无光	1				10	
31	皮一性	有病变	1				10	
32	食欲	不振∨减少∨骤减	3	5	5		5	
33	食欲	异常∨异嗜	2	5	5			

续 39 组

序	类	症(信息)	统	68	69	70	71	90
				佝偻病	全身性缺钙	磷缺乏症	铜缺乏症	骨　折
34	循环	贫血	1				5	
35	运步	跛	3	10	10		10	
36	运-关	关节变形(肘V膝V跗)	1				10	
37	运-关	关节炎V肿痛	1				5	
38	运-肌	麻痹	1		5			
39	运-身	起立困难	1				10	
40	运-肢	拖拽V不负重	1					15
41	杂-声	尖叫V鸣叫	1					10
42	特征	发育慢、骨骺肿V骨变形	1	15				
43	病因	跌撞	1					5
44	病因	笼底板粗糙不整有缝隙	1					5
45	病因	钙磷比例失调V磷少	1			5		
46	病因	幼兔足肢陷入缝隙挣扎骨折	1					5
47	病因	运输中剧烈跌撞易骨折	1					5
48	病因	肢体陷入缝隙挣扎	1					5
49	死因	抽搐而死	1	5				

40 组　关节异常

序	类	症(信息)	统	7	16	18	28	29	30	31	71	80
				巴氏杆菌病	棒状杆菌病	兔结核病	兔疏螺旋体病	兔衣原体病	兔支原体病	兔附红细胞体病	铜缺乏症	灭鼠药中毒
		ZPDS		12	7	10	8	13	10	10	10	11
1	运-关	关节变形(肘V膝V跗)	3		15	5					10	
2	运-关	关节屈曲不灵活	1							5		
3	运-关	关节炎V肿痛	7	5			5	5	5	5	5	5
4	精神	不振V欠佳	2							5		5
5	精神	沉郁	3	5			5	5				
6	精神	昏迷	1									10
7	精神	嗜睡	1				5					
8	精神	意识丧失V意障	1									10
9	头	歪头V斜颈	1	5								
10	头-脑	脑炎	2				15	5				
11	眼	结膜:黄染V淡黄	1							5		

续 40 组

序	类	症(信息)	统	7 巴氏杆菌病	16 棒状杆菌病	18 兔结核病	28 兔疏螺旋体病	29 兔衣原体病	30 兔支原体病	31 兔附红细胞体病	71 铜缺乏症	80 灭鼠药中毒
12	鼻	喷嚏	2	5					5			
13	鼻液	浆液性∨水样	3	5				5	5			
14	鼻液	黏性	2	5					5			
15	身-病	体况下降	1								5	
16	身-动	抽搐	1									10
17	身	渐瘦∨营养障碍	1		5							
18	身	消瘦	3			5		5		5		
19	身-骨	脊椎炎症	1			5						
20	身-汗	全身出汗	1									5
21	身-力	乏力∨无力∨倦怠	1							5		
22	身-力	衰弱∨极度衰弱	1								5	
23	身-瘫	后躯麻痹(完全∨部分)	1								10	
24	身-瘫	麻痹	1					10				
25	皮-虫	蜱叮皮损	1				5					
26	皮下	脓肿	1		5							
27	皮下	小脓灶	1		15							
28	呼吸	咳嗽	4	5		5		5	10			
29	呼吸	困难	3	5		5						5
30	呼吸	气喘	2			5			5			
31	食欲	不振∨减少∨骤减	7	5	5	5		5	5		5	5
32	食欲	厌食∨拒食	4	5			5	5				10
33	循环	贫血	2							5	5	
34	运步	跛	1								10	
35	运-动	不喜活动∨不愿走动	3				5		5	5		
36	运-骨	长管骨弯	1								15	
37	运-肌	肌颤动-肉跳	1									10
38	运-肌	麻痹	1									10
39	运-身	后躯麻痹	1			5						
40	运-身	起立困难	1								10	
41	运-肢	四肢:无力∨划水状	1					10				
44	母兔	流产∨死胎	1						5			
45	温	体温高∨高热∨发热	5	10		5	10	5		5		

续 40 组

序	类	症(信息)	统	7	16	18	28	29	30	31	71	80
				巴氏杆菌病	棒状杆菌病	兔结核病	兔疏螺旋体病	兔衣原体病	兔支原体病	兔附红细胞体病	铜缺乏症	灭鼠药中毒
46	特征	发热＋贫血＋黄疸＋瘦	1							15		
47	特征	关节炎∨脑炎∨尿道炎	1					15				
49	特征	呼吸道炎∧关节炎	1						15			
50	病感途	伤接触污染料∨水	1		5							
51	病流行	散发	4	5	5	5		5				

41 组　后肢异常

序	类	症(信息)	统	15	22	35	46	64	91	94	108
				葡萄球菌病	兔布鲁氏菌病	弓形虫病	硬蜱	维生素A缺乏症	截瘫	脚垫和脚皮炎	产后瘫痪
		ZPDS		9	6	11	9	11	9	9	10
1	运－肢	后肢脚垫和脚皮炎	1							5	
2	运－肢	后肢麻痹	4		5	15	5				10
3	运－肢	后肢尿粪沾污	1						5		
4	运－肢	后肢皮充血∨肿∨脱毛∨疡	1	5							
5	运－肢	麻	1					10			
6	精神	不安∨不安躁动	1				15				
7	精神	沉郁	2	5	5						
8	精神	昏睡	1	10							
9	精神	惊厥	2			5		10			
10	精神	嗜睡	1			5					
11	精神	中枢神经症状	1			5					
12	精神	神经症状∨功能紊乱∨损害	1					5			
13	眼	眵多∨分泌物增多	1					10			
14	眼	干	1					10			
15	眼	角膜:失光∨浙浑	1					10			
16	眼	结膜:沉色素	1					5			
17	眼	结膜炎∨肿胀∨眼炎	1	5							
18	眼眵	浆性∨脓性	1			5					
19	眼视	失明∨视减∨视异常	1					10			
20	身－背	断背	1						5		

续 41 组

序	类	症(信息)	统	15 葡萄球菌病	22 兔布鲁氏菌病	35 弓形虫病	46 硬蜱	64 维生素A缺乏症	91 截瘫	94 脚垫和脚皮炎	108 产后瘫痪
21	身－背	弓背	1							15	
22	身－病	脓肿－各部位	1	5							
23	身－动	后躯痛觉迟钝	1						5		
24	身－动	后躯运动不灵	1						5		
25	身	消瘦	3	5		5	5				
26	身－骨	脊椎炎症	1		5						
27	身－瘫	产仔窝次过密	1								5
28	身－瘫	钙磷缺Ⅴ比例不当	1								5
29	身－瘫	光照差Ⅴ运动少	1								5
30	身－瘫	助产不当	1								5
31	身－瘫	产后	1								15
32	身－瘫	后躯麻痹(完全Ⅴ部分)	2			5			10		
33	身－腰	掉腰	1						5		
34	身－育	生长发育不良Ⅴ慢	2				5	5			
35	身－重	体重降Ⅴ减轻Ⅴ增重减慢	2					5		5	
36	身－姿	不能立	1								10
37	皮感觉	丧失	1						5		
38	皮感觉	痛痒	1				10				
39	皮毛	质量下降	1				5				
40	皮－伤	损伤－机械性	1				10				
41	食	采食不安	1				15				
42	食欲	不振Ⅴ减少	3	5		5					5
43	食欲	厌食Ⅴ拒食	4	5		5				5	5
44	循环	贫血	1				5				
45	尿	膀胱失控Ⅴ充盈	1						5		
46	尿	尿毒症	1						5		
47	运步	跛	1								5
48	运步	高抬脚	1							15	
49	运－肌	麻痹	1			10					
50	运－脚	痂Ⅴ溃疡Ⅴ周脓肿	1							10	
51	运－脚	皮炎	1	5							
52	运－身	站不稳Ⅴ摇晃	1					10			
53	运－肢	前肢:脚垫皮炎－继发	1							15	

续41组

序	类	症(信息)	统	15	22	35	46	64	91	94	108
				葡萄球菌病	兔布鲁氏菌病	弓形虫病	硬蜱	维生素A缺乏症	截瘫	脚垫和脚皮炎	产后瘫痪
54	公兔	睾丸炎∨红肿∨发热	1		5						
55	母兔	流产	1		5						
56	母兔	阴道排物∨脓∨血样物	1		10						
57	病龄	仔兔∨幼兔∨幼龄	2			5				5	
58	病龄	成年兔	1							5	

42组　喜卧∨站不稳∨摇晃

序	类	症(信息)	统	31	52	64	66	68	78
				兔附红细胞体病	毛球病	维生素A缺乏症	维生素E缺乏症	佝偻病	菜籽饼中毒
		ZPDS		10	11	10	11	12	10
1	**运－身**	**喜卧**	4	5	5		10		5
2	**运－身**	**站不稳∨摇晃**	3			10		5	5
3	精神	不振∨不好∨欠佳	2	5				5	
4	精神	惊厥	1			10			
5	精神	神经症状∨功能紊乱∨损害	1			5			
6	眼	眵多∨分泌物增多	1			10			
7	眼视	失明∨视减∨视异常	1			10			
8	口	吐沫∨吐白沫∨粉红沫	1						10
9	耳	听觉迟钝	1			5			
10	身	消瘦	2	5				5	
11	身－力	乏力∨无力∨倦怠	4	5	5		10		5
12	身－腰	弓腰	1					10	
13	腹痛		2		5				10
14	腹围	大∨膨大∨臌胀∨腹胀	1						10
15	皮膜	黏膜伤	1			5			
16	皮－膜	黏膜上皮细胞质萎缩∨炎症	1			10			
17	皮－色	黄疸	1	5					
18	呼吸	咳嗽	1			5			
19	呼吸	快－急促∨浅表	2	5					5
20	食欲	不振∨减少∨骤减	3		5		5	5	
21	食欲	厌食∨拒食	2		5		5		
22	食欲	饮:渴∨增加∨渴喜饮	1		10				

续 42 组

序	类	症(信息)	统	31	52	64	66	68	78
				兔附红细胞体病	毛球病	维生素 A 缺乏症	维生素 E 缺乏症	佝偻病	菜籽饼中毒
23	消一粪	便秘	1		5				
24	消一粪	秘结∧混有兔毛	1		5				
25	消粪含	血∨带血∨便血	1						5
26	消一胃	大∧可摸到硬毛球	1		15				
27	循环	贫血	1	5					
28	尿色	发黄	1	10					
29	运步	跛	1					10	
30	运步	行难∨运障	1				10		
31	运一动	不爱活动∨不爱走动	1				10		
32	运步	不稳∨摇晃	1				10		
33	运一动	不喜活动∨不愿走动	1	10					
34	运一动	转圈	1			10			
35	运一骨	骨骺肿∨骨变形	1					15	
36	运一骨	鸡胸	1					15	
37	运一骨	肋骨结合处肿∨串珠	1					15	
38	运一骨	易折	1					10	
39	运一骨	肢骨弯 X 形或 O 形	1					15	
40	公兔	睾丸伤∧精子产生障碍	1				10		
41	母兔	流产	2				10		5
42	母兔	受胎率降	1				10		
43	母兔	死胎∨排足月死胎	1				10		
44	特征	发热＋贫血＋黄疸＋瘦	1	15					
45	特征	发育慢、骨骺肿∨骨变形	1					15	
46	死因	胃肠破裂	1		5				
47	死因	虚脱	1						5
48	死因	自体中毒	1		5				

43组　四肢异常

序	类	症(信息)	统	17 坏死杆菌病	21 兔大肠杆菌病	23 兔破伤风	29 兔衣原体病	32 兔体表真菌病	50 胃肠炎	56 感冒	59 肾炎	78 菜籽饼中毒	79 马铃薯中毒	81 有机氯农药中毒
		ZPDS		8	12	8	12	8	12	11	10	10	10	10
1	运－肢	四肢不稳	1											10
2	运－肢	四肢发冷Ⅴ末端发凉	4		5				5	10		5		
3	运－肢	四肢皮坏死脓肿Ⅴ溃疡	1	5										
4	运－肢	四肢:强拘Ⅴ强直	2			15								10
5	运－肢	四肢:水肿	1								5			
6	运－肢	四肢:无力Ⅴ划水状	1				10							
7	运－肢	四肢:圆Ⅴ不规则脱毛Ⅴ痂灰Ⅴ黄	1					5						
8	运－肢	四肢:疹块	1										5	
9	精神	沉郁	6		5		5		5	5	5		5	
10	精神	昏迷	1								10			
11	精神	惊恐不安	1											10
12	精神	兴奋Ⅴ兴奋不安	1											5
13	精神	兴奋－极度	1											10
14	颌下	皮坏死脓肿Ⅴ溃疡Ⅴ恶臭	1	5										
15	头颈	环形Ⅴ凸起灰色Ⅴ黄色痂皮	1					5						
16	头颈	皮坏死脓肿Ⅴ溃疡Ⅴ恶臭	1	5										
17	头颈	圆Ⅴ不规则脱毛Ⅴ痂灰Ⅴ黄	1					5						
18	头颈	疹块	1										5	
19	眼	结膜发绀Ⅴ黏膜发绀	3						10			5	10	
20	眼	瞳孔:散大	1									10		
21	眼	畏光流泪Ⅴ怕光流泪	1							5				
22	眼睑	水肿	1								5			
23	眼眶	下陷	1		5									
24	鼻	发凉Ⅴ冷	2						5	10				
25	鼻	喷嚏	1							10				
26	鼻	痒	1							10				
27	鼻液	浆液性Ⅴ水样	2				5			10				
28	口	流涎Ⅴ唾液多	4	5	5		5						5	
29	口	磨牙	1		5									
30	口膜	糜烂Ⅴ溃疡	1											10
31	口	呕吐	1											5

续 43 组

序	类	症(信息)	统	17 坏死杆菌病	21 兔大肠杆菌病	23 兔破伤风	29 兔衣原体病	32 兔体表真菌病	50 胃肠炎	56 感冒	59 肾炎	78 菜籽饼中毒	79 马铃薯中毒	81 有机氯农药中毒
32	口	皮坏死脓肿∨溃疡∨恶臭	1	5										
33	口	吐沫∨吐白沫∨粉红沫	1									10		
34	口	牙关紧闭	1			5								
35	耳	发凉∨冷	2						5	10				
36	身一背	圆∨不规则脱毛∨痂灰	1					5						
37	身一动	痉挛	2			15					5			
38	身一动	痉挛一阵发性	1								10			
39	身	渐瘦∨营养障碍	1											5
40	身一力	乏力∨无力∨倦怠	2								10	5		
41	身一力	衰弱∨极度衰弱	1								10			
42	身一姿	角弓反张	2			15	10							
43	腹部	疼痛	3						5			10	10	
44	腹围	大∨腹胀	2		5							10		
45	乳房	疹块	1										5	
46	呼吸	快一急促∨浅表	2						10			5		
47	食欲	不振∨减少∨骤减	5		5		5			5	5			5
48	食欲	厌食∨拒食	7	5		5	5		5	5	5		5	
49	消一粪	水样	2		10				5					
50	消一粪	黄水样	1		5									
51	消一粪	腹泻	4						5			10	10	5
52	消一粪	腹泻一持续∨顽固	1						5					
53	公兔	阴囊疹块	1										5	
54	母兔	流产	2				5					5		
55	特征	发热∧上呼吸道炎	1							15				
56	特征	粪水∨胶冻样+脱水+败血症	1		15									
57	特征	关节炎∨脑炎∨尿道炎	1				15							
58	特征	皮膜坏死∧溃疡∧脓肿	1	15										
59	特征	皮脱毛+断毛+皮炎	1					15						
60	病季	四季∨无季节性	4		5	5	5	5						
61	病龄	各龄	3			5	5	5						
62	病流行	散发	4	5		5	5	5						
63	症	败血症	1		5									
64	症	中毒一自体中毒	1						5					

44组 尖叫∨鸣叫

序	类	症(信息)	统	1	45	51	90
				兔 瘟	蝇蛆病	肠臌胀	骨 折
		ZPDS		11	11	10	12
1	杂一声	尖叫∨鸣叫	3		10	10	10
2	特征	死前尖叫＋口鼻流血	1	15			
3	精神	不安	1		10		
4	精神	沉郁	1	5			
5	精神	惊厥	1	10			
6	眼	结膜发绀∨黏膜发绀	1			5	
7	鼻	出血∨流血	1	15			
8	口	流血	1	15			
9	耳根	发绀	1	10			
10	身一病	天然孔流血样液体	1	15			
11	身一动	抽搐	1	5			
12	身一动	抽搐一倒地	1	10			
13	身一动	挣扎	1				10
14	身	消瘦	1		5		
15	身	消瘦一迅速	1		10		
16	腹部	疼痛	1			5	
17	腹痛	不安	1			15	
18	腹围	大∨腹胀	1			5	
19	腹围	大叩鼓音∨触有弹性	1			15	
20	腹围	急速增大	1			15	
21	腹围	肷窝膨大	1			15	
22	皮蛆	红肿∨痛∨敏感∨炎性物	1		15		
23	皮一蛆	口∨鼻∨肛∨殖道∨伤口	1		5		
24	皮一蛆	脓肿流恶臭红棕色液	1		10		
25	皮一蛆	体表∨腋下∨腹股沟∨面	1		5		
26	皮一蛆	小洞∨瘘管	1		10		
27	呼吸	快一急促∨浅表	2	10		10	
28	运一骨	断端刺破皮肤一开放骨折	1				35
29	运一骨	胫骨∨腓骨易折	1				15
30	运一骨	摩擦音	1				10
31	运一骨	痛	1				10
32	运一肢	拖拽∨不负重	1				15
33	特征	腹围急剧膨大∧腹痛	1			15	

续 44 组

序	类	症(信息)	统	1	45	51	90
				兔瘟	蝇蛆病	肠臌胀	骨折
34	特征	发病突然＋体温高	1	15			
35	病龄	各龄	1		5		
36	病龄	仔兔∨幼兔	1		5		
37	病因	跌撞	1				5
38	病因	笼底板粗糙不整有缝隙	1				5
39	病因	幼兔足肢陷入缝隙挣扎骨折	1				5
40	病因	运输中剧烈跌撞易骨折	1				5
41	病因	肢体陷入缝隙挣扎	1				5

45 组　公兔生殖器异常

序	类	症(信息)	统	7	22	26	27	66	79	96	100
				巴氏杆菌病	兔布鲁氏菌病	兔泰泽氏病	兔密螺旋体病	维生素E缺乏症	马铃薯中毒	遗传性外貌损征	生殖器炎症
		ZPDS		11	8	9	11	11	10	9	12
1	公兔	包皮内有垢，坚	1								10
2	公兔	排尿小心，流不齐	1								10
3	公兔	包皮水肿	1				5				
4	公兔	包皮肿、热痛、痒	1								10
5	公兔	附睾肿胀	1		5						
6	公兔	睾丸发炎，病兔不愿动	1								5
7	公兔	睾丸化脓破溃－脓腹炎	1								10
8	公兔	睾丸伤∧精子产生障碍	1					10			
9	公兔	睾丸炎∨红肿∨发热	3	5	5	5					
10	公兔	睾丸肿∨增温∨痛∨精索粗	1								10
11	公兔	龟头肿大	1				5				
12	公兔	囊皮炎浸	1								5
13	公兔	排尿困难	1								10
14	公兔	皮肤呈糠麸样	1				5				
15	公兔	性欲减	1							10	
16	公兔	阴茎水肿	1				5				
17	公兔	阴囊水肿	1				5				
18	公兔	阴囊疹块	1						5		
19	精神	沉郁	4	5	5	5			5		

续 45 组

序	类	症(信息)	统	7	22	26	27	66	79	96	100
				巴氏杆菌病	兔布鲁氏菌病	兔泰泽氏病	兔密螺旋体病	维生素E缺乏症	马铃薯中毒	遗传性外貌损征	生殖器炎症
20	眼	结膜发炎∨肿胀∨眼炎	2	10						10	
21	口损	下颌骨凸颌,二门齿缺	1							10	
22	耳	中耳脓肿	1	10							
23	耳	中耳炎	1	10							
24	耳损	低垂耳	1							10	
25	身一骨	脊椎炎症	1		5						
26	身一力	乏力∨无力∨倦怠	1					10			
27	身一水	脱水	1			5					
28	身胸壁	肿胀	1	10							
29	身一育	生长发育不良∨慢	2				5	5			
30	身一重	体重降∨增重减慢	1					5			
31	腹部	疼痛	1						10		
32	皮下	肿胀	1	10							
33	乳房	疹块	1						5		
34	乳腺	淋巴结肿胀	1	10							
35	食欲	不振∨减少∨骤减	3	5				5			5
36	食欲	厌食∨拒食	4	5		5		5	5		
37	消一粪	水样	1			10					
38	消一粪	稀软∨粥样∨半流质	1			10					
39	消一粪	腹泻	2	5					10		
40	消粪含	黏液	1			5					
41	消粪含	血∨带血∨便血	1						10		
42	消粪色	褐色	1			10					
43	消腹	贴地	1							10	
44	消一肛	发炎∨结节∨溃疡	1				10				
45	运步	行难∨运障	1					10			
46	运一动	不爱活动∨不爱走动	1					10			
47	运步	不稳∨摇晃	2					10	5		
48	运一肌	紧张性降	1					10			

续 45 组

序	类	症(信息)	统	7	22	26	27	66	79	96	100
				巴氏杆菌病	兔布鲁氏菌病	兔泰泽氏病	兔密螺旋体病	维生素E缺乏症	马铃薯中毒	遗传性外貌损征	生殖器炎症
49	运一肌	麻痹	1						5		
50	运一肢	不能收于腹下	1							10	
51	运一肢	后肢麻痹	1		5						
52	运一肢	四肢:疹块	1						5		
53	运一肢	瘫痪不动	1							10	
54	运一肢	向体两侧伸出	1							10	
55	运一肢	做短距离滑行	1							10	
56	生殖器	剥痂见溃疡湿润稍凹	1				5				
57	生殖器	局部病灶	1		5						
58	生殖器	皮膜炎结疡	1				10				
59	生殖器	疡缘不整∨出血∨周水肿	1				5				
60	特征	泻(水∨黏液)+脱水+速死	1			15					
61	特征	生殖器肛门皮膜结节溃疡	1				15				

46 组 不 孕

序	类	症(信息)	统	22	64	100	102	105	107
				兔布鲁氏菌病	维生素A缺乏症	生殖器炎症	流产与死产	不孕症	宫外孕
		ZPDS		9	11	8	10	6	8
1	母兔	不孕	6	5	5	5	5	5	5
2	母兔	不孕(过肥∨过瘦)	1					5	
3	母兔	不孕(拒配)	2					15	5
4	母兔	不孕(屡配不孕)	2				5	25	
5	精神	不振∨不好∨欠佳	1				5		
6	精神	沉郁	1	5					
7	精神	惊厥	1		10				
8	精神	无明显变化	1						5
9	精神	正常	1						5

续 46 组

序	类	症(信息)	统	22 兔布鲁氏菌病	64 维生素A缺乏症	100 生殖器炎症	102 流产与死产	105 不孕症	107 宫外孕
10	身-骨	脊椎炎症	1	5					
11	腹块	触摸有肿块	1						10
12	腹围	大∨腹胀	1						5
13	皮-膜	黏膜脓肿∨溃疡,疼痛	1			5			
14	皮-膜	黏膜上皮细胞质萎缩∨炎症	1		10				
15	呼吸	咳嗽	1		5				
16	消-粪	腹泻	1		5				
17	消-粪	排便(尿)呻吟、拱背	1			10			
18	运-动	转圈	1		10				
19	运-身	站不稳∨摇晃	1		10				
20	运-肢	后肢麻痹	1	5					
21	运-肢	麻	1		10				
22	母兔	产仔延续 2～3 天	1				10		
23	母兔	发情弱	1					15	
24	母兔	畸胎	1		5				
25	母兔	流产	2	5		10			
26	母兔	流产:排未足月胎儿	1				5		
27	母兔	流产死∨死胎∨死产	1		5				
28	母兔	笼内见未足月胎∨死胎	1				35		
29	母兔	娩出部分死胎∨部分活胎	1				10		
30	母兔	努责	1			10			
31	母兔	阴道排物∨脓∨血样物	1	10					
32	母兔	阴道炎	1				5		
33	母兔	隐性流产∨胎儿被吸收	1				5		
34	母兔	早产	1		5				
35	母兔	子宫发炎	1	5					
36	母兔	子宫发育正常	1						10
37	母兔	子宫内出血	1						5
38	母兔	子宫炎	3			10	5	5	
39	母兔	阴道排少量浑黏液	1			5			
40	母兔	阴道排臭污红褐黏液∨脓物	1			10			
41	生殖器	局部病灶	1	5					
42	生殖器	发炎	1	5					

47组 流 产

序	类	症(信息)	统	3 兔痘	11 李氏杆菌病	20 兔沙门氏菌病	22 兔布鲁氏菌病	25 兔类鼻疽	29 兔衣原体病	30 兔支原体病	64 维生素A缺乏症	66 维生素E缺乏症	75 真菌毒素中毒	78 菜籽饼中毒	100 生殖器炎症	101 子宫出血	102 流产与死产	110 妊娠毒血症
		ZPDS		7	10	10	8	9	10	10	10	11	10	10	10	7	10	8
1	母兔	流产	10	5	5	5	5	5	5			10	5	5	10			
2	母兔	流产:排未足月胎儿	1														5	
3	母兔	流产占70%	1			10												
4	母兔	流产∨死胎	1							5								
5	母兔	流产流红∨棕红物	1		5													
6	母兔	流产死∨死胎∨死产	3								5		5					5
7	母兔	流产胎儿体弱∨皮下水肿	1			5												
8	母兔	流产预兆∨先兆	1													10		
9	精神	沉郁	6		5	5	5		5				5					5
10	精神	昏迷	1															10
11	头颈	偏向一侧	1		5													
12	眼	结膜发绀∨黏膜发绀	1											5				
13	眼	结膜炎∨肿胀∨眼炎	2	10					5									
14	眼	瞳孔散大	1											10				
15	眼角	浆性∨脓性分泌物	1					10										
16	鼻	潮红∨充血	1					5										
17	鼻	喷嚏	1							5								
18	鼻	发炎	2		5				5									
19	鼻液	浆液性∨水样	3		5				5	5								
20	鼻液	流∨渗出液∨分泌物增加	2	5				5										
21	鼻液	黏性	2		5					5								
22	口	吐沫∨吐白沫∨粉红沫	1											10				
23	身-动	倒地不起	1										10					
24	身	消瘦	2			5			5									
25	身-力	乏力∨无力∨倦怠	2									10		5				
26	身-育	生长发育不良∨慢	2								5	5						
27	身-重	体重降∨增重减慢	2								5	5						
28	腹部	疼痛	1											10				
29	腹痛	不安	1													5		

续 47 组

序	类	症(信息)	统	3 兔痘	11 李氏杆菌病	20 兔沙门氏菌病	22 兔布鲁氏菌病	25 兔类鼻疽	29 兔衣原体病	30 兔支原体病	64 维生素A缺乏症	66 维生素E缺乏症	75 真菌毒素中毒	78 菜籽饼中毒	100 生殖器炎症	101 子宫出血	102 流产与死产	110 妊娠毒血症
30	腹痛	痛苦∨起卧不宁	1													10		
31	腹围	大∨腹胀	1											10				
32	皮膜	黏膜苍白	1													10		
33	呼吸	呼出气酮味－烂苹果味	1															25
34	呼吸	咳嗽	3						5	10	5							
35	呼吸	困难	3	5				5										10
36	呼吸	气喘	1							5								
37	呼吸	快－急促∨浅表	4					5		5			5	5				
38	呼吸道	发炎	1							5								
39	食欲	不振∨减少∨骤减	6	5					5	5		5			5		5	
40	食欲	厌食∨拒食	5	5	5	5			5			5						
41	消－粪	腹泻	5	10		5					5		5	10				
42	消粪含	血∨带血∨便血	2										10	5				
43	消粪色	恶臭味∨难闻臭味	1										10					
44	消化	障碍∨胃肠紊乱∨分泌低下	1										5					
45	尿	少	1															5
46	运步	共济失调	1															10
47	运步	困难∨运障	1									10						
48	运－动	不爱活动∨不爱走动	1									10						
49	运步	不灵活	1										10					
50	运步	不稳∨摇晃	1									10						
51	运－肌	颤抖	1													10		
52	公兔	附睾肿胀	1				5											
53	公兔	睾丸炎∨红肿∨发热	1				5											
54	母兔	15 天左右衔草拉毛产出胎儿	1														10	
55	母兔	不孕	3				5				5				5			
56	母兔	不孕(屡配不孕)	1														5	
57	母兔	产弱仔	1								5							
58	母兔	产延 2～3 天∨产部分死	1														10	
59	母兔	繁殖力降低	1								5							

续 47 组

序	类	症(信息)	统	3 兔痘	11 李氏杆菌病	20 兔沙门氏菌病	22 兔布鲁氏菌病	25 兔类鼻疽	29 兔衣原体病	30 兔支原体病	64 维生素A缺乏症	66 维生素E缺乏症	75 真菌毒素中毒	78 菜籽饼中毒	100 生殖器炎症	101 子宫出血	102 流产与死产	110 妊娠毒血症
60	母兔	肥胖∨运动不足	1															10
61	母兔	畸胎	1								5							
62	母兔	笼内见未足月胎∨死胎	1														35	
63	母兔	娩出部分死胎∨部分活胎	1														10	
64	母兔	努责	1												10			
65	母兔	受胎率降	1									10						
66	母兔	死胎∨排足月死胎	2									10					5	
67	母兔	胎儿木乃伊化	1		5													
68	母兔	提前4～5天产出死胎	1														10	
69	母兔	阴部溃烂、结痂	1												10			
70	母兔	拒配	1												5			
71	母兔	阴部痒	1												10			
72	母兔	阴部水肿，潮红	1												10			
73	母兔	阴道潮红∨水肿	1			5												
74	母兔	阴道流褐色血	1													10		
75	母兔	阴道流灰白色液体	1												10			
76	母兔	阴道黏膜肿、充血∧出血	1												10			
77	母兔	阴道排黏液∨脓性	1			5												
78	母兔	阴道排物∨脓∨血样物	1				10											
79	母兔	隐性流产∨胎儿被吸收	1														5	
80	母兔	早产	1								5							
81	母兔	子宫出血多	1													10		
82	母兔	子宫发生内膜炎	1					5										
83	母兔	子宫发炎	2		5		5											
84	生殖器	局部病灶	1				5											
85	淋巴结	颈部∧腋下淋巴结肿大	1					5										
86	特征	败血症死亡＋腹泻＋流产	1			15												
87	特征	鼻眼分泌物＋呼吸困难	1					15										
88	特征	关节炎∨脑炎∨尿道炎	1						15									
89	特征	呼吸道炎∧关节炎	1							15								

48 组　阴门∨阴道异常

序	类	症(信息)	统	20	22	27	100	101	102	103	104
				兔沙门氏菌病	兔布鲁氏菌病	兔密螺旋体病	生殖器炎症	子宫出血	流产与死产	难产	阴道脱出和子宫脱出
		ZPDS		10	9	10	11	8	7	7	2
1	外阴部	溃烂、结痂	1				10				
2	外阴部	母兔拒配	1				5				
3	外阴部	外痒	1				10				
4	外阴部	外阴肿,潮红湿	1				10				
5	阴唇	肛门皮膜红∧水肿	1			5					
6	阴唇	流黏液∨脓∨结痂	1			5					
7	阴唇	小米粒大结节	1			5					
8	阴道	潮红∨水肿	1	5							
9	阴道	流褐色血	1					10			
10	阴道	流灰白色液体	1				10				
11	阴道	黏膜肿、充血∧出血	1				10				
12	阴道	排黏液∨脓性	1	5							
13	阴道	排物∨脓∨血样物	1		10						
14	阴道	脱出(部分∨全部)阴门外	1								10
15	阴道	脱出呈球形	1								15
16	阴道	发炎	1						5		
17	阴门	见胎儿肢出	1							10	
18	精神	沉郁	2	5	5						
19	头-脸	发炎∨结节∨溃疡	1			10					
20	身	消瘦	1	5							
21	身-骨	脊椎炎症	1		5						
22	身-育	生长发育不良∨慢	1			5					
23	腹痛	不安	1					5			
24	腹痛	痛苦∨起卧不宁	1					10			
25	皮感觉	痒:抓带到鼻∨睑∨唇∨爪	1			5					
26	皮膜	黏膜苍白	1					10			
27	运-肌	颤抖	1					10			
28	运-肢	后肢麻痹	1		5						
29	母兔	15 天左右拉毛产出胎儿	1						10		
30	母兔	不孕	2		5		5				
31	母兔	不孕-屡配不孕	1						5		
32	母兔	起卧不安∨鸣叫	1							10	

续 48 组

序	类	症(信息)	统	20 兔沙门氏菌病	22 兔布鲁氏菌病	27 兔密螺旋体病	100 生殖器炎症	101 子宫出血	102 流产与死产	103 难产	104 阴道脱出和子宫脱出
33	母兔	产期到努责但无仔出	1							35	
34	母兔	产延 2～3 天 V 产部分死、活胎	1						10		
35	母兔	腹围不小 V 触及胎儿	1							10	
36	母兔	流产	3	5	5		10				
37	母兔	流产:排未足月胎儿	1						5		
38	母兔	流产占 70%	1	10							
39	母兔	流产胎儿体弱 V 皮下水肿－死	1	5							
40	母兔	流产预兆 V 先兆	1					10			
41	母兔	笼内见未足月胎 V 死胎	1						35		
42	母兔	努责	1				10				
43	母兔	子宫出血多	1					10			
44	外阴部	剥痂见溃疡湿润稍凹	1			5					
45	外阴部	局部病灶	1		5						
46	外阴部	皮膜炎结痂	1			10					
47	外阴部	发炎	2		5		5				
48	外阴部	疡缘不整 V 出血 V 周水肿	1			5					
49	温	体温高 V 高热 V 发热	4	5	5		5		5		
50	特征	败血症死亡＋腹泻＋流产	1	15							
51	特征	发炎 V 结节 V 溃疡	1			15					
52	病因	日照不足	1							5	
53	病因	饲养不当:母兔过肥 V 过瘦	1							5	
54	病因	运动不足	1							5	
55	病因	子宫绒毛膜 V 血管破裂	1					5			
56	症	败血症	1	5							

49 组　仔兔异常

序	类	症(信息)	统	15 葡萄球菌病	98 缺乳和无乳	99 新生仔兔不食症	111 初生仔兔死亡
		ZPDS		10	11	8	8
1	仔兔	不吮乳	1			10	
2	仔兔	吃次增，饿，爬、叫	1		10		
3	仔兔	呆滞 V 濒死态	1				10

续 49 组

序	类	症(信息)	统	15 葡萄球菌病	98 缺乳和无乳	99 新生仔兔不食症	111 初生仔兔死亡
4	仔兔	发育不良	1		10		
5	仔兔	寒季保温差、冻叫	1				5
6	仔兔	急性肠炎	1	5			
7	仔兔	渐瘦	1		10		
8	仔兔	脓毒败血症	1	5			
9	仔兔	皮肤暗	1			10	
10	仔兔	皮肤凉	1			10	
11	仔兔	全身无力	1			10	
12	仔兔	身凉＋毛逆立→呆滞濒死态	1				10
13	仔兔	同窝相继发病(全窝∨部分)	1			10	
14	仔兔	增重慢	1		10		
15	精神	沉郁∨昏睡	1	10			
16	眼	结膜炎∨肿胀∨眼炎	1	5			
17	鼻	发炎	1	5			
18	乳房	松弛∨软	1		5		
19	乳房	萎缩∨变小	1		5		
20	乳房	发炎∨肿块∨脓肿∨胀大	1	5			
21	乳房	疹块	1	5			
22	乳房	肿胀(紫红∨蓝紫)色	1	10			
23	乳头	松弛∨软∨萎缩∨变小	1		5		
24	乳汁	挤不出∨量少	1		10		
25	母兔	不愿哺乳	1		5		
26	母兔	拒绝哺乳∨乳不足∨无	1				10
27	母兔	瘦弱	1				5
28	幼兔	12 周龄内死占总死数 1/3	1				10
29	幼兔	初生死因;母兔拒哺	1				10
30	特征	败血症∧器官化脓性	1	15			
31	病龄	生后 2～3 天	2	5		5	
32	病因	母兔妊娠后期营养不均	1			5	
33	死因	饿死	2		15		10
34	死因	昏迷死	1			10	

50-1 组　体温异常(传染病)

序	类	症(信息)	统	1 兔瘟	2 黏液瘤病	3 兔痘	4 传染性口炎	7 巴氏杆菌病	10 野兔热	11 李氏杆菌病	12 绿脓假单胞菌病	13 肺炎菌	14 链球菌病	15 葡萄球菌病	18 兔结核病	19 兔伪结核病	20 兔沙门氏菌病	22 兔布鲁氏菌病	24 兔炭疽	25 兔类鼻疽	28 兔疏螺旋体病	29 兔衣原体病	31 兔附红细胞体病	33 兔深部真菌病
		ZPDS		14	11	10	10	22	11	11	11	10	10	11	10	10	10	10	11	10	9	19	10	10
1	体温	稍升高∨略高	1					5																
2	体温	体温高∨高热∨发热	21	10	10	10	5	10	15	10	5	10	15	5	5	5	5	5	5	5	10	5	5	5
3	体温	体温升高 1℃～1.5℃	1						5															
4	体温	体温下降	1	5																				
5	体温	体温下降(急剧)－病几小时	1	5																				
6	体温	39℃	1																					5
7	体温	40℃以上	3	10						10														5
8	体温	41℃	2			5		10																
9	体温	42℃上	1		10																			
10	体温	低热	1																			5		
11	精神	不振∨欠佳	2																				5	5
12	精神	沉郁	14	5			5	5		5	5	5	5	5		5	5	5	10		5	5		
13	精神	高度沉郁	1								15													
14	精神	嗜睡∨昏睡	2											10					10					
15	精神	神经症状∨功能紊乱∨损害	3			5				5											5			
16	头	狮子头－皮下黏液性水肿	1		25																			
17	头颈	严重水肿	1																10					
18	头面	黏液性瘤肿	1		5																			

续 50-1 组

序	类	症(信息)	统	1	2	3	4	7	10	11	12	13	14	15	18	19	20	22	24	25	28	29	31	33
				兔瘟	黏液瘤病	兔痘	传染性口炎	巴氏杆菌病	野兔热	李氏杆菌病	绿脓假单胞菌病	肺炎球菌病	链球菌病	葡萄球菌病	兔结核病	兔伪结核病	兔沙门氏菌病	兔布鲁氏菌病	兔炭疽	兔类鼻疽	兔疏螺旋体病	兔衣原体病	兔附红细胞体病	兔深部真菌病
19	头一脑	脑炎	2																		15	5		
20	眼	眵多Ⅴ分泌物增多	1																	5				
21	眼	结膜黄染Ⅴ淡黄	1																				5	
22	眼	结膜炎Ⅴ肿胀Ⅴ眼炎	6		10	10		10						5								5		5
23	眼	结膜炎(活10天以上者)	1		10																			
24	眼	晶体不透明Ⅴ混浊	1												5									
25	眼睑	水肿	1		5																			
26	眼睑	下垂(病5～7天见)	1		10																			
27	眼睑	黏液性瘤肿	1		5																			
28	眼角	浆性Ⅴ脓性分泌物	1																	10				
29	眼球	发绀	1																					5
30	眼球	有分泌物	1																					5
31	鼻	潮红Ⅴ充血	1																	5				
32	鼻	出血Ⅴ流血	1	15																				
33	鼻	发炎	6		5			5	5	5				5								5		
34	鼻液	浆液性Ⅴ水样	4					5		5									10			5		
35	鼻液	流Ⅴ渗出液Ⅴ分泌物增加	3			5						10								5				
36	鼻液	黏性	4					5		5		5							10					
37	鼻液	脓性	2					5				5												

续 50-1 组

序	类	症(信息)	统	1 兔瘟	2 黏液瘤病	3 兔痘	4 传染性口炎	7 巴氏杆菌病	10 野兔热	11 李氏杆菌病	12 绿脓假单胞菌病	13 肺炎球菌病	14 链球菌病	15 葡萄球菌病	18 兔结核病	19 兔伪结核病	20 兔沙门氏菌病	22 兔布鲁氏菌病	24 兔炭疽	25 兔类鼻疽	28 兔疏螺旋体病	29 兔衣原体病	31 兔附红细胞体病	33 兔深部真菌病
38	口	流涎∨唾液多	3				15												10			5		
39	口	流血	1	15																				
40	口膜	潮红、充血	1				10																	
41	口膜	坏死∧伴有恶臭	1				10																	
42	口	小米粒大至扁豆大水疱	1				10																	
43	耳	中耳炎	2					10					5											
44	身－病	脓肿－各部位	1											5										
45	身－动	旋转∨翻滚	1										5											
46	身	渐瘦∨营养障碍	1																					5
47	身	消瘦	8				5		15					5	5	5	5					5	5	
48	身	消瘦－高度	1						15															
49	身－骨	脊椎炎症	2												5			5						
50	身－力	乏力∨无力∨倦怠	1																				5	
51	身－力	衰弱∨极度衰弱	1													15								
52	身－力	衰竭∨极度衰竭	1						15															
53	皮－虫	蜱叮皮损	1																		5			
54	皮－色	黄疸	1																				5	
55	呼吸	肺炎	2								5											5		
56	呼吸	咳嗽	4					5				10			5							5		

续 50-1 组

序	类	症(信息)	统	1 兔瘟	2 黏液瘤病	3 兔痘	4 传染性口炎	7 巴氏杆菌病	10 野兔热	11 李氏杆菌病	12 绿脓假单胞菌病	13 肺炎球菌病	14 链球菌病	15 葡萄球菌病	18 兔结核病	19 兔伪结核病	20 兔沙门氏菌病	22 兔布鲁氏菌病	24 兔炭疽	25 兔类鼻疽	28 兔疏螺旋体病	29 兔衣原体病	31 兔附红细胞体病	33 兔深部真菌病
57	呼吸	困难	8			5		5			10		15		5	5				5				10
58	呼吸	气喘	2								10				5									
59	呼吸	快—急促∨浅表	4	10				5												5			5	
60	食欲	不振∨减少∨骤减	11	5		5	5	5			5	5		5	5	5						5		5
61	食欲	厌食∨拒食	13	5		5	5	5	10	5			5	5		5	5		5		5	5		
62	食欲	饮:渴∨增加∨喜饮	1														5							
63	消—肠	肠炎	2								5											5		
64	消—粪	腹泻	8			10	5	5			5		15		5	5	5							
65	消—粪	腹泻—间歇性	1										5											
66	循环	血凝不全煤焦油状	1																15					
67	运步	共济失调	1						5															
68	运—关	关节屈曲不灵活	1																				5	
69	运—关	关节炎∨肿痛	4					5													5	5	5	
70	运—肢	后肢麻痹	1															5						
71	公兔	附睾肿胀	1															5						
72	公兔	睾丸炎∨红肿∨发热	2					5										5						
73	母兔	不孕	1															5						
74	母兔	流产	6			5				5							5	5		5		5		
75	母兔	阴道排物∨脓∨血样物	1															10						

续 50-1 组

序	类	症(信息)	统	1 兔瘟	2 黏液瘤病	3 兔痘	4 传染性口炎	7 巴氏杆菌病	10 野兔热	11 李氏杆菌病	12 绿脓假单胞菌病	13 肺炎球菌病	14 链球菌病	15 葡萄球菌病	18 兔结核病	19 兔伪结核病	20 兔沙门氏菌病	22 兔布鲁氏菌病	24 兔炭疽	25 兔类鼻疽	28 兔疏螺旋体病	29 兔衣原体病	31 兔附红细胞体病	33 兔深部真菌病
76	母兔	子宫发炎	2							5								5						
77	淋巴结	炎肿	2					10	15															
78	淋巴结	体表淋结:肿大发硬	1						5															
79	特征	体温高∨咳嗽∨鼻液∨突死	1									15												
80	特征	败血症死亡∨腹泻∨流产	1														15							
81	特征	鼻眼分泌物∨呼吸困难	1																	15				
82	特征	出血性肠炎∧肺炎	1								15													
83	特征	发热∨贫血∨黄疸∨瘦	1																				15	
84	特征	关节炎∨脑炎∨尿道炎	1																			15		
85	特征	面+眼睑+耳根黏液性瘤肿	1		15																			
86	特征	脑炎∧心肌炎	1																		15			
87	特征	发病突然∨体温高	1	15																				
88	特征	死前尖叫∨口鼻流血	1	15																				
89	病流行	地方流行	6					5		5		5				5					5	5		
90	症	败血症	6					5	5				15	10			5		10					
91	死时	突然∨速死	6	15				5				10				5	10					5		
92	死时	24 小时左右死亡	1								5													
93	死因	脓毒败血症	1										5											

50-2 组　体温异常(非传染病)

序	类	症(信息)	统	35 弓形虫病	50 胃肠炎	54 腹泻	55 腹膜炎	56 感冒	57 支气管炎	59 肾炎	62 中暑	63 蛋白质缺乏症	75 真菌毒素中毒	77 棉籽饼中毒	84 中耳炎	86 外伤	93 直肠脱和脱肛	97 乳房炎	100 生殖器炎症	102 流产与死产
		ZPDS		10	12	12	10	11	10	12	11	10	11	10	12	11	6	11	10	10
1	**体温**	**稍升高∨略高**	2						5					5						
2	**体温**	**体温高∨高热∨发热**	13	5	5	5	10	10		5	5		5		5	5		5	5	5
3	**体温**	**体温下降**	1									10								
4	**体温**	**体温有明显变化**	1														5			
5	**体温**	40℃以上	3				10	10										5		
6	**体温**	42℃上	1								10									
7	**体温**	**寒战**	1					10												
8	**体温**	**皮温高,烫手**	1								5									
9	精神	不振∨欠佳	4								5				5			5		5
10	食欲	不振∨减少∨骤减	11	5		5	5	5	5	5				10		5		5	5	5
11	精神	沉郁	10		5	5	5	5	5	5	10		5	5		5				
12	精神	昏迷	2							10	10									
13	精神	微变	1																	5
14	头	低头伸颈	1												5					
15	头颈	倾向患侧	1												10					
16	鼻	发凉∨冷	2		5			10												
17	鼻液	浆液性∨水样	3	5				10	10											
18	鼻液	黏性	1						10											
19	鼻液	脓性	2	5					10											
20	耳	发凉∨冷	2		5			10												
21	耳	鼓壁充血潮红、渗白脓	1												10					
22	耳	患耳朝下	1												10					
23	耳	膜破－脓外流－脓脑炎	1												10					
24	耳	听觉迟钝	1												5					
25	身－病	全身恶化	1			5														
26	身－病	全身症状－重者	1													5				
27	身－动	倒地不起	1										10							
28	身－动	痉挛－阵发性	1							10										
29	身－动	震颤	1											5						
30	身	消瘦	4	5		5	5					5								

续 50-2 组

序	类	症(信息)	统	35 弓形虫病	50 胃肠炎	54 腹泻	55 腹膜炎	56 感冒	57 支气管炎	59 肾炎	62 中暑	63 蛋白质缺乏症	75 真菌毒素中毒	77 棉籽饼中毒	84 中耳炎	86 外伤	93 直肠脱和脱肛	97 乳房炎	100 生殖器炎症	102 流产与死产
31	身－力	乏力∨无力∨倦息	5				5		5	10	5	5								
32	身－重	体重降∨减轻∨增重减慢	2							5		10								
33	腹部	疼痛	2		5		5													
34	皮创口	坚实∧黏稠白色脓性物	1													10				
35	皮创口	肉芽,红色、表平、匀	1													10				
36	皮毛色	污染	1			5														
37	皮毛色	无光泽∨褪色∨焦无光	2			5	5													
38	皮－伤	咬全身伤	1													5				
39	皮外伤	出血＋疼痛＋伤裂	1													10				
40	皮外伤	患部疼＋肿＋增温	1													10				
41	皮外伤	流脓∨脓痂	1													5				
42	乳房	局部脓肿∨感扩	1															10		
43	乳腺	患部皮肤蓝紫色	1															15		
44	乳腺	皮红	1															15		
45	乳腺	肿胀、发热、敏感	1															15		
46	呼吸	咳嗽	2					5	10											
47	呼吸	困难	3						5	5	10									
48	呼吸	快－急促∨浅表	5	5	10						10		5	5						
49	食欲	厌食∨拒食	9	5	5	5	5	5		5	5			10	5					
50	食欲	异常∨异嗜	2			5						5								
51	食欲	饮:渴∨增加∨渴喜饮	1			5														
52	食欲	障碍∨有明显变化∨微变	2														5			5
53	消－肠	直肠:后段黏膜脱出肛门外	1														10			
54	消－肠	直肠:排便后黏膜外翻	1														5			
55	消－肠	直肠:全层脱出肛门外	1														10			
56	消－粪	水样	2		5	10														
57	消－粪	稀软∨粥样∨半流质	1			10														
58	消－粪	腹泻	4		5							5	5	5						
59	消－粪	腹泻－持续∨顽固	2		5							5								
60	消－粪	排便(尿)呻吟、拱背	1																10	
61	消粪含	黏液	3		5								10	10						
62	消粪含	血∨带血∨便血	3		5								10	10						
63	消化	障碍∨胃肠紊乱∨分泌低下	2										5	5						

续 50-2 组

序	类	症(信息)	统	35 弓形虫病	50 胃肠炎	54 腹泻	55 腹膜炎	56 感冒	57 支气管炎	59 肾炎	62 中暑	63 蛋白质缺乏症	75 真菌毒素中毒	77 棉籽饼中毒	84 中耳炎	86 外伤	93 直肠脱和脱肛	97 乳房炎	100 生殖器炎症	102 流产与死产
64	循环	贫血	1									10								
65	运步	跛	1													10				
66	运步	行难∨运障	1															5		
67	运步	不灵活	1										10							
68	运-肌	麻痹	1	10																
69	运-肌	强行运动跳跃小心	1							10										
70	运-身	蹲伏∨不愿动	1							10										
71	运-身	滚转	1												10					
72	运-身	回转	1												10					
73	运-身	卧地不起	1									10								
74	运-肢	后肢麻痹	1	15																
75	运-肢	四肢水肿	1							5										
76	公兔	包皮内有垢,坚	1																10	
77	公兔	包皮尿小心,流不齐	1																10	
78	公兔	包皮肿、热痛、痒	1																10	
79	公兔	睾丸肿∨增温∨痛∨精索粗	1																10	
80	公兔	尿:排尿困难	1																10	
81	母兔	15天左右拉毛产出胎儿	1																	10
82	母兔	不孕(屡配不孕)	1																	5
83	母兔	产延2~3天∨产部分死、活胎	1																	10
84	母兔	拒仔吮乳	1															15		
85	母兔	流产	2										5						10	
86	母兔	子宫炎	2																10	5
87	特征	发热∧上呼吸道炎	1					15												
88	特征	咳+流鼻液+胸听诊啰音	1						15											
89	特征	体温高、循环衰竭∨神经症状	1								15									
90	病龄	成年兔	1												5					
91	病时	哺乳兔产后5~20天	1															15		
92	症	无明症状∨少量感染无症	2									5								5
93	死时	突然∨快∨急性死亡	1	5																
94	死因	衰竭	2				5						10							
95	死因	治疗不及时	1														10			

51组　淋巴结异常

序	类	症(信息)	统	3	7	10	25	27
				兔　瘟	巴氏杆菌病	野兔热	兔类鼻疽	兔密螺旋体病
		ZPDS		10	10	9	10	10
1	**淋巴结**	**腹股沟、腘淋巴结肿胀**	1					5
2	**淋巴结**	**腹股沟淋巴结肿硬**	1	5				
3	**淋巴结**	**腘淋巴结肿硬**	1	5				
4	**淋巴结**	**颈部∧腋下淋巴结肿大**	1				5	
5	**淋巴结**	**淋巴结:炎肿**	3		10	15		15
6	**淋巴结**	**体表淋结:肿大发硬**	1			5		
7	精神	沉郁	1		5			
8	精神	神经症状∨功能紊乱∨损害	1	5				
9	头－脸	皮肤黏膜发炎∨结节∨溃疡	1					10
10	眼	眵多∨分泌物增多	1				5	
11	眼	化脓	1	5				
12	眼	结膜炎∨肿胀∨眼炎	2	10	10			
13	眼	畏光流泪∨怕光流泪	1	5				
14	眼睑	发炎	1	5				
15	鼻	潮红∨充血	1				5	
16	鼻	喷嚏	1		5			
17	鼻	发炎	2		5	5		
18	鼻液	浆液性∨水样	1		5			
19	鼻液	流∨渗出液∨分泌物增加	2	5			5	
20	身	消瘦	1			15		
21	身	消瘦－高度	1			15		
22	身－力	衰竭∨极度衰竭	1			15		
23	身－育	生长发育不良∨慢	1					5
24	皮感觉	痒:抓带到鼻∨睑∨唇∨爪	1					5
25	皮－炎	慢感染呈干燥鳞片稍凸	1					5
26	呼吸	困难	3	5	5		5	
27	呼吸	快－急促∨浅表	2		5		5	

续 51 组

序	类	症(信息)	统	3	7	10	25	27
				兔　痘	巴氏杆菌病	野兔热	兔类鼻疽	兔密螺旋体病
28	食欲	不振	1					5
29	消－肛	发炎∨结节∨溃疡	1					10
30	运步	共济失调	1			5		
31	母兔	流产	2	5			5	
32	母兔	阴唇小米粒大结节	1					5
33	母兔	子宫病∨子宫蓄脓	1		5			
34	母兔	子宫发生内膜炎	1				5	
35	特征	鼻眼分泌物＋呼吸困难	1				15	
36	特征	器官脓性炎＋肉芽结	1				15	
37	特征	皮肤发炎∨结节∨溃疡	1					15
38	病季	春	2		5	5		
39	病季	夏	1			5		

二、两个兔病诊断附表

附表 2-1　兔 111 种常见病由病名找病组诊断卡提示

病　序	病　名	进组号
1	兔瘟	50-1
2	兔黏液瘤病	6
3	兔痘	12
4	兔传染性水疱性口炎	12
5	仔兔轮状病毒病	20
6	兔流行性肠炎	20
7	兔巴氏杆菌病(急性)	50-1
	兔巴氏杆菌病(亚急性慢性)	5,9
8	兔魏氏梭菌病	34-1
9	兔波氏杆菌病	30
10	野兔热	50-1
11	兔李氏杆菌病	47
12	兔绿脓假单胞菌病	29
13	兔肺炎球菌病	50-1
14	兔链球菌病	29
15	兔葡萄球菌病(乳房类型)	27
	兔葡萄球菌病(仔兔异常)	49
16	兔棒状杆菌病(身渐瘦)	15
	兔棒状杆菌病(关节异常)	40

病　序	病　名	进组号
17	兔坏死杆菌病	12,43
18	兔结核病	18
19	兔伪结核病	21
20	兔沙门氏菌病(腹泻)	16-1
	兔沙门氏菌病(流产)	47
21	兔大肠杆菌病	33,36
22	兔布鲁氏菌病(流产)	47
	兔布鲁氏菌病(体温异常)	50-1
23	兔破伤风	13
24	兔炭疽	3
25	兔类鼻疽	9
26	兔泰泽氏病	33
27	兔密螺旋体病(生殖器官异常)	45 48
28	兔疏螺旋体病	50-1
29	兔衣原体病(体温异常)	50-1
	兔衣原体病(消瘦)	6
	兔衣原体病(四肢异常)	43
30	兔支原体病	9,25
31	兔附红细胞体病	16-1
32	兔体表真菌病	24

续附表 2-1

病　序	病　名	进组号
33	兔深部真菌病	29
34	球虫病	18
35	弓形虫病(体温异常)	50-2
	弓形虫病(后肢异常)	41
36	兔脑炎原虫病(神经症状)	2
	兔脑炎原虫病(腹围大)	23
37	肝毛细线虫病	附表 2-2
38	栓尾线虫病	18
39	肝片吸虫病	16-2,18
40	日本血吸虫病	16-2
41	囊尾蚴病	14,15
42	连续多头蚴病	附表 2-2
43	兔螨病(痒螨) 兔螨病(疥螨)	1
44	兔虱病	4
45	蝇蛆病	4
46	硬蜱	4
47	口炎	10
48	消化不良	15
49	胃扩张	22
50	胃肠炎	34-2
51	肠臌胀	23
52	毛球病	32,42
53	便秘	22
54	腹泻	33
55	腹膜炎	50-2
56	感冒	28,50-2
57	支气管炎	28
58	肺炎	28
59	肾炎	3,38
60	脑震荡	38
61	癫痫	13
62	中暑	4
63	蛋白质和氨基酸缺乏症	18
64	维生素 A 缺乏症	18
65	维生素 B_1 缺乏症	3
66	维生素 E 缺乏症	18
67	胆碱缺乏症	18
68	佝偻病	39
69	全身性缺钙	39
70	磷缺乏症	39
71	铜缺乏症	39
72	锌缺乏症	12,24
73	镁缺乏症	4,24
74	异嗜癖	31
75	真菌毒素中毒	10
76	有毒植物中毒	4,10
77	棉籽饼中毒	30
78	菜籽饼中毒	7,30

续附表 2-1

病　序	病　　名	进组号	病　序	病　　名	进组号
79	马铃薯中毒	7	96	遗传性外貌损征	7,45
80	灭鼠药中毒	11	97	乳房炎	27
81	有机氯农药中毒	4	98	缺乳和无乳	27
82	食盐中毒	4,19	99	新生仔兔不食症	49
83	眼结膜炎	8	100	生殖器炎症	45,48
84	中耳炎	1	101	子宫出血	48
85	湿性皮炎	6,26	102	流产与死产	47
86	外伤	附表 2-2	103	难产	48
87	脓肿	附表 2-2	104	阴道脱出和子宫脱出	48
88	烧伤	附表 2-2	105	不孕症	46
89	冻伤	附表 2-2	106	假孕	27
90	骨折	39,44	107	宫外孕	23
91	截瘫	17	108	产后瘫痪	17
92	长毛兔腹壁疝	34-2	109	吞食仔兔癖	31
93	直肠脱和脱肛	35	110	妊娠毒血症	3
94	脚垫和脚皮炎	41	111	初生仔兔死亡	49
95	肿瘤	16-2			

附表 2-2 兔病辅检项目提示

病序	病名	辅检内容
		兔传染病
1	兔病毒性出血症	采新鲜兔尸体或肝、肾淋巴结，做动物接种、病毒检查、血清学反应或电镜检查
2	兔黏液瘤病	采病料做触片或切片镜检包涵体，采睾丸或肾分离病毒，采血清做血清反应
3	兔痘	采肝、脾、肾、淋巴结等病料，通过鸡胚接种分离病原体进行血清学交叉试验
4	兔传染性水疱性口炎	采取病兔水疱液或口腔分泌物做接种、抗体检测或酶联免疫吸附试验与中和试验
5	仔兔轮状病毒病	取肠后段内容物滤过接种兔肾原上皮细胞，做病毒分离，RT-PCR 与荧光抗体试验
6	兔流行性肠炎	取病兔粪便或肠内容物口服或滴鼻感染，也可取病料做电镜检查
7	兔巴氏杆菌病	取心血和肝脏、脾脏等病变组织涂片，以亚甲蓝液染色镜检，还可做细菌学培养和接种试验
8	兔魏氏梭菌病	采空肠或回肠内容物涂片染色，用病料制成悬液接种小鼠，至小鼠 24 小时内死亡可确诊
9	兔波氏杆菌病	取鼻咽部黏液、分泌物和病变脓液涂片或用病料接种，还可做凝集试验
10	野兔热	取病变淋巴、肝、脾等组织涂片镜检，用病料接种，可采血清与抗原做凝集试验
11	兔李氏杆菌病	血检，取、肝、肾、脾、淋巴、脑、胎儿或阴道分泌物涂片，病料接种、荧光抗体诊断
12	兔绿脓假单胞菌病	取粪便、呼吸道分泌物、脓液和病变器官接种分离，做生化鉴定和试验，平板凝集试验。

续附表 2-2

病 序	病 名	辅检内容
13	兔肺炎球菌病	取病变器官或脓液涂片，革兰氏染色诊断，病料接种培养分离血清学鉴定确诊
14	兔链球菌病	取病变组织、化脓灶、呼吸道分泌物革兰氏染色，病料接种培养形成溶血环，可血清诊断
15	兔葡萄球菌	取脓疱内脓液和小肠内容物涂片染色，病料接种能引起皮肤溃疡和坏死可确诊
16	兔棒状杆菌病	以脓液涂片革兰氏染色镜检，病料接种培养，可进一步做生化鉴定和动物试验确诊
17	兔坏死杆菌病	采病变与健康交界处皮肤、黏膜和组织，死后采肝、脾、肺、淋巴结病料涂片染色镜检或皮下接种
18	兔结核病	取新鲜结核结节病灶触片，用抗酸染色镜检或以病料培养细菌分离，也可用聚合酶链式反应诊断
19	兔伪结核病	取淋巴结、内脏器官和粪便病料涂片染色镜检，进行病原分离，亦可用凝集与间接凝集试验确诊
20	兔沙门氏菌病	取子宫、阴道分泌物及肝或流产胎儿内脏培养细菌分离或免疫荧光试验，也可做凝集反应确诊
21	兔大肠杆菌病	取结肠、盲肠内容物培养、分离做凝集反应，还可用聚合酶链式反应诊断
22	兔布鲁氏菌病	取母兔流产分泌物、子宫内容物、脾和淋巴结涂片染色镜检和培养，血清凝集试验，也可用聚合酶链反应诊断。
23	兔破伤风	根据病史和临床症状诊断
24	兔炭疽	取血液、水肿液或脾脏病料涂片，荚膜染色镜检，或用病料进行炭疽沉淀试验和荧光抗体试验确诊
25	兔类鼻疽	取病料涂片，用荧光抗体染色后镜检，或培养细菌分离，也可用间接酶联免疫吸附试验确诊

续附表 2-2

病序	病名	辅检内容
26	兔泰泽氏病	以肝、病变心肌或肠道病变部涂片染色镜检，还可用荧光抗体试验、补体结合试验和琼脂扩散试验诊断
27	兔密螺旋体病	取病变部黏膜或溃疡面渗出液涂片姬姆萨氏染色镜检，可接种试验，可用免疫荧光抗体试验诊断
28	兔疏螺旋体病	取病料或血清进行免疫荧光抗体试验、酶联免疫吸附试验和聚合酶链式反应检查，确诊
29	兔衣原体病	取病兔分泌物或病组涂片姬姆萨氏染色镜检，取血清做补体结合试验、琼脂扩散试验、聚合酶链反应与酶联免疫吸附试验确诊
30	兔支原体病	取病兔呼道分泌物和肺部病组进行分离培养，或做酶联免疫吸附试验、免疫荧光抗体试验和间接血凝试验确诊
31	兔附红细胞体病	取耳静脉血高倍镜或油镜检，还可用补体结合试验、间接血凝试验、酶联免疫吸附试验与 DNA 技术确诊
32	兔体表真菌病	取感染部皮屑镜检，用紫外线灯检查有绿色荧光，酶联免疫吸附试验可用于本病的诊断
33	兔深部真菌病	取病变结节中心用载玻片镜检，见到特征性菌丝体和孢子，可接种培养基，进行培养细菌分离和鉴定，确诊
	兔寄生虫病	
34	球虫病	取粪便用饱和盐水法检查卵囊，取肝胆管或肠黏膜刮取物于载玻片上，镜检。
35	弓形虫病	取胸、腹腔渗出液或肺、淋巴涂片姬姆萨氏或瑞氏染色镜检，取病料接小鼠，间接血凝法，生物素-亲和素酶联免疫吸附试验与间接荧光抗体试验
36	兔脑炎原虫病	取肾或脑切面涂片姬姆氏萨染色，油镜检，免疫荧光抗体试验与皮内试验等诊断

续附表 2-2

病 序	病 名	辅检内容
37	肝毛细线虫病	肝组织中发现虫卵
38	栓尾线虫病	可用饱和盐水浮集法检查粪便中的虫卵
39	肝片吸虫病	水洗沉淀法检查粪便中的虫卵。间接荧光抗体与酶联免疫吸附试验可用于本病的诊断
40	日本血吸虫病	检查粪便中的虫卵,毛蚴孵化法也可确诊,酶联免疫吸附试验与环卵沉淀试验诊断
41	囊尾蚴病	尸检发现豆状囊尾蚴可确诊,可用酶联免疫吸附试验与间接血凝试验诊断
42	连续多头蚴病	肌肉或皮下检查到可动且无痛的包囊可推测,取包囊镜检内含许多形如连续多头绦虫头节的原头蚴确诊
43	兔螨病	耳螨取耳内湿性物,疥螨取患部与健部交界处痂皮、微血,加热,吸渣,玻片上检或病料倒在黑纸上,阳光下或稍加热,肉眼或放大镜看
44	兔虱病	拨开被毛,肉眼可见小兔虱,毛根部可见淡黄色虫卵,定性须寄生虫鉴别诊断
45	蝇蛆病	根据临床症状诊断
46	硬蜱	肉眼检查
		兔内科病
47	口炎	根据临床症状可确诊
48	消化不良	根据病史和临床症状诊断
49	胃扩张	根据病史和临床症状诊断
50	胃肠炎	根据病史和临床症状诊断
51	肠臌胀	根据病史和临床症状诊断
52	毛球病	根据病史和临床症状诊断
53	便秘	根据病史和临床症状诊断
54	腹泻	根据病史和临床症状诊断

续附表 2-2

病 序	病 名	辅检内容
55	腹膜炎	用腹腔穿刺液镜检,用雷瓦尔他氏反应诊断
56	感冒	根据病史和临床症状诊断
57	支气管炎	根据病史和临床症状诊断
58	肺炎	白细胞总数和嗜中性粒细胞增多,核型左移
59	肾炎	尿液中蛋白含量增加,尿沉渣检查可发现红细胞、白细胞、肾上皮细胞和各种管型
60	脑震荡	根据病史和临床症状诊断
61	癫痫	根据病史和临床症状诊断
62	中暑	根据病史和临床症状诊断
63	蛋白质和氨基酸缺乏症	根据病史和临床症状诊断
64	维生素 A 缺乏症	根据病史和临床症状诊断
65	维生素 B_1 缺乏症	根据病史和临床症状诊断
66	维生素 E 缺乏症	根据病史和临床症状诊断
67	胆碱缺乏症	根据病史和临床症状诊断
68	佝偻病	根据病史和临床症状诊断
69	全身性缺钙	血清钙下降,严重的可降到 70 毫克/升以下(正常 250 毫克/升)
70	磷缺乏症	血清中磷含量大大低于正常值(5.47 毫克/升)
71	铜缺乏症	根据饲料配方、分析数据和临床症状可诊断
72	锌缺乏症	根据饲料配方、分析数据和临床症状诊断
73	镁缺乏症	根据饲料配方、分析数据和临床症状诊断
74	异食癖	根据临床症状诊断
75	真菌毒素中毒	根据病史和临床症状诊断
76	有毒植物中毒	根据病史和临床症状诊断
77	棉籽饼中毒	尿蛋白阳性,尿渣中可见上皮细胞和管型

续附表 2-2

病序	病名	辅检内容
78	菜籽饼中毒	取菜籽饼 20 克＋等量蒸馏水搅拌静置过夜，取上清液 5 毫升＋浓硝酸 3～4 滴呈红色，证明有异硫氰酸盐存在
79	马铃薯中毒	根据病史和临床症状可以确诊
80	灭鼠药中毒	根据病史和临床症状可以确诊
81	有机氯农药中毒	根据病史和临床症状可以确诊
82	食盐中毒	根据病史和临床症状可以确诊
兔外科病		
83	眼结膜炎	根据病史和临床症状诊断
84	中耳炎	根据病史和临床症状诊断
85	湿性皮炎	根据病史和临床症状诊断
86	外伤	根据病史和临床症状诊断
87	脓肿	与血肿和淋巴外渗鉴别，血肿穿刺有血，淋巴外渗见黄白色淋巴液
88	烧伤	根据病史和临床症状诊断
89	冻伤	根据病史和临床症状诊断
90	骨折	根据病史和临床症状诊断
91	截瘫	做 X 线检查
92	长毛兔腹壁疝	根据病史和临床症状诊断
93	直肠脱和脱肛	根据病史和临床症状诊断
94	脚垫和脚皮炎	根据病史和临床症状诊断
95	肿瘤	根据病史和临床症状诊断
96	遗传性外貌损症	根据病史和临床症状诊断
兔产科病		
97	乳房炎	根据临床症状诊断
98	缺乳和无乳	根据临床症状诊断

续附表 2-2

病　序	病　名	辅检内容
99	新生仔兔不食症	根据临床症状可确诊
100	生殖器炎症	根据临床症状可确诊
101	子宫出血	根据临床症状可确诊
102	流产与死产	根据临床症状可确诊
103	难产	根据临床症状可确诊
104	阴道脱出和子宫脱出	根据临床症状可确诊
105	不孕症	根据临床症状可确诊
106	假孕	根据临床症状可确诊
107	宫外孕	根据临床症状可确诊
108	产后瘫痪	根据临床症状可确诊
109	吞食仔兔癖	根据临床症状可确诊
110	妊娠毒血症	血检,非蛋白氮显著升高,钙少,磷多,丙酮试验阳性
111	初生仔兔死亡	根据临床症状可确诊

第三章　兔病防治

一、兔病的预防

家兔是比较娇气的小动物，很多疾病在未发现任何明显症状时便大批死亡。即使是慢性疾病，治疗的效果也不理想，而且往往得不偿失。因此，兔病防治必须坚持“预防为主，防治结合”的原则，将兽医工作前移，由诊断治疗为主转变为预防为主，消除疾病发生的因素，控制传染病的传染源，切断传播途径，保护易感兔群。只要做好这些工作，就能大幅度地降低兔群的发病率。

（一）科学的饲养管理

家兔的健康状况与饲养管理密切相关。不少人误认为防病就是打针喂药，其实科学的饲养管理是防病的主要措施。比如，饲料的合理搭配，环境的有效控制（包括温度、湿度、通风、密度及光照等），饲喂要定时、定质、定量等。只有饲养管理工作做好了，家兔的体质健壮了，抗病力才能增强。

（二）严格执行防疫制度

初次养兔应从非疫区引种。新购入的种兔，应隔离观察一段时间（20～30天），确认健康后方可入群饲养。养兔场要谢绝参观，非饲养人员不得轻易入舍。

（三）搞好卫生消毒

及时清扫笼舍和调换产箱的垫料，并定期对饲养用具、笼舍、产箱等进行消毒，这是减少环境病原体的有效措施。各养兔场应制定可行的消毒制度。如每日洗刷饲槽、饮水器,每周消毒1次;每日清扫粪便及垫草;兔舍在夏季每周消毒1次,冬季酌情进行;在家兔每次分娩和转群前,兔笼和兔舍均应消毒。

(四)按免疫程序进行预防接种

对于一些烈性传染病,如兔瘟、魏氏梭菌病、巴氏杆菌病、波氏杆菌病和大肠杆菌病等,最有效的预防方法是提前接种疫(菌)苗。

目前家兔常用疫(菌)苗及使用方法见表3-1。各兔场(户)根据本地兔的发病情况确定用哪些疫(菌)苗。

表3-1 常用疫(菌)苗种类和用法

疫(菌)苗名称	预防的疾病	使用方法及注意事项	免疫期
兔瘟灭活苗	兔瘟	30日龄初次免疫,皮下注射2毫升;60～65日龄二次免疫,剂量1毫升,以后每隔5.5～6个月免疫1次,5天左右产生免疫力。一般首免用单联苗,以后可用二联苗或单联苗	6个月
巴氏杆菌病灭活苗	巴氏杆菌病	仔兔断奶免疫,皮下注射1毫升,7天产生免疫力,每兔每年注射3次	4～6个月
支气管败血波氏杆菌病灭活苗	支气管败血波氏杆菌病	母兔配种时注射,仔兔断奶前1周注射,以后每隔6个月皮下注射1毫升,7天后产生免疫力,每兔每年注射2次	6个月
魏氏梭菌(A型)病氢氧化铝灭活苗	魏氏梭菌病	仔兔断奶后(40日龄)即皮下注射2毫升,7天后产生免疫力,每兔每年注射2次	6个月
伪结核病灭活苗	伪结核耶新氏杆菌病	30日龄以上兔皮下注射1毫升,7天后产生免疫力,每兔每年注射2次	6个月

续表 3-1

疫(菌)苗名称	预防的疾病	使用方法及注意事项	免疫期
大肠杆菌病多价灭活苗	大肠杆菌病	仔兔20日龄进行首免,皮下注射1毫升,待仔兔断奶后再免疫1次,皮下注射2毫升,7天后产生免疫力,每兔每年注射2次	6个月
沙门氏杆菌病灭活苗	沙门氏杆菌病(腹泻和流产)	配种前及30日龄以上的兔,皮下注射1毫升,7天后产生免疫力,每兔每年注射2次	6个月
克雷伯氏菌病菌苗	克雷伯氏菌病	仔兔20日龄进行首免,皮下注射1毫升,仔兔断奶后再免疫1次,皮下注射2毫升,每兔每年注射2次	6个月
葡萄球菌病灭活苗	葡萄球菌病	每兔皮下注射2毫升,7天后产生免疫力	6个月
呼吸道病二联苗	巴氏杆菌病,波氏杆菌病	配种前及30日龄以上的兔,皮下注射2毫升,7天后产生免疫力,每兔每年注射2次	6个月
兔瘟-巴氏-魏氏三联苗	兔瘟、巴氏杆菌病、魏氏梭菌病	青年、成年兔每兔皮下注射2毫升,7天后产生免疫力,每兔每年注射2次。不宜做初次免疫	4～6个月

(五)有计划地进行药物预防与驱虫

对于家兔的另一些疾病,如球虫病、疥癣病、巴氏杆菌病、肠炎、乳房炎等,根据发生规律,按时投药预防,是重要的防疫措施之一,可以收到明显的效果。

1. 球虫病的预防　16～90日龄仔、幼兔的饲料中每千克饲料加 150 毫克氯苯胍或 1 毫克地克珠利或添喂 0.5% 兔宝Ⅰ号，可有效预防兔球虫病的发生。治疗剂量加倍。注意交替用药。目前添加药物是预防兔球虫病最有效、成本最低的一种措施。对于冬季舍饲养兔也应注意预防球虫病的发生。

2. 母兔乳房炎和仔兔黄尿病的预防 产前 3 天和产后 5 天的母兔，每天每只喂穿心莲 1～2 粒，复方新诺明片 1 片，可预防母兔乳房炎和仔兔黄尿病的发生。对于乳房炎、仔兔黄尿病、脓肿发生率较高的兔群，除改变饲料配方，控制产前、产后饲喂量外，繁殖母兔每年应注射 2 次葡萄球菌病灭活疫苗，剂量按说明使用。

3. 驱虫 每年春、秋两季对兔群进行 2 次驱虫，可用伊维菌素皮下注射或口服用药，不仅对兔体内寄生虫如线虫有杀灭作用，也可以治疗兔体外寄生虫如疥螨、蚤和虱等。兔场禁止养犬，必须养犬的兔场要定期为犬注射或口服吡喹酮。对有养犬兔场的兔群要检查是否感染囊尾蚴，感染的兔群用吡喹酮治疗，效果可靠。

4. 毛癣病的预防 引种必须从健康兔群中选购，引种后必须隔离观察至第一胎仔兔断奶后，如果出生的仔兔无本病发生，才可以混入原兔群。严禁商贩进入兔舍。一旦发现兔群中有眼圈、嘴圈、耳根或身体任何部位脱毛，脱毛部位有白色或灰白色痂皮，应及时隔离，最好淘汰，并对其所在笼位及周围环境用 2% 火碱（氢氧化钠）或火焰进行彻底消毒。本病可用灰黄霉素治疗，虽有效果，但复发率高。

5. 中毒病的预防 目前危害我国规模养兔业生产的主要问题是饲料霉变中毒问题。其中草粉霉变位居首位。因此，要对使用的草粉进行全面、细致的检查，一旦发现有结块、发黑、发绿、有霉味、含土量大、有塑料薄膜等，应坚决弃去不用。外观不能确定时，应进行实验室霉菌检测。

6. 呼吸道疾病的预防 呼吸道疾病是规模兔群常见多发病，主要由巴氏杆菌、波氏杆菌、葡萄球菌、绿脓杆菌、克雷伯氏杆菌等单个或混合感染。预防应采取综合措施：①保持兔舍通风、干燥、温度相对稳定;②注射兔巴-波二联苗,每年 2～3 次;③饲料中添加预防兔呼吸道病的添加剂或药物。有条件者对兔群中有鼻炎、打喷嚏、呼吸困难、斜颈、结膜炎的兔进行彻底淘汰,以净化兔群。

7. 消化道疾病的预防 ①饲料配方要合理,粗纤维要有一定的水平,粗饲料粒度不宜过大,饲料原料的质量要可靠。②饲喂要遵循“定时、定量、定质”的原则。饲料配方、原料改变要逐步进行,应有 10～14 天的过渡期。这一点对仔、幼兔尤为重要。③兔舍温度要保持相对稳定。春、秋季节要注意当地的天气预报,一旦有突然降温预告,要及时采取保温措施,保障兔舍温度相对恒定。④减少其他应激。如断奶方法不当、调换笼位、转群、饲养人员的改变、频繁给兔注射不必要的药物或预防针等。断奶采取原笼饲养可减少断奶兔因应激而患病。

(六)坚持自繁自养,选育健康兔群

兔场达到一定规模之后,不要轻易从外面引种。应坚持自繁自养,通过以下方式获得健康兔群:选留优秀个体做种兔,反复多次检疫,淘汰病兔和带菌(毒)兔,逐步实现相对无病;反复多次驱虫,以达到基本无虫;加强一般性的预防措施,严密控制任何病原的侵入。经过 3～5 年的定向选育,培育健康兔群。

(七)兔场发生急性传染病采取的应急措施

1. 兔瘟 兔群一旦发生本病,在没有高免血清的情况下,立即对未表现症状的兔只进行紧急免疫接种。方法是:1 兔 1 针头,剂量加倍。注射后还有死亡率升高的可能。病死兔应焚烧或深埋。

2. 魏氏梭菌病 兔只腹泻后不超过 48 小时迅速死亡,解剖发现胃黏膜溃疡,大肠浆膜有大面积横向出血斑纹,抗生素治疗效果不明显。有以上症状的可初步确定为魏氏梭菌病。在没有高免血清的情况下,立即对未表现症状的兔只进行紧急接种魏氏梭菌

病疫苗，1兔1针头，剂量加倍，可在3天内控制本病。同时，加大饲料中粗纤维的比例。

3. 霉菌饲料中毒 停喂发霉饲料，饥饿1天，然后更换饲料，供给充足的饮水。使用电解多维或维生素C有缓解症状的作用。久治无效者予以淘汰。

4. 腹胀病 根据病情对受威胁兔只注射魏氏梭菌病、大肠杆菌病等疫苗。检查饲料质量，饲料中可添加复方新诺明和消化药物，减少饲喂量。也可用溶菌酶＋百肥素，按200克/吨，拌料混饲治疗，一般5～7天可得到有效的控制。疗效差的及时做淘汰处理。

二、兔病治疗技术

(一)保定方法

1. 徒手保定

(1)方法一 一手将颈肩部皮肤连同两耳大把抓起，另一手托起或抓住臀部皮肤和尾部即可。此保定法可使腹部向上，适合于眼、腹、乳房、四肢等疾病的诊治。

(2)方法二 保定者抓住兔的颈侧背部皮肤，将其放在检查台上或桌子上，两手抱住兔头，拇指、食指固定住耳根部，其余三指压住前肢，即可达到保定的目的。适用于静脉注射、采血等操作。

2. 手术台保定 将兔四肢分开，仰卧于手术台上：然后分别固定头和四肢。适用于兔的阉割术、乳房疾病治疗和剖宫产等腹部手术。

3. 保定盒、保定箱保定 此法适用于治疗头部疾病、耳静脉输液、灌药等。

(1)保定盒保定 保定时，先将后盖启开，将兔头向内放入，待兔头从前端内套中伸出后，调节内套使之正好卡住兔头不能缩回筒内，装好后盖。

(2)保定箱保定　保定箱分箱体和箱盖两部分，箱盖上挖有一个半月形缺口，将兔放入箱内，拉出兔头，盖上箱盖，使兔头卡在箱外。

4. 化学保定法　主要是应用镇静剂和肌肉松弛剂，如盐酸赛拉哗、戊巴比妥钠等使家兔安静，无力挣扎，剂量按说明使用。

(二)给药方法

1. 口服给药

(1)自由采食法

①适用药物　适用于适口性好、无不良异味的药物，兔患病较轻、尚有食欲或饮欲时使用。

②方法　把药混于饲料或饮水中。饮水中药物应易溶于水。

③注意事项　药物必须均匀地混于饲料或饮水中。本法多用于大群预防性给药或驱虫。

(2)灌服法

①适用药物　适用于药量小、有异味的片(丸)剂药物，或病兔食欲废绝时使用。

②方法　片剂药物要先研成粉状，把药物放入匙柄内(汤匙倒执)，一手抓住耳部及颈部皮肤把兔提起，另一手执汤匙勺从一侧口角把药放入嘴内，取出汤勺，让兔自由咀嚼后再把兔放下。如果药量较多，药物放入嘴内后再灌少量饮水。如果是水剂可用注射器(针头取掉)从口角一侧慢慢把药挤进口腔。

③注意事项　服药时要观察兔只吞咽与否，不能强行灌服，否则易灌入气管内，造成异物性肺炎。

(3)胃管给服法

①适用药物　一些有异味、刺激性较大的药品或病兔拒食时采用此法。

②方法　由助手保定兔并固定好头部，用开口器(木或竹制，长10厘米、宽1.8～2.2厘米、厚0.5厘米，正中开一比胃管稍大

的小圆孔，直径约 0.6 厘米）使口腔张开，然后给胃管（或人用导尿管）涂上润滑油，将胃管穿过开口器上的小孔，缓缓向口腔咽部插入。当兔有吞咽动作时，乘其吞咽及时把导管插入食管，并继续送入胃内。

③注意事项　插入正确时，兔不挣扎，无呼吸困难表现；或者将导管一端插入低位水中，未见气泡出现，即表明导管已插入胃内，此时将药液灌入。如误入气管，则应迅速拔出重插，否则会造成异物性肺炎。

2. 注射给药

（1）皮下注射

①适用药物　主要用于疫苗注射和无刺激性或刺激性较小的药物。

②部位　多在耳后颈部皮肤处。

③方法　注射部位用 70％酒精棉球消毒。用左手拇指和食指捏起皮肤，使成皱褶。右手持针斜向将针头刺入，缓缓注入药液。注射结束后将针头拔出，用酒精棉球按压消毒。

④注意事项　宜用短针头，以防刺入肌肉内。如果注射正确，可见局部隆起。

（2）肌内注射

①适用药物　适于多种药物，但不适用于强刺激性药物，如氯化钙注射液等。

②部位　多选在臀肌和大腿部肌肉。

③方法　注射部位用 70％酒精棉球消毒。把针头刺入肌肉内，回抽无回血后，缓缓注入药物。拔出针头，用酒精棉球按压消毒。

④注意事项　一定要保定好兔只，防止家兔乱动，以免针头在肌肉内移动伤及大血管、神经和骨骼。

（3）静脉注射

①适用药物　刺激性强、不宜做皮下或肌内注射的药物，或多

用于病情严重时的补液。

②部位　一般在耳静脉进行。

③方法　先把刺入部位毛拔掉，用70%酒精棉球消毒，静脉不明显时，可用手指弹击耳壳数下或用酒精反复涂擦刺激静脉处皮肤，直至静脉充血怒张，立即用左手拇指与无名指及小指相对，捏住耳尖部，针头沿着耳静脉刺入，缓缓注射药物。拔出针头，用酒精棉球按压注射部位1～2分钟，以免流血。

④注意事项　一定要排净注射器内的气泡，否则兔只会因血管栓塞而死。第一次注射先从耳尖的静脉部开始，以免影响以后刺针。油类药剂不能静脉注射。注射钙剂要缓慢。药量多时要加温。

(4)腹腔注射

①适用情况　多在静脉注射困难或家兔心力衰竭时选用。

②部位　部位选在脐后部腹底壁、偏腹中线左侧3毫米处。

③方法　剪毛后消毒，抬高肉兔后躯，对着脊柱方向，针头呈60°角刺入腹腔，回抽活塞不见气泡、液体、血液和肠内容物后注药。刺针不宜过深，以免伤及内脏。怀疑肝、肾或脾肿大时，要特别小心。

④注意事项　注射最好是在兔胃、膀胱空虚时进行。一次补液量为50～300毫升，但药液不能有较强刺激性。针头长度一般以2.5厘米为宜。药液温度应与兔体温相近。

3. 灌肠术

(1)适用情况　发生便秘、毛球病等，口服给药效果不好，可选用灌肠。

(2)方法　一人将兔蹲卧在桌上保定，提起尾巴，露出肛门，另一人将橡皮管或人用导尿管涂上凡士林或液状石蜡后，将导管缓缓自肛门插入，深度7～10厘米。最后将盛有药液的注射器与导管连接，即可灌注药液。灌注后使导管在肛门内停留3分钟左右，然后拔出。

(3)注意事项　药液温度应接近兔体温。

4. 局部给药

(1)点眼　适用于结膜炎症，可将药液滴入眼结膜囊内。如为眼膏，则将药物挤入囊内。眼药水滴入后不要立即松开右手，否则药液会被挤压并经鼻泪管开口而流失。点眼的次数一般每隔2～4小时1次。

(2)涂搽　用药物的溶液剂和软膏剂涂在皮肤或黏膜上，主要用于皮肤、黏膜的感染及疥癣、毛癣菌等治疗。

(3)洗涤　用药物的溶液冲洗皮肤和黏膜，以治疗局部的创伤，感染。如眼结角膜炎，鼻腔及口腔黏膜的冲洗、皮肤化脓创的冲洗等。常用的有生理盐水和0.1%高锰酸钾溶液等。

三、兔传染病的防治

(一)兔病毒性出血症(兔瘟)

兔病毒性出血症俗称兔瘟或兔出血症。本病是由兔病毒性出血症病毒引起的兔的一种急性、高度接触性、致死性传染病。病的特征是突然发病，体温升高，呼吸急促，死前发出尖叫声，口、鼻流血。剖检可见支气管和肺部充血、出血。肝脏坏死，实质脏器水肿、淤血及出血。1%氢氧化钠溶液和2%甲醛溶液、1%漂白粉混悬液和2%复合酚(农乐)溶液等均可灭活本病毒。该病毒对紫外线、日光、热敏感。

【治　疗】 应用高免血清有一定的治疗效果。每只兔皮下或肌内注射5毫升，每日注射1次，连用3天。5%板蓝根注射液或复方板蓝根注射液3～5毫升加动物用干扰素1毫升，混合后肌内注射，每日1次，连用3天。同时，配合控制继发感染、保护心脏、镇静安神等对症治疗。

【预　防】 不从疫区购进种兔，引进种兔要严格检疫。停止疫区兔交易市场，严禁商贩收购兔毛和代剪兔毛。兔舍定期消毒，按规定进行预防接种。发生疫情时，要划定疫区，隔离病兔，禁止出售家兔、兔毛，病死兔一律深埋或销毁。兔笼、用具、污染的饲料和饮水以及粪便等用2%氢氧化钠溶液或2%过氧乙酸溶液消毒。改饮凉开水，青绿饲料用0.5%高锰酸钾溶液洗涤晾干后喂给。疫区和受威胁区可用兔病毒性出血症灭活疫苗或兔病毒性出血症细胞培养甲醛灭活疫苗(DJRK)进行紧急预防注射。

(二)兔黏液瘤病

本病是由黏液瘤病毒引起的一种高度接触传染性、致死性传染病。其特征为全身皮下，尤其是颜面部和天然孔、眼睑和耳根皮下发生黏液瘤性肿胀。黏液瘤病毒对干燥抵抗力强，在干燥环境中可保存3周。0.5%～2%甲醛溶液1小时内即可致死。

【防治措施】 我国虽无本病的报道，但从国外引进种兔时要严格检疫，以防本病传入。控制传播媒介，消灭各种吸血昆虫，坚持消毒制度，定期接种疫苗，免疫保护率可达90%，可控制本病的发生。兔群一旦发生本病，应坚决采取扑杀、消毒、烧毁等措施。对假定健康群，立即用疫苗进行紧急预防注射。

(三)兔　痘

本病是家兔的一种高度接触传染的致死性传染病。其特征是鼻腔、结膜渗出液增加和皮肤红疹。

【防治措施】 主要是加强平时的兽医卫生防疫工作，避免引入病原，发现病兔及时隔离处理。兔群受到本病威胁时，可用牛痘疫苗做紧急预防接种。

使用病后康复兔的血清治疗有效，皮下注射，成年兔5～6毫升，仔兔2～3毫升，每日1次，连用2天。同时，使用抗生素肌内注射，防止细菌继发感染。

(四)兔传染性水疱性口炎

本病是由水疱性口炎病毒引起的兔的一种急性、热性传染病，也是一种人兽共患病。其特征为口腔黏膜发生水疱性炎症并伴有大量流涎，故又称“流涎病”。

【治　疗】 口服磺胺二甲嘧啶，每千克体重 0.1 克，每日 1 次，连用 3 天；用 5%碳酸氢钠溶液作为饮水，每次饮用10～20 毫升。也可用庆大霉素注射液，每千克体重 3～4 毫克，肌内注射，每日 2 次，连用 3 天；维生素 C 注射液，每千克体重 0.02～0.05 毫克，肌内注射，每日 1 次，连用 3 天，以控制继发感染。口腔用 2%硼酸溶液或明矾水冲洗，涂碘甘油或青黛散。同时，进行对症治疗，用金银花与野菊花各半煎水拌料投喂，每日 2 次，连用 3 天。给予优质柔嫩易消化饲料，避免使用粗硬饲料再损伤口腔黏膜。

【预　防】 平时加强饲养管理，防止引进病兔。发现病兔立即隔离治疗，并加强饲养护理。兔舍、兔笼和用具等用 2%氢氧化钠溶液、20%热草木灰水或0.5%过氧乙酸溶液消毒。病死兔与排泄物一律销毁处理。使用新鲜的草药如板蓝根、野菊花、鱼腥草、穿心莲等喂兔，具有预防和治疗作用。

(五)仔兔轮状病毒病

本病是由轮状病毒引起的仔兔的一种急性肠道传染病，也是一种人兽共患病。其特征主要表现为腹泻和脱水。病毒主要存在于病兔的肠内容物和粪便中，粪便中的病毒在 18℃～20℃条件下经 7 个月仍有感染性。2%甲醛溶液、1%次氯酸钠溶液和 70%酒精均可使其失去感染力。

【治　疗】 对病兔可用高免血清进行治疗。每千克体重皮下注射 2 毫升，每日 1 次，连用 3 天 。同时，配合对症治疗，口服收敛止泻药、补液和用抗生素防止继发感染等，可减少病兔死亡。如静脉注射 10%葡萄糖注射液 20～40 毫升加维生素 C 0.1 克混合使用，每日1次；黄芪多糖注射液5毫升加动物用干扰素1毫升，混合肌内注射，每日1次，连用3天。口服补盐液，每日2次，连用3天。

【预　防】 严禁从有本病流行的兔场引进种兔，必须引进兔源时要严格检疫，并隔离观察。做好驱虫、灭鼠与消毒工作。发生本病时立即隔离，全面消毒。死兔和排泄物、污染物一律深埋或烧毁。有条件的单位，可自制灭活苗免疫母兔、保护仔兔。

(六)兔流行性肠炎

本病是由病毒引起的兔的一种急性肠道传染病，其临床特征是严重的水样腹泻和脱水，死亡率达30%～80%。病毒主要存在于肠道内，随排泄物排出。用2%氢氧化钠溶液或0.5%过氧乙酸溶液，可将病毒杀灭。

【治　疗】 本病尚无特效治疗方法。可采取止泻、补液、保护胃肠黏膜、抗菌消炎、防止继发感染等对症治疗措施和支持疗法，以减少病兔的死亡。

【预　防】 加强对兔群的饲养管理，不饲喂污染或发霉的饲料，饮用清洁的水，搞好环境卫生，对兔舍、兔笼和用具定期进行严格消毒。发现病兔立即隔离，对症治疗。对兔舍、兔笼和用具等用0.5%过氧乙酸溶液或2%氢氧化钠溶液全面消毒。病死兔及其排泄物、污染物等一律烧毁，防止扩大传播。

目前尚无用于本病预防的疫苗。

(七)兔巴氏杆菌病

本病是由多杀性巴氏杆菌引起的一种急性、多型性传染病，又称兔出血性败血症。由于病原感染部位不同而有败血症、传染性鼻炎、地方流行性肺炎、中耳炎、结膜炎、子宫蓄脓、睾丸炎和脓肿等病症。

【治　疗】

(1)特异疗法　抗血清，每千克体重6毫升，皮下注射，每日1

次，连用3天，疗效显著。

(2)抗生素疗法　每千克体重用青霉素40万～80万单位、链霉素1万～1.5万单位，混合肌内注射，每日2次，连用5天。或用庆大霉素，每只兔2万～4万单位，肌内注射，每日2次，连用4天为1个疗程。还可用卡那霉素，每千克体重15毫克，肌内注射，每日2次，连用5天。此外，应用强力霉素和土霉素治疗也有很好的疗效。盐酸沙拉沙星，每支(5毫升)对水5升，饮服，连用4天。慢性病例可用青霉素、链霉素滴鼻(每毫升各2万单位)，每日2次，连用5天。同时，配合口服土霉素，每千克体重30～40毫克，混在饲料内喂给，每日1次，连用5天。或在精饲料中加入0.1%诺氟沙星，连用3天，停药1天，再用3天。饲料中按0.2%混入诺氟沙星，喂兔1周，然后改为0.1%的量再喂1周，配合链霉素滴鼻，1个疗程可治愈。头孢唑啉钠，每千克体重10毫克，肌内注射，每日2次，连用2天。同时，在饲料中按2%加入鱼腥草粉和穿心莲粉连续饲喂7天，疗效尚佳。

(3)磺胺类药物疗法　磺胺嘧啶，每千克体重0.1～0.15克，每日2次，肌内注射或口服，连用5天。磺胺对甲氧嘧啶，每只兔30毫克，每日2次，口服，连用5天。此外，应用长效磺胺、磺胺二甲基嘧啶等治疗也有效。

【预　防】

第一，搞好饲养管理和卫生防疫，增强机体的抗病能力。消除一切应激因素，可减少本病的发生。

第二，种兔场要定期检疫。引进种兔要隔离观察，确认健康者方可混群饲养。

第三，兔场要与养鸡场、养猪场分开。养兔场严禁其他畜、禽进出，以减少和杜绝传播机会。

第四，经常检查兔群，发现病兔尽快隔离治疗，严格淘汰病兔。兔舍和兔笼、场地用20%石灰乳、3%来苏儿溶液、0.3%过氧乙酸溶液或1%强力消毒灵等消毒，用具用0.01%卫康溶液或0.5%

农福溶液等洗刷消毒。

第五，兔群每年用兔巴氏杆菌灭活苗或兔巴氏杆菌和波氏杆菌油佐剂二联灭活苗或兔病毒性出血症和兔巴氏杆菌二联灭活苗预防接种，发生疫情时也可用于紧急预防注射。

(八)兔魏氏梭菌病

本病又称兔魏氏梭菌性肠炎，是由A型魏氏梭菌所产外毒素引起的肠毒血症。以急剧腹泻，排黑色水样或带血胶冻样粪便，盲肠浆膜有出血斑和胃黏膜出血、溃疡为主要特征。发病率与致死率较高。病菌存在于土壤和家兔的消化道内，能产生外毒素，引起高度致死性中毒症。本菌的繁殖体抵抗力不强，常用消毒药均能将其杀灭，芽胞的抵抗力强大。

【治　疗】 病初可用特异性高免血清进行治疗，每千克体重用2～3毫升，皮下或肌内注射，每日2次，连用2～3天，疗效显著。或用兔用免疫球蛋白IgG肌内注射，每只兔1～2毫升，每日1次，连用3天。药物治疗可选用盐酸环丙沙星，每千克体重用5毫克，肌内注射，每日2次，连用3天；双黄连注射液3～5毫升，加头孢噻呋钠(先锋霉素Ⅰ，每千克体重10毫克)混合肌内注射，每日1次，连用3天；红霉素，每千克体重20毫克，肌内注射，每日2次，连用3天；卡那霉素，每千克体重20毫克，肌内注射，每日2次，连用3天。以上方法均有一定的疗效。同时，注意配合对症治疗。如腹腔注射5%糖盐水进行补液，口服干酵母(每只兔5～8克)和胃蛋白酶(每只兔1～2克)等。口服庆大霉素，每只兔4万单位，每日1次，可提高疗效。

【预　防】 平时应加强饲养管理，消除诱发因素，少喂含有过高蛋白质的饲料和过多的谷物类饲料。严禁引进病兔，坚持各项兽医卫生防疫措施。发生疫情时，立即隔离或淘汰病兔。兔舍、兔笼和用具用3%热氢氧化钠溶液消毒，病死兔及其分泌物、排泄物一律深埋或烧毁。注意灭鼠、灭蝇。应用兔魏氏梭菌(A型)灭活菌苗或兔魏氏梭菌与兔巴氏杆菌二联菌苗进行预防接种或紧急预防注射,7 天产生免疫力,免疫期为 4～6 个月。也可用金霉素 22 毫克拌入 1 千克饲料中喂兔,连喂 5 天,可预防本病。

(九)兔波氏杆菌病

本病是家兔常见、多发、广泛传播的一种慢性呼吸道传染病。以鼻炎、咽炎、支气管肺炎和脓疱性肺炎为特征。病原为支气管败血波氏杆菌,本病菌抵抗力不强,常用消毒药均对其有杀灭作用。

【治　疗】 应用氟苯尼考、头孢类药物、卡那霉素、庆大霉素、红霉素、四环素、链霉素和磺胺类药物治疗均有一定的疗效。10%氟苯尼考注射液,每千克体重 20 毫克,肌内注射,每日 1 次,连用 3 天。卡那霉素,每只兔每次 0.2～0.4 克,肌内注射,每日 2 次,连用 3 天。庆大霉素,每只兔每次 1 万～2 万单位,肌内注射,每日 2 次,连用 3 天。四环素,每千克体重 40 毫克,肌内注射,每日 2 次,连用 3 天。磺胺类药物,如酞酰磺胺噻唑,每千克体重 0.1～0.15 克,口服,每日 2 次,连用 3 天。同时,使用青霉素 80 万单位加蒸馏水 5 毫升,加 3%麻黄碱注射液 1 毫升,混合后滴鼻,每日 2～3 次,连用 3 天。无治疗效果的脓疱型病兔应及时淘汰。治疗时注意停药后的复发。

【预　防】 坚持自繁自养。新引进的种兔,必须隔离观察 1 个月以上,并进行细菌学与血清学检查,阴性者方可混群饲养。加强饲养管理,保持兔舍适宜的温度与湿度,保证通风良好,避免异常气味的刺激。定期消毒,及时淘汰有鼻炎症状的兔,以防引起传染。

发生疫情时,要及时查明发病原因,尽快消除外界各种刺激因素。隔离病兔,用对病原最敏感的药物进行治疗。彻底清扫兔舍与场地,用 0.125%百毒杀或 3%来苏儿溶液全面消毒。兔舍注意通风、保温。全群用兔波氏杆菌灭活菌苗或兔波氏杆菌与兔巴氏杆菌二联苗进行免疫预防或紧急接种,可有效地控制疫情。

（十）野兔热

野兔热是一种人兽共患的急性、热性、败血性传染病，又称土拉伦斯杆菌病。以病兔体温升高，淋巴结肿大，脾脏和其他内脏坏死为特征。本菌对自然环境的抵抗力颇强，在土壤、水、肉和皮毛中可存活数十天，但对热和化学消毒剂抵抗力弱。

【治　疗】 初期应用链霉素、金霉素、土霉素、卡那霉素治疗均有效。链霉素，每千克体重30～50毫克，肌内注射，每日2次，连用4天。金霉素，每千克体重20毫克，用5%葡萄糖注射液溶解后静脉注射，每日2次，连用3天。土霉素，每千克体重30～50毫克，用溶媒溶解后肌内注射，每日2次，连用3～4天。卡那霉素，每千克体重10～20毫克，肌内注射，每日2次，连用3～4天。后期治疗效果不佳。

【预　防】 养兔场要注意灭鼠、杀虫和驱除体外寄生虫，做好卫生防疫工作，经常进行兔舍、兔笼和用具的消毒。严禁野兔进入饲养场。引进兔时，应进行隔离观察和血清学凝集试验检查，阴性者方可进入兔场。发现病兔要及时隔离治疗，无治疗效果的扑杀处理，尸体及分泌物和排泄物深埋或烧毁，并彻底消毒。未发病兔可应用凝集反应进行普查，对阳性反应兔做扑杀处理。疫区可试用弱毒苗预防接种。人在屠宰病兔和剥皮时有被传染的危险，应引起注意。

（十一）兔李氏杆菌病

本病是家畜、家禽、鼠类和人共患的传染病。兔感染本病后以突然发病、死亡或流产为特征。本病菌对周围环境的抵抗力很强，在青贮饲料、干草、土壤、粪便中能生存很长时间，能耐食盐和碱。但常用的消毒药能将其杀死，对温度抵抗力不强。

【治　疗】 早期应用下述药物，有一定的治疗效果。磺胺嘧啶或磺胺脒，每千克体重0.3克，肌内注射，每日2次，连用3～5

天;或增效磺胺嘧啶,每千克体重 25 毫克,肌内注射,每日 2 次,连用 3～5 天。恩诺沙星注射液,每只兔 0.5～1 毫升,口服,每日 1 次,连用 3 天。氨苄青霉素,每千克体重2 万～4 万单位,肌内注射,连用 3～5 天。或庆大霉素,每千克体重1～2 毫克,肌内注射,每日 2 次,连用 3～5 天。病兔群还可用新霉素或青霉素混合于饲料中,每只 2 万～4 万单位,每日饲喂 3 次,连用 3～5 天。中药疗法,金银花、菊花、柴胡各 100 克,茵陈、黄芪各 60 克,混合水煎,供 50 只兔 1 天口服,能有效地控制本病的发生与流行。

【预　防】 严格执行兽医卫生防疫制度,搞好环境卫生。正确处理粪便,消灭鼠类。管好饲草、饲料、水源,防止污染,饮用经漂白粉消毒的水。防止野兔和其他畜、禽进入兔场。引进种兔要隔离观察。发现病兔要立即隔离治疗,无治疗效果者坚决淘汰。兔笼、用具和场地进行全面消毒,死亡兔要深埋或烧毁。注意防止人感染本病,特别是儿童和孕妇,不要接触病兔及其污染物。

(十二)兔绿脓假单胞菌病

本病是兔的一种散发性流行的传染病,又称绿脓杆菌病,以发生出血性肠炎和肺炎为特征。病原为绿脓假单胞菌,是一种多形态的细长、中等大杆菌,革兰氏染色为阴性。本菌的抵抗力比一般革兰氏阴性菌强,但常用消毒药均可将其杀死。本菌易产生耐药性。

【治　疗】 多黏菌素,每千克体重 2 万单位,加磺胺嘧啶每千克体重 0.2 克,混于饲料内喂给,一般连续喂 3～5 天,疗效良好。头孢他啶,每千克体重 20～25 毫克,肌内注射,每日 1 次,连用 4 天。新霉素,每千克体重 2 万～3 万单位,每日 2 次,连用 3～4 天,有一定的疗效。庆大霉素,每只兔 2 万单位,肌内注射,每日 2 次,连用 4 天。卡那霉素,每只兔 10～20 毫克,每日 2 次,肌内注射,连用 4 天。由于本菌易产生耐药性,药物治疗时,应先进行药物敏感试验,选择杀菌效果好的药物,以便获得满意的治疗结果。

【预　防】 平时搞好饮水和饲料卫生，防止水源和饲料污染。做好防鼠与灭鼠工作，防止鼠粪污染。有本病史的兔场，可用绿脓假单胞菌单价或多价灭活苗，每只兔皮下或肌内注射 1 毫升，免疫期为 6 个月，每年注射 2 次，可控制本病的流行。当发生本病时，对病兔和可疑病兔要及时隔离治疗，污染的兔舍、兔笼和用具要彻底消毒。死亡兔和污物一律烧毁或深埋。假定健康兔群可全群进行疫苗注射，以防疫病扩大蔓延。

(十三)兔肺炎球菌病

本病是一种呼吸道传染病，其特征为体温升高，咳嗽，流鼻液和突然死亡。病原体为肺炎双球菌，革兰氏染色阳性。本菌抵抗力不强，热和消毒药能很快将其杀死。

【治　疗】

(1)*抗生素疗法*　青霉素，每千克体重 2 万～4 万单位，肌内注射，每日 2 次，连用 3～5 天。卡那霉素，每千克体重 10～20 毫克，肌内注射，每日 2 次，连用 3～5 天。应用新生霉素与庆大霉素治疗也有效。

(2)*磺胺类药物疗法*　磺胺二甲嘧啶，每千克体重 0.05～0.1 克，口服，连用 4 天。磺胺嘧啶，每千克体重 0.1～0.15 克，口服，每 12 小时 1 次，连用 4 天。

(3)*血清疗法*　抗肺炎双球菌高免血清，每只兔 10～15 毫升，加入青霉素或新生霉素 4 万～8 万单位，皮下注射，每日 1 次，连用 3 天，疗效明显。

(4)*中西药综合疗法*　板蓝根注射液 3～5 毫升，加头孢噻呋钠每千克体重 20 毫克，或加泰乐菌素每千克体重 10 毫克，混合肌内注射，每日 1 次，连用 4 天。

【预　防】 主要是加强饲养管理，搞好清洁卫生，定期消毒，严防带入传染源。发现病兔或可疑病兔，立即隔离治疗，场地、兔舍、兔笼和其他用具彻底消毒。受威胁兔群，可使用药物进行预防性治疗。

(十四)兔链球菌病

本病是由一种溶血性链球菌引起的急性败血症。临床上以体温升高、呼吸困难、间歇性腹泻和急性败血症为主要特征。溶血性链球菌为革兰氏阳性球状杆菌，主要危害幼兔。本菌对外界环境的抵抗力较强，在－20℃条件下可生存1年以上，在室温下可生存100天以上。但对一般消毒剂的抵抗力不强，2%苯酚溶液、2%来苏儿溶液和0.5%漂白粉混悬液可在2小时内将其杀死。

【治　疗】 穿心莲注射液3～5毫升，加头孢噻呋钠每千克体重2毫克，混合肌内注射，每日1次，连用4天。青霉素，每千克体重2万～4万单位，肌内注射，每日2次，连用3～4天。红霉素，每千克体重15毫克，肌内注射，每日3次，连用3天。头孢噻啶(先锋霉素Ⅱ)，每千克体重20毫克，肌内注射，每日2次，连用5天。卡那霉素，每千克体重4万单位，肌内注射，每日2次，连用3天。磺胺嘧啶钠，每千克体重0.2～0.3克，口服或肌内注射，每日2次，连用4天。如发生脓肿，应切开排脓，用2%洗必泰溶液冲洗，涂碘酊或碘仿磺胺粉，每日1次。病初用抗溶血性链球菌高免血清治疗，每千克体重肌内注射2毫升，每日1次，连用2～3天，效果更佳。

【预　防】 平时加强饲养管理，防止受凉感冒，减少诱发因素。发现病兔立即隔离治疗。兔舍、兔笼和场地用3%来苏儿溶液或0.33%菌毒敌溶液全面消毒，用具用0.2%农乐溶液消毒。未发病兔可用磺胺类药物预防，每只兔100～200毫克，每日分2次口服，连用5天。用当地分离的链球菌制成氢氧化铝灭活苗，每只兔肌内注射1毫升，可预防本病的发生与流行。

(十五)兔葡萄球菌病

本病是由金黄色葡萄球菌引起的一种多型性、常见多发的细菌病。病的特征为致死性脓毒败血症和各器官、各部位的化脓性炎症。临床上常见的病症有仔兔脓毒败血症、仔兔急性肠炎、脓肿、乳房炎、脚皮炎以及呼吸道感染等。

【治　疗】

(1)*全身疗法*　苯唑西林钠(新青霉素Ⅱ),每千克体重10～15毫克,口服或肌内注射,每日2次,连用4天。卡那霉素,每千克体重10～20毫克,肌内注射,每日2次,连用4天。金霉素,每千克体重100毫克,口服,每日1次,连用4天。红霉素,每千克体重4～8毫克,以5%葡萄糖注射液稀释,静脉注射,每日2次。口服磺胺嘧啶或长效磺胺也有一定的效果。

(2)*局部疗法*　局部脓肿与溃疡按常规外科处理,涂擦5%甲紫酒精溶液或3%碘酊、5%苯酚溶液、青霉素软膏和红霉素软膏等药物。

【预　防】

第一,保持兔笼、产箱与运动场的清洁卫生,清除所有的锋利物品如钉子、铁丝头和木屑尖刺等,以免引起家兔的创伤。笼养不能拥挤,把喜欢咬斗的兔分开饲养。哺乳母兔笼内要用柔软、干燥和清洁的垫料,以免新生仔兔皮肤擦伤。

第二,观察母兔的泌乳情况,适当调剂精饲料与多汁饲料的比例,少喂精饲料,防止母兔发生乳房炎。

第三,刚产出的仔兔用3%碘酊、5%甲紫酒精或3%结晶紫苯酚溶液等涂擦脐带断端,防止脐带感染。发现皮肤与黏膜有外伤时,应及时进行外科处理。

第四,患病兔场母兔在产前3～5天,饲料中添加土霉素粉,每千克体重20～40毫克,或磺胺嘧啶,每只兔0.5克,可预防本病的发生。

第五,患病兔场可用金黄色葡萄球菌培养液制成菌苗,给健康兔每只皮下注射1毫升,可预防本病的流行。

(十六)兔棒状杆菌病

本病是由鼠棒状杆菌和化脓棒状杆菌所引起的一种慢性传染病，其特征为实质器官和皮下形成小化脓灶。病兔常无明显症状而逐渐消瘦，食欲不佳，皮下发生脓肿和变形性关节炎等。

【治　疗】　病兔用青霉素、链霉素、新胂凡纳明(914)等治疗均有效。青霉素，每千克体重 2 万～4 万单位，肌内注射，每日 2 次，连用 5～7 天。链霉素，每千克体重 2 万单位，肌内注射，每日 2 次，连用 5～7 天。新胂凡纳明，每千克体重40～60 毫克，用灭菌蒸馏水或生理盐水配成 5%溶液，耳静脉注射，疗效也很好。

【预　防】　主要是加强饲养管理，严格执行兽医卫生防疫制度，搞好卫生，定期消毒，防止发生外伤感染。一旦发生外伤，应立即涂碘酊或甲紫酒精，以防伤口感染。

(十七)兔坏死杆菌病

本病是由坏死杆菌引起的兔的一种散发性传染病，以皮肤、皮下组织(尤其是面部、头部与颈部)、口腔黏膜的坏死、溃疡和脓肿为特征。病兔停止采食，流涎，体重迅速减轻。

【治　疗】

(1)*局部治疗*　首先彻底除去坏死组织，口腔用 0.1%高锰酸钾溶液冲洗，然后涂擦碘甘油，每日 2 次。其他部位可用 3%过氧化氢溶液或 5%来苏儿溶液冲洗，然后涂 5%鱼石脂酒精或鱼石脂软膏。当患部出现溃疡时，在清理创面后，涂擦土霉素软膏或青霉素软膏。

(2)*全身治疗*　可用磺胺二甲嘧啶，每千克体重 0.15～0.2 克，肌内注射，每日 2 次，连用 3 天。青霉素，每千克体重 4 万单位，腹腔注射，每日 2 次，连用 4 天。土霉素，每千克体重 30～40 毫克，以专用溶媒溶解后肌内注射，每日 2 次，连用 3 天。先锋霉素，每千克体重 20 毫克，肌内注射，每日 2 次，连用 3 天。

【预 防】 加强饲养管理，兔舍要光线充足、干燥和空气流通，保持清洁卫生。除去兔笼内的尖锐物，防止损伤皮肤。如皮肤已损伤，应及时治疗，防止感染。引进兔种要严格检疫，隔离观察。兔群一旦发病，要及时隔离治疗，普遍检疫，清扫兔舍，彻底消毒，防止扩大传染。

(十八)兔结核病

本病是由结核分枝杆菌引起的一种慢性传染病，以肺脏、消化道、肾脏、肝脏、脾脏与淋巴结的肉芽肿性炎症及非特异性症状(如消瘦)为特征。病兔食欲不振，消瘦，被毛粗乱，咳嗽气喘，呼吸困难，黏膜苍白，眼睛虹膜变色、晶状体不透明，体温稍高。患肠结核的病兔常腹泻。有的病例常见肘关节、膝关节和跗关节骨骼变形，甚至发生脊椎炎和后躯麻痹。

【防治措施】 本病的治疗意义不大。防治重点是加强饲养管理，严格兽医卫生防疫制度，定期消毒兔舍、兔笼和用具等。兔场要远离牛舍、鸡舍和猪圈 ，并防止其他动物进入兔舍。严禁用结核病病牛、病羊的乳汁喂兔，结核病人不能当饲养员。新引进的兔经检疫无病，并通过一段时间的隔离观察，方能进入兔群。发现可疑病兔要立即淘汰，污染场所彻底消毒，严格控制传染源，就可以保持兔群的健康。

(十九)兔伪结核病

本病是由伪结核耶新氏杆菌引起的兔的一种慢性消耗性传染病，也是一种人兽共患病。病兔呈现慢性腹泻，食欲减退，精神沉郁，进行性消瘦，被毛粗乱，极度衰弱。多数病兔有化脓性结膜炎，腹部触诊可感到肿大的肠系膜淋巴结和肿硬的蚓突。少数病例呈急性败血经过，表现为体温升高、呼吸困难、精神沉郁和食欲废绝，很快死亡。病的特征为肠道、内脏器官和淋巴结出现干酪样坏死结节。伪结核耶新氏杆菌抵抗力不强，一般消毒剂均能将其杀死。

本病在我国家兔中的感染率达21%左右，全国各地均有发生。

【治　疗】 病兔初期用抗生素治疗，有一定的疗效。如用头孢噻肟钠，每千克体重25～40毫克，肌内注射，每日2次，连用4天。链霉素，每千克体重15毫克，肌内注射，每日2次，连用3～5天。卡那霉素，每千克体重10～20毫克，肌内注射，每日2次，连用3～5天。四环素，每千克体重30～50毫克，口服，每日2次，连用3～5天。磺胺类药物也有一定疗效。

【预　防】 加强饲养管理和卫生工作，定期消毒、灭鼠，防止饲料、饮水与用具的污染。引进兔要隔离检疫，严禁带入传染源。平时对兔群可用血清凝集试验和红细胞凝集试验进行检疫，淘汰阳性兔，消除传染源，培养健康兔群。发现病兔立即隔离治疗，无治疗效果的要坚决淘汰。兔舍、兔笼和用具彻底消毒。应用伪结核耶新氏杆菌多价灭活苗进行预防注射，每兔颈部皮下或肌内注射1毫升，免疫期达4个月以上。每兔每年注射2次，可控制本病的发生与流行。

(二十)兔沙门氏菌病

本病是兔的一种消化道传染病，主要侵害妊娠母兔，以败血症急性死亡、腹泻与流产为特征。病原为鼠伤寒沙门氏菌和肠炎沙门氏菌，对外界环境抵抗力较强，在干燥环境中能存活1个月以上，在垫料上可活8～20周，在冻土中可以过冬。但对消毒药物的抵抗力不强，3%来苏儿溶液、5%石灰乳和40%甲醛溶液等，可于几分钟内将其杀死。

本病主要发生于妊娠25天以后的母兔，其发病率高达57%，流产率为70%，致死率为44%。其他兔很少发病死亡。本病主要经消化道感染或为内源性感染，幼兔也可经子宫内和脐带感染，潜伏期3～5天。少数病兔不出现症状而突然死亡。多数病兔表现腹泻，排出有泡沫的黏液性粪便。体温升高，精神沉郁，废食，饮欲增加，消瘦。母兔从阴道排出黏液或脓性分泌物，阴道黏膜潮红、水肿。流产胎儿体弱，皮下水肿，很快死亡。妊娠母兔常于流产后死亡，康复兔不能再妊娠产仔。

【治　疗】 在加强饲养管理的基础上进行治疗，注意使用足够的药量，适当维持用药时间。

(1)抗生素疗法　首选药物为诺氟沙星，其次是土霉素和链霉素。诺氟沙星注射液 1～3 毫升，肌内注射，每日 2 次，连用 3～4 天；口服，每千克体重每日 80～100 毫克，每日 2 次，连用 3 天，疗效显著。土霉素，每千克体重 40 毫克，肌内注射，每日 2 次，连用 3 天；口服，每只兔 100～200 毫克，分 2 次口服，连用 3 天。链霉素，每只兔 0.1～0.2 克，肌内注射，每日 2 次，连用 3～4 天；口服，每只兔 0.1～0.5 克，每日 2 次，连用 3～4 天。卡那霉素，每千克体重 10～20 毫克，肌内注射，每日 2 次，连用 3～5 天。庆大霉素，每只兔 1 万～2 万单位，每日 2 次，肌内注射，连用 3～5 天。

(2)磺胺疗法　琥珀酰磺胺噻唑，每千克体重 0.1～0.3 克，每日分 2～3 次口服。磺胺脒，每千克体重 0.1～0.2 克，每日分 2 次服用，连用 3 天。

(3)穿心莲注射液疗法　每只兔肌内注射穿心莲注射液 3～5 毫升，每日 1 次，连用 3 天。

(4)大蒜疗法　取洗净的大蒜充分捣烂，1 份大蒜加 5 份清水，制成 20%大蒜汁。每只兔每次口服 5 毫升，每日 3 次，连用 5 天。

【预　防】 加强兔群的饲养管理，搞好环境卫生，严防妊娠母兔与传染源接触。定期应用鼠伤寒沙门氏菌诊断抗原普查兔群，对阳性兔进行隔离治疗，兔舍、兔笼和用具等彻底消毒，消灭老鼠与苍蝇。兔群发生本病时，要迅速确诊，隔离治疗。无治疗效果的要严格淘汰，兔场进行全面消毒。

对妊娠前的母兔，可注射鼠伤寒沙门氏菌灭活苗，每兔颈部皮下或肌内注射 1 毫升，能有效控制本病的发生。疫区养兔场兔群可全部注射灭活苗，每兔每年注射 2 次，能防治本病的流行。

(二十一)兔大肠杆菌病

本病是由一定血清型致病性大肠杆菌及其毒素引起的一种暴发性、死亡率很高的仔兔与幼兔的肠道传染病,以水样或胶冻样腹泻、严重脱水、肠毒血症和败血症为特征。

大肠杆菌在自然界分布很广,又经常存在于兔的肠道内,在正常情况下不引起发病,当饲养管理不良、气候环境突变或其他疾病如沙门氏菌病、梭菌病、球虫病等协同作用下导致肠道菌群紊乱、仔兔抵抗力降低时即引起发病。本病一年四季均可发生,主要侵害 20 日龄和断奶前后的仔兔和幼兔,成年兔很少发生。一般发病率为 35%～90%,死亡率可高达 100%。

本病潜伏期 4～6 天。最急性病兔不见任何症状即突然死亡。多数病兔初期精神沉郁,食欲不振,腹部臌胀。粪便细小、成串,外包有透明、胶冻状黏液。随后出现水样腹泻,肛门、后肢、腹部和足部的被毛被黏液和黄色水样稀便沾污。病兔四肢发冷,磨牙,流涎,眼眶下陷,迅速消瘦,1～2 天内死亡,死亡率极高。

【治　疗】 最好是先从病兔分离到大肠杆菌,做药物敏感试验,再选用药物进行治疗。

(1)*抗生素疗法*　恩诺沙星,每千克体重 5～10 毫克,肌内注射,每日 2 次,连用 4 天。链霉素,每千克体重 10～15 毫克,每日 2 次,肌内注射,连用 3～5 天。多黏菌素,每只兔 2.5 万单位,每日 2 次,肌内注射,连用 3～5 天。庆大霉素,每只兔 1 万～2 万单位,每日 2 次,肌内注射,连用 3～5 天。同时,配合口服诺氟沙星,每兔每次 100 毫克,每日 2 次。

(2)*磺胺疗法*　磺胺脒,每千克体重 0.1～0.2 克,加干酵母 1～2 片,混合口服,每日 3 次,连用 3～5 天。

(3)*促菌生疗法*　每只兔口服促菌生 2 毫升(约 10 亿个活菌),每日 1 次,一般服 3 次可治愈。

(4)*大蒜酊疗法*　每只兔每次口服大蒜酊 2～3 毫升,每日 2

次，连用3天可治愈。

（5）对症治疗　皮下或腹腔注射5％糖盐水40～50毫升，5％碳酸氢钠注射液5毫升。或口服生理盐水和收敛药等，防止脱水，保护肠黏膜，促进治愈。

【预　防】平时要加强饲养管理，搞好兔舍卫生，定期消毒。减少各种应激因素，特别是仔兔断奶前后饲料不能骤然改变，以免引起肠道菌群紊乱。常发本病的兔场，可用本场分离的大肠杆菌制成氢氧化铝甲醛菌苗，进行预防注射，一般20～30日龄的仔兔每只肌内注射1毫升，对控制本病的发生有一定的效果。对断奶前后的仔兔，口服诺氟沙星粉剂，每日每千克体重用80～100毫克，一般连用3～5天，有良好的预防效果。

兔群发生本病时采取的防治措施，可参照兔沙门氏菌病相关内容。

（二十二）兔布鲁氏菌病

本病是由布鲁氏菌引起的一种人兽共患的慢性传染病。临床上以生殖器官发炎，引起流产、不孕和各种组织的局部病灶为特征。

本病一年四季均可发生，常为散发。

病兔体温升高，精神沉郁。妊娠母兔流产，子宫发炎，从阴道排出大量分泌物甚至是脓性或血样分泌物。公兔的附睾和睾丸肿胀。有时会出现脊椎炎，造成后肢麻痹。一般全身反应不明显。

【治　疗】有价值的家兔，可进行隔离治疗。恩诺沙星，每千克体重5～10毫克，肌内注射，每日1次，连用4天。链霉素，每千克体重20毫克，每日2次，肌内注射，连用5天。金霉素，每只兔每日100～200毫克，分2次口服，连用5天。土霉素，每千克体重40毫克，每日2次，肌内注射，连用5天。磺胺嘧啶，每千克体重0.15～0.2克，每日2次，肌内注射，连用3天。子宫炎可用0.1％高锰酸钾溶液冲洗，然后放入金霉素胶囊，每日1次。睾丸炎可局部温敷，涂擦消炎软膏等。

【预　防】 引进种兔要严格检疫，对凝集试验呈阳性的兔应坚决淘汰。兔舍、兔笼、用具和环境要定期进行消毒，保持清洁、干燥。消灭老鼠和各种吸血昆虫，不准其他动物进入兔场。发现病兔及时处理，流产胎儿及其分泌物经彻底消毒后一律深埋，兔肉不要食用。兔场进行全面检疫，阳性兔全部淘汰，以消灭传染源。检疫阴性兔用金霉素或四环素拌料投喂1周。饲管人员接触病兔与流产物时，注意自身防护，以免感染本病。

(二十三)兔破伤风

破伤风又称强直症，是由破伤风梭菌引起的兔的一种急性、中毒性传染病。病的特征是运动神经中枢应激性增高和肌肉强直性痉挛。

创伤是本病的主要传播途径，常因剪毛、咬伤、钉伤、分娩、断脐、手术和注射等不注意消毒，污染本菌芽孢而引发本病。各种年龄与各品种的兔都有易感性，一年四季均可发病，常为散发。病兔不食，牙关紧闭，四肢强直，角弓反张，全身性痉挛，体温不高，常急速死亡。

【治　疗】 家兔患破伤风后，没有治疗价值，要及时做淘汰处理。

【预　防】 兔舍、兔笼和用具要保持清洁卫生，严禁有外露的铁钉和铁丝。饲养密度要适中，好斗兔要单独饲养，严防发生各种外伤。一旦发生外伤，要及时进行外科处理。注射、断脐和手术时要严格消毒，剪毛尽量避免损伤皮肤。粪便要发酵处理，污染的土壤要进行彻底消毒，搞好环境卫生。可试用破伤风类毒素进行免疫预防。

(二十四)兔炭疽

本病是由炭疽杆菌引起的动物与人共患的一种急性、热性、败血性传染病。病的特征是呈败血症变化，脾脏显著肿大，皮下和浆膜下有出血性胶样浸润，血液凝固不全，呈煤焦油状。

本病一年四季均可发生，但多见于炎热的夏季。雨水多、吸血昆虫多、洪水泛滥等易引起本病发生。

病兔体温升高，精神沉郁，缩成一团，呈昏睡状态，不食，不饮。口、鼻流出清稀的黏液，颈、胸、腹下严重水肿。个别病例头部水肿，一侧眼球突出。发病后2天左右死亡。

【治　疗】

(1)*血清疗法*　用抗炭疽血清，每只仔兔每次肌内注射5～10毫升，成年兔每次15～20毫升，每日1次，连用2～3天。

(2)*抗生素疗法*　青霉素，每只兔每次肌内注射5万～10万单位，每日2次，连用5天。链霉素，每只兔每次肌内注射0.1～0.2克，每日2次，连用3～5天。四环素，每千克体重40毫克，肌内注射，每日2次，连用3～5天。盐酸多西环素，每千克体重5～10毫克，每日2次，连用3～5天。

(3)*磺胺类药物疗法*　磺胺嘧啶，每千克体重0.15～0.2克，肌内注射，每日2次，连用4天。同时，注意强心、补液、解毒等对症治疗。先切开局部水肿部位，排除异物和水肿液，再用0.1%高锰酸钾溶液或3%过氧化氢溶液冲洗干净，然后撒上青霉素粉末，每日处理1次。

【预　防】　加强兽医卫生措施，严格管理兔群，消灭各种吸血昆虫，严禁野生动物和其他家畜进入兔场，不饲喂污染的饲料与饮水，兔舍、兔笼、用具和场地要定期进行彻底消毒。发生外伤要及时进行外科处理，必要时应注射抗炭疽血清予以预防。发生疫情时，要严格封锁兔场，上报疫情，不准动物进出兔场。病兔隔离治疗，无治疗价值的及时淘汰。病死兔不准食用，连同垫料和污物全部烧毁、深埋。兔舍、兔笼、用具和环境用20%漂白粉混悬液全面消毒，非金属用具可用4%氢氧化钠溶液消毒，每日1次。未发病兔群用治疗药物进行预防，直至疫情平息。工作人员接触病兔和污物时注意自身防护，以免感染本病。因为用无毒炭疽芽胞苗给家兔注射易引起家兔死亡，故不能用于家兔的免疫接种。

(二十五)兔类鼻疽

本病是由类鼻疽假单胞菌引起的人兽共患病。以受害器官发生化脓性炎症和特异性肉芽肿结节，鼻、眼出现分泌物，呼吸困难为主要特征。我国于1975年首次发现本病。

家兔对本菌高度易感，各种年龄与各品种的兔都有易感性，常造成暴发。

病兔鼻黏膜潮红，鼻腔内流出大量的分泌物。眼角有浆液性或脓性分泌物。呼吸急促，体温升高，颈部和腋窝淋巴结肿大，常因窒息而死亡。母兔发生子宫内膜炎，妊娠母兔流产，公兔睾丸红肿、发热。

【治　疗】 链霉素，每千克体重20毫克，肌内注射，每日2次，连用5天。卡那霉素，每兔每次100～250毫克，肌内注射，每日2次，连用5天。强力霉素，每千克体重5～10毫克，口服，每日1次，连用3～5天。此外，还可用四环素和磺胺类药物进行治疗。为防止产生耐药性，治疗药物可交替使用。长效磺胺和磺胺增效剂联合使用，效果更好。

【预　防】 加强对兔群的饲养管理，严防饲料和饮水受到污染。防止发生各种外伤，如发生外伤，应及时进行外科处理。兔场不准饲养其他动物。兔舍、兔笼、用具和环境定期进行全面消毒，不接触污染的土壤和水。杀灭吸血昆虫，搞好灭鼠工作。发生疫情时，病兔隔离治疗，无治疗价值的一律淘汰，不准食用。病死兔及其分泌物和排泄物全部烧毁、深埋，彻底进行消毒。工作人员应注意自身防护，严防感染。

(二十六)兔泰泽氏病

本病是由在细胞质内生长的毛发状芽胞杆菌引起的一种急性、高度致死性传染病。病的特征为严重腹泻，排水样或黏液样粪便，脱水并迅速死亡。本病发生于世界各国，死亡率高达 95%，是养兔业的一大威胁。

病兔发病很急，严重腹泻，粪便呈褐色糊状乃至水样，精神沉郁，食欲废绝，脱水，常在出现症状后 12～48 小时死亡。耐过病例表现食欲不振，生长停滞。

【治　疗】 早期应用抗生素治疗有一定的效果。用土霉素饮水，浓度为 60～100 毫克/升；或用强力霉素原粉 5 克，溶于 50 升水中（浓度为 100 毫克/升），全群饮水 5 天，疗效良好。青霉素，每千克体重 2 万～4 万单位，肌内注射，每日 2 次，连用 3～5 天。链霉素，每千克体重 20 毫克，肌内注射，每日 2 次，连用 3～5 天。青霉素与链霉素联合治疗，效果更明显。金霉素，每千克体重 40 毫克，以 5%葡萄糖注射液溶解后静脉注射，每日 2 次，连用 3 天。红霉素，每千克体重 15 毫克，分 2 次口服，连用 3～5 天。

【预　防】 注意改善饲养管理，加强卫生措施，定期消毒，消除各种应激因素。注意灭鼠，严禁其他动物进入兔场。在饲料或饮水中添加土霉素或青霉素，对控制本病发生有一定的作用。发病兔群要及时隔离治疗，无治疗效果者严格淘汰。兔舍全面消毒，排泄物发酵处理或烧毁，以控制病原菌扩散。用病兔肝脏自制灭活苗进行注射，每兔肌内注射 1 毫升，可控制疫情，具有很好的保护作用。

(二十七)兔密螺旋体病

本病是由兔梅毒密螺旋体所引起的成年兔的一种慢性传染病，又称兔梅毒病。病的特征为外生殖器官、颜面部和肛门部的皮肤和黏膜发生炎症，出现水肿、结节和溃疡，患部淋巴结发炎。病原为革兰氏阴性的纤细螺旋状微生物，菌体抵抗力不强，3%来苏儿溶液、2%氢氧化钠溶液和 2%甲醛溶液都能很快将其杀死。本病只感染兔，其他动物不受感染。

【治　疗】 早期用新胂凡纳明治疗，每千克体重 40～60 毫克，以灭菌蒸馏水配成 5%注射液静脉注射。必要时隔 2 周重复 1

次。同时，配合青霉素进行治疗，效果更佳。青霉素，每日50万单位，分2次肌内注射，连用5天。或用头孢噻肟钠，每千克体重25～40毫克，肌内注射，每日2次，连用3天。局部用2%硼酸溶液、0.1%高锰酸钾溶液冲洗后，涂擦碘甘油或青霉素软膏。溃疡面冲洗后涂擦松馏油软膏，可加快愈合。

【预 防】 无病兔群要严防引进病兔。引进新兔应隔离饲养观察1个月，并定期检查外生殖器官，无病者方可入群饲养。配种时要详细进行临床检查或做血清学试验，健康者方能配种。对病兔和可疑病兔停止配种，隔离饲养，进行治疗。病重者应淘汰。彻底清除污物，用1%～2%氢氧化钠或2%～3%来苏儿溶液消毒兔笼、用具和环境等。严防发生外伤、咬伤等，一旦发生外伤，应及时进行外科处理，以免通过外伤发生感染。

(二十八)兔疏螺旋体病

本病又称莱姆病，是由伯氏疏螺旋体引起、经蜱传播的一种自然疫源性人兽共患传染病。

兔感染后潜伏期为3～32天。发病时出现体温升高，精神沉郁，嗜睡，不食，关节肿胀疼痛，不愿走动。当神经系统、心血管系统和肾脏受到侵害时，则出现相应的临床症状，局部皮肤肿胀、过敏。病的特征为叮咬性皮损、发热、关节肿胀疼痛、脑炎和心肌炎。

【治 疗】 早期治疗效果好，晚期治疗疗效不佳。青霉素，每只兔每次肌内注射5万～10万单位，每日2次，连用5天。四环素，每只兔100～200毫克，口服，每日2次，连用5天。红霉素，每次50～100毫克，肌内注射，每日3次，连用5天。强力霉素，每千克体重5～10毫克，口服，每日1次，连用5天。先锋霉素Ⅱ，每千克体重20毫克，肌内注射，每日2次，连用6天。同时，结合对症治疗，方可收到良好疗效。

【预 防】 首先要彻底消灭蜱类、吸血昆虫和鼠类，清除传染源，控制传播媒介。夏、秋季节可用驱避剂与杀虫药驱逐与杀灭蜱类和吸血昆虫，效果良好。严防吸血昆虫叮咬兔体，皮肤被叮咬后，及时进行消毒。改善兔舍建筑物的结构，搞好环境卫生，铲除吸血昆虫孳生地，定期用3%氢氧化钠溶液或20%漂白粉混悬液进行全面消毒。发现疫情要及早做出诊断，立即隔离病兔进行治疗。无治疗价值的一律淘汰，全部烧毁。

(二十九)兔衣原体病

衣原体病又称鹦鹉热或鸟疫，是由鹦鹉热衣原体引起的一种人兽共患传染病，也是一种自然疫源性疾病。临床上以引起人类、鸟类、禽类和多种哺乳动物的肺炎、肠炎、结膜炎、流产、多发性关节炎、脑脊髓炎与尿道炎等为特征。据安徽省家畜防疫站对健康家兔进行血清学调查，发现兔群中衣原体病阳性率为8.79%。

【治　疗】 金霉素，每千克体重40毫克，每日2次，肌内注射，连用5天；或以0.4～0.6克/千克饲料混饲；或以0.2～0.3克/升浓度混入水中自饮，连用5～7天为1个疗程，停药3天后再用1个疗程。土霉素，按每千克体重30～50毫克口服，每日2次。四环素，每只兔每次口服100～200毫克，每日2次。红霉素，每只兔每次肌内注射50～100毫克，每日2次，连用4天。此外，用青霉素、庆大霉素、卡那霉素与磺胺嘧啶钠治疗，也有良好的疗效。流产母兔可用0.1%高锰酸钾溶液冲洗产道，然后放入金霉素胶囊，每日1次。同时，注意支持疗法与对症治疗，方能收到良好的效果。

【预　防】 兔场严禁饲养其他动物，驱逐鸟类，消灭各种吸血昆虫和老鼠。引进种兔要严格检疫，隔离观察1个月，确定健康者方可混群饲养。平时也可用金霉素、土霉素等拌入饲料中或水中让兔自食与自饮，进行药物预防。

发现病兔立即隔离治疗，无治疗价值的一律淘汰。病死兔及其分泌物与排泄物全部烧毁，兔肉不得食用。兔舍、兔笼、用具与场地等用2%氢氧化钠溶液或3%来苏儿溶液全面消毒。流产胎儿和排泄物要用3%漂白粉混悬液消毒处理后深埋。未发病兔要进行血清学检查,血清学反应阳性者一律淘汰。饲养人员与工作人员应注意自身防护,以免发生感染。

(三十)兔支原体病

本病是由支原体引起的家兔的一种慢性呼吸道传染病。临床上以呼吸道和关节的炎症反应为主要特征。

病兔流黏液性或浆液性鼻液,打喷嚏,咳嗽,呼吸促迫,气喘,食欲减少,不愿活动。有的病兔四肢关节肿大,屈曲不灵活。

【治　疗】 阿奇霉素,每千克体重100毫克,肌内注射,每日1次,连用5天。替米考星,每千克饲料中拌入200毫克,连续饲喂5天。卡那霉素,每千克体重10～20毫克,肌内注射,每日2次,连用5天。同时,用土霉素溶液饮水,浓度为60～100毫克/升。抗喘王注射液,每千克体重0.05～0.1毫升,每日2次,肌内注射,连用5天。四环素,每千克体重30～50毫克,肌内注射,每日2次,连用5天。应用支原净、泰乐菌素、林可霉素、2.5%恩诺沙星与乙基环丙沙星注射液治疗,也有良好的疗效。

【预　防】 不从疫区引进种兔。对引进的种兔要严格检疫,隔离观察1个月,健康无病者方可混群。发生疫情时,病兔应隔离治疗或淘汰,防止扩大蔓延。兔舍、兔笼、用具与环境用0.3%过氧乙酸溶液或2%氢氧化钠溶液全面消毒。死亡兔与兔排泄物一律烧毁或消毒后深埋,兔肉不得食用。未发病兔群可用治疗药物拌料口服或饮水,进行药物预防。

(三十一)兔附红细胞体病

本病是由附红细胞体引起的人兽共患的一种急性、败血性传染病。临床上以发热、贫血、黄疸、消瘦和脾脏、胆囊肿大为特征。据甘肃省1997年对家兔的调查证实,家兔附红细胞体平均感染率高达81.5%。

病兔精神不振，食欲减退，体温升高，结膜淡黄，贫血，消瘦，全身无力，不愿活动，喜卧。呼吸加快，心力衰弱，尿黄，粪便时干时稀。有的病兔出现神经症状。

【治　疗】 新胂凡纳明，每千克体重40～60毫克，以5%葡萄糖注射液配成10%注射液，静脉缓慢注射，每日1次，隔3～6天重复用药1次。四环素，每千克体重40毫克，肌内注射，每日2次。多西环素，每千克体重5～10毫克，口服，每日1次，连用5天。土霉素，每千克体重40毫克，肌内注射，每日2次。此外，卡那霉素、强力霉素、血虫净(贝尼尔)、黄色素和氯苯胍等也可用于本病的治疗。

【预　防】 搞好兔舍、用具、兔笼和环境的卫生，清除污水、污物和杂草，使吸血昆虫无孳生之地。夏、秋季节可对兔体喷洒药物防止昆虫叮咬，并口服抗生素，进行药物预防。引种要严格检疫，防止带入传染源。发生疫情时，隔离病兔进行治疗，无治疗价值的一律淘汰。用0.3%过氧乙酸溶液或2%氢氧化钠溶液进行全面消毒。未发病兔群喂服混有四环素的饲料，并饮用浓度为50～100毫克/升癸甲溴氨(百毒杀)的水，进行药物预防。饲管人员接触病兔时，注意自身防护，以免感染本病。

(三十二)兔体表真菌病

兔体表真菌病又称皮肤霉菌病、毛癣病，是由致病性皮肤真菌感染皮肤表面及其附属结构毛囊和毛干所引起的一种真菌性传染病。病的特征是感染皮肤出现不规则的块状或圆形的脱毛、断毛和皮肤炎症。人和其他动物也可感染发病。

发病开始多见于头颈部、口周围以及耳部、背部、爪等部位，继而在四肢和腹下呈现圆形或不规则形的被毛脱落和皮肤损害。患部以环形、凸起、带灰色或黄色痂皮为特征。3周左右痂皮脱落，呈现小的溃疡，造成毛根和毛囊的破坏。如并发其他细菌感染，常引起毛囊脓肿。另外，在皮肤上也可出现环状、被覆珍珠灰状的秃毛斑以及皮肤炎症等症状。

【治　疗】 患部剪毛，用软肥皂、温碱水或硫化物溶液洗拭，软化后除去痂皮，然后选择 10%水杨酸或制霉菌素软膏、10%松馏油软膏和碘化硫油剂等，每日外涂 2 次。灰黄霉素，每千克体重 25 毫克，制成水悬剂口服，每日 2 次，连用 14 天；或在每千克饲料中加入 0.75 克粉状灰黄霉素，连喂 14 天，有良好的疗效。或用制霉菌素，每千克体重 5 万单位，口服，每日 2 次，连用 5 天。体质瘦弱的兔可用 10%葡萄糖注射液 20～30 毫升，加维生素 C 2 毫升，静脉注射，每日 1 次，连用 3 天。

【预　防】 定期对兔群用咪康唑溶液进行药浴。病兔停止哺乳和配种，严防健康兔与病兔接触。病兔使用过的笼具和用具等用 40%甲醛溶液熏蒸消毒，污物和粪便、尿液用 10%～20%石灰乳消毒后深埋，死亡兔一律烧毁，不准食用。本病可传染给人，工作人员和饲养员接触病兔与污染物时，要注意自身的防护。

(三十三)兔深部真菌病

本病又称曲霉菌病，是由曲霉菌属真菌引起的一种人兽共患真菌病。临床上以在呼吸器官组织中发生炎症，并形成肉芽肿结节为特征。

本病一年四季均可发生，但以梅雨季节多发。兔舍阴暗、潮湿、闷热、不通风，饲料、垫料、饮水、用具、兔笼发霉，易引发本病。

病兔表现精神不振，饮食减退，被毛粗乱、无光泽，逐渐消瘦。体温达 39℃～40℃，呼吸困难。有的病兔眼结膜肿胀，有分泌物，眼球发绀，最后因消瘦衰竭而死亡。病程 2～7 天。轻度感染者症状不明显。

【治　疗】 制霉菌素，每千克体重 10～20 毫克，拌入饲料中喂服，连用 7～10 天。两性霉素 B，用注射用水配成 0.09%注射液，每千克体重 0.125～0.5 毫克，缓慢静脉注射，每周 2 次。灰黄霉素，每千克体重 25 毫克，口服，每日 2 次，连用 7～10 天。同时，用0.5%碘化钾溶液饮水,连用3～4天。或者饮用0.5%硫酸铜溶液3～4天。此外,5-氟胞嘧啶与双氯苯咪唑等药物也可用于本病的治疗。支持疗法,可静脉注射25%葡萄糖注射液20～40毫升,加10%安钠咖注射液1毫升,每日1次,连用3天。

【预　防】 加强对兔群的饲养管理,兔舍、兔笼和用具保持干燥、清洁、卫生,并定期进行全面消毒。通风保温,不使用发霉的饲料和垫料。发现病兔及时查明原因,隔离治疗,彻底消毒。病兔和死亡兔要及时处理,不准食用。

四、兔寄生虫病的防治

(三十四)球 虫 病

球虫病是家兔最常见的一种寄生虫病,临床上以腹胀、腹泻、消瘦与贫血为特征,对养兔业危害极大。各品种的兔对球虫都有易感性,断奶后至12周龄幼兔感染最为严重,常使幼兔发育受阻甚至大批死亡。特别是兔舍卫生条件恶劣造成的饲料与饮水遭受兔粪污染,最易促使本病的发生和传播。

球虫病可分为肠型、肝型和混合型3型。临床上多见的为混合型。死亡率一般为50%～60%,有时高达80%以上。病程为10余天至数周,病愈后长期消瘦,生长发育不良。

【防治措施】

1. 饲养管理

(1)加强卫生管理　这对防治球虫病极为重要。首先要及时清除兔舍和运动场上的粪便,夏季兔舍和运动场应每日清扫1次,及时堆肥发酵,杀灭粪便中的卵囊。

在建兔场时应考虑到饲养密度不要过大,运动场、兔舍应尽可能保持良好的排水性能,尽量保持干燥。饲槽和饮水器离地面应有足够的高度,以防止受粪便污染。绝对不能将饲料直接放在地上饲喂。另外，不能用兔粪便作种植兔饲料的肥料，以防止球虫病反复感染。总之，不能让兔吃（饮）到被球虫卵囊粪便污染的饲料。

(2)分群饲养

①年龄分群　无临床症状的成年带虫兔，可以使幼兔感染球虫病。因此，必须按年龄大小分群饲养。公、母兔必须经过多次粪便检查，确认为非球虫病者方可留作种用。母兔临产前，笼具、产箱和饲槽等先用5%热氢氧化钠溶液彻底洗刷，再用火焰消毒，产后15天再进行1次。母兔临产前2天应用0.1%新洁尔灭溶液将乳房周围及乳头彻底清洗消毒。产箱、垫料应每周更换1次，产房的空气相对湿度控制在40%～55%，温度控制在18℃～22℃。幼兔断奶后立即分笼，饲喂易消化的饲料。

②病健分群　发现病兔应立即隔离治疗，同时对全群进行紧急药物预防。

③新进兔隔离观察　在新引进兔时，一定要先隔离观察，并做粪便检查，确实证明无球虫和其他病原体时再合群。

(3)全价饲养　平时注意喂给富含蛋白质、磷酸钙和各种维生素的全价饲料，以提高抗病力。在更换饲料品种时，要逐渐过渡，不可突然变换。在幼兔精饲料中可加适量的鱼粉，因为鱼粉既含有丰富的蛋白质和脂肪，又含有碘、磷等多种元素。但在暴发球虫病时，应减少饲料中蛋白质的含量。

2. 药物防治

(1)磺胺类药物　磺胺喹噁啉，饮水用200毫克/升浓度，连用3～4周，有预防作用；治疗时按300毫克/千克混饲，或饮水内含300毫克/升，连用2周，对肠球虫病和肝球虫病都有效。磺胺氯吡嗪（三字球虫粉），按200毫克/升混入饮水，供断奶仔兔饮用，连用30天，有预防作用。药液最好当日配制，当日用完。在干燥炎热的季节，家兔饮水量大，可适当降低药物浓度，但发病时要增加药的浓度，可增加到3 000毫克/升。磺胺甲基异噁唑（新诺明）和三甲氧苄氨嘧啶，按5∶1混合为复方磺胺甲基异噁唑，治疗用400

毫克/千克混入饲料,连用7天,停3天,必要时再用7天,有一定疗效。磺胺二甲氧嘧啶与二甲氧苄氨嘧啶,按3:1配合,用100毫克/千克混饲,连用8天,或较低剂量(50～80毫克/千克)连用35天亦可。单用磺胺二甲氧嘧啶200毫克/千克也可以。球虫病暴发时,剂量可增加到600毫克/千克,连用7天。

长期应用磺胺类药物会产生毒副作用,特别是与抗叶酸剂如乙胺嘧啶等合用时,毒性增加。磺胺类药物对妊娠母兔的毒性更大,因此妊娠母兔应避免使用这类药物。

(2)抗硫胺素剂　氨丙啉,据国外报道与乙氧酰胺苯甲脂或磺胺喹噁啉合用可以扩大抗虫谱和增强药效。以250毫克/升加入饮水中,连用5天,对减少死亡率有一定效果。

(3)胍类衍生物　氯苯胍又名罗比尼丁。该药自20世纪80年代以来在全世界各地普遍应用。相对于其他药物,氯苯胍的抗球虫谱广,开始应用时药效较好,毒性相对较小。预防时用150毫克/千克混饲,连喂4周。治疗量可加大到300毫克/千克。本药目前在我国的大部分兔群中已产生耐药性,因此防治效果已显著下降。另外,氯苯胍可使兔肉产生异味,因此宰前10天必须停药。

(4)离子载体类　莫能菌素,主要用于预防,治疗效果一般。20毫克/千克升混饲,用于预防;40毫克/千克用于治疗。据报道,莫能菌素对幼兔的生长发育和增重有轻微影响,停药1周后可恢复正常。本药应用时应注意用药浓度,当药物浓度超过80毫克/千克时,幼兔的体重会严重下降。盐霉素,对兔球虫的疗效报道不一致。国外有大量报道说,25～50毫克/千克拌料投喂,对治疗兔球虫有效。而在我国河北省有人做试验将剂量增加至100毫克/千克,结果对兔球虫无效。因此,养兔户可根据自己所在地区的情况,先取少数兔试用(浓度25～50毫克/千克),如有效再大群使用。拉萨霉素,90毫克/千克混饲,疗效一般,对幼兔增重有一定影响。马杜拉霉素又名加福、抗球王、抗球皇、杜球,5毫克/千克对兔球虫病有较好的预防效果,但副作用较大。在使用中务必拌匀，不可随意增加剂量，否则极易引起中毒。在我国已有多起由该药导致大批兔死亡的报道。

(5)氯嗪苯乙氰　本药又名伏球（含氯嗪苯乙氰 0.5%和 0.2%，见产品说明书）。国外报道，按 1 毫克/千克混于饲料中饲喂，用于预防和治疗效果较好。本药不溶于水，不能作饮水用。本药易产生耐药性，注意应用 3～6 个月后应换药。另外，本药与球痢清有交叉耐药性，也就是对球痢清已产生耐药性的再用本药无效。我国尚未见有本药应用于兔的报道。

(6)中药防治　黄连 6 克，黄柏 6 克，黄芩 15 克，大黄 5 克，甘草 8 克。共研为末。口服，每日 2 次，每次 2 克。

治疗兔球虫病时应注意以下几点。

第一，对于兔球虫病的防治，重点应放在预防上。当已暴发球虫病并已出现临床症状时，则肝脏、肠已受到严重损伤，且多出现死亡，这样在短期内难以治愈。治愈后兔体重下降 12%～20%，生长发育受阻。

第二，球虫对任何一种抗球虫药都会产生耐药性，只是不同的药产生耐药性的时间不同。所以，一个兔场连续用某一种抗球虫药一段时间后，药效就会明显下降。为避免耐药性的产生，可采用穿梭用药法，即在同一批兔的预防过程中换用另一种药物；或采用轮换用药法，即一种药物使用 6 个月至 2 年后更换另一种药物。有些药物如球痢清和氯嗪苯乙氰，很易产生耐药性，建议 3～6 个月就换药。换药时应注意的另一个问题是，不能在同一类药之间交换。例如，用一段时间莫能菌素要换磺胺类药物或氯嗪苯乙氰，而不能换同类的盐霉素，因同类药之间有交叉耐药性。

第三，球虫病暴发后，常并发细菌感染，出现贫血、食欲减退等症状，应注意在治疗球虫病的同时给予对症治疗，如应用抗生素治疗并发感染，必要时可耳静脉注射葡萄糖等。

(三十五)弓形虫病

本病是由龚地弓形虫引起的一种世界性分布的急性、热性、自然疫源性人兽共患原虫病，在人、畜和野生动物中广泛传播，各种兔均可感染。据报道，在我国的兔群中，弓形虫抗体阳性率高达14.5%～30%。

本病分为急性型、慢性型和隐性型3种。急性型主要发生于仔兔，病兔以突然不食、体温升高和呼吸加快为特征。有浆液性或浆液脓性眼眵和鼻液。病兔嗜睡，并于几日内出现全身性惊厥的中枢神经症状。有些病例可发生麻痹，尤其是后肢麻痹。通常在发病2～8天后死亡。慢性型常见于老龄兔，病程较长，病兔厌食而消瘦，中枢神经症状通常表现为后躯麻痹。病兔可突然死亡，但多数病兔可以康复。隐性型感染兔不呈现临床症状，但血清学检查呈阳性。

【防治措施】

第一，兔场内应开展灭鼠，同时禁止养猫，加强饲草、饲料的保管，严防被猫粪污染。防止屠宰动物的废弃物和尸体污染兔饲料、兔的饮食用具、水源和兔舍。

第二，兔场发生本病时，应全面检查，及早确诊。对检出的病兔和隐性感染兔，应隔离后采用以下药物进行治疗。

磺胺类药物：对弓形虫病有较好的治疗效果。由于磺胺类药物对病毒病无效，所以利用这一特点，可以作为诊断性治疗。磺胺嘧啶加三甲氧苄氨嘧啶，治疗本病效果最好。前者每千克体重用70毫克，后者每千克体重用14毫克，每日2次，口服，首次剂量加倍，连用3～5天。磺胺甲氧吡嗪加三甲氧苄胺嘧啶，前者每千克体重用30毫克，后者每千克体重用10毫克，每日1次，口服，连用3天，效果良好。

螺旋霉素：据国外报道，每日每千克体重用100毫克，口服，均匀拌入饲料。

阿奇霉素：每千克体重用 100 毫克，肌内注射，每日 1 次，连用 4 天。

双氢青蒿素：本药毒副作用小，可试用于妊娠母兔，每日每千克体重 200 毫克，均匀拌入饲料中喂给。

同时，配合使用复合维生素 B 和维生素 C 注射液各 1 毫升，混合后肌内注射，每日 1 次，连用 3 天，有利于提高疗效。

第三，病死兔尸体要深埋或烧毁。发病场兔舍、饲养场用 1% 来苏儿溶液、3% 氢氧化钠溶液或火焰进行消毒。

第四，弓形虫病是重要的人兽共患病，因此饲养人员在接触病兔、尸体、生肉时要注意防护，严格消毒。肉要充分煮熟或经冷冻处理（−10℃15 天、−15℃3 天，可杀死虫体）后再利用。

（三十六）兔脑炎原虫病

本病是由兔脑炎原虫引起的一种慢性、亚临床性原虫病，也是一种人兽共患寄生虫病。在临床上以中枢神经组织形成肉芽肿、非化脓性脑炎以及间质性肾炎为主要特征。

据报道，目前全世界没有不携带兔脑炎原虫的兔群，因此成年兔隐性感染为仔兔的重要感染来源。感染仔兔通常表现为前期食欲下降，精神沉郁，消瘦，此期一般持续 5～7 天。中期少尿，腹胀，腹围增大。后期主要表现神经症状，颤抖、斜颈、共济失调。泌尿系统的症状表现为少尿，排尿时痛苦，俯卧，翻滚。排尿后症状减轻。濒死期腹围进一步增大，少尿或不排尿，麻痹，抽搐，昏迷直至死亡。

【防治措施】 目前尚无有效的治疗药物。试用烟曲霉素治疗，有一定的效果。由于生前不易诊断，感染途径多，特别是通过胎盘感染等因素给防治工作带来很大困难。因此，改善饲养环境，增强兔的抵抗力，喂给全价饲料，特别是补充维生素，应该是综合预防本病发生、发展的主要手段。

(三十七)肝毛细线虫病

本病是由肝毛细线虫寄生于鼠类等啮齿类动物的肝脏而引起的一种寄生虫病,人偶然也可寄生。本病呈世界性分布。肝毛细线虫少量寄生时,兔不表现临床症状。但当兔患其他疾病、机体抵抗力下降时,肝毛细线虫会引起兔的急、慢性肝炎。

【防治措施】

第一,发病时可试用丙硫咪唑,每千克体重 10～15 毫克,一次口服。必要时 1～2 周后再服 1 次,安全、有效。

第二,消灭鼠等野生啮齿动物。病兔的肝脏不宜用来饲喂其他动物。加强饮水和饲料卫生管理,防止被虫卵污染。

(三十八)栓尾线虫病

兔栓尾线虫又名兔蛲虫,包括疑似栓尾线虫、无环栓尾线虫、不等刺栓尾线虫 3 种。呈世界性分布,常大量寄生于家兔、野兔的盲肠和结肠。

少量寄生时一般无临床症状出现,但据近年来的调查结果显示,我国各地兔场均普遍感染,有些兔场感染强度较大。大量寄生时,可造成慢性肠炎,病兔消瘦,增重减慢,并影响幼兔的生长发育。

【防治措施】

(1)加强饲养管理　兔栓尾线虫是土源性寄生虫,因此应重点加强饮水和饲料卫生工作。管理好兔的粪便,及时清理堆肥发酵,可杀灭粪便中的虫卵。国外多采用剖宫术取胎,建立无虫兔群。

(2)定期驱虫　丙硫咪唑,每千克体重 5～10 毫克,一次口服。春、秋季节各驱虫 1 次。感染较重的兔场,可每隔 1～2 个月驱虫 1 次。

(三十九)肝片吸虫病

本病是由肝片吸虫寄生于肝脏、胆管和胆囊所引起的一种世界性分布的人兽共患寄生虫病。临床上以急性或慢性肝炎、胆管炎与营养障碍为主要特征。兔也可被寄生,特别是以青绿饲料为主的兔,发病率和死亡率高,可造成严重的经济损失。

病兔一般表现厌食、衰弱、消瘦、贫血和黄疸等,严重时眼睑、颌下、胸腹下出现水肿。一般经1～2个月后因恶病质而死亡。

【防治措施】

(1)定期驱虫　对投喂青绿饲料为主的兔,进行两次预防性驱虫,可减少传染源。驱虫后的粪便应集中处理,达到灭虫、灭卵的要求。常用的驱虫药有如下几种。

①蛭得净　有效成分为溴酚磷,对幼虫、成虫均有效。按每千克体重10～15毫克给药,一次口服。

②碘醚柳胺　对成虫、幼虫均有效,用法参照药品说明书。

③丙硫咪唑　对成虫有效,对幼虫作用较差。按每千克体重10～15毫克给药,一次口服。

④硫双二氯酚(别丁)　对动物吸虫和绦虫有驱除作用,对吸虫幼虫作用较差。按每千克体重60～80毫克口服。用药后可出现腹泻和食欲减退等副作用。

⑤硝氯酚(拜耳9015)　每千克体重3～5毫克,一次口服;或按每千克体重1～2毫克,一次肌内注射。本药为特效药,对成虫的驱杀率几乎达100%,妊娠母兔也可用,非常安全。

⑥三氯苯唑(肝蛭净)　每千克体重10～12毫克,一次口服。有效率可达99%,无不良反应。

另外,可用南瓜子40克研成末,每日2次口服,连用7天。

(2)合理处理水生植物饲料　不要给兔饮用江河等地面水,不要从低洼和沼泽地割草喂兔,最好饮用自来水或深井水。水生饲料可通过青贮发酵杀死囊蚴。据报道,水生饲料青贮发酵1个月以上，可杀死全部囊蚴。

(四十)日本血吸虫病

本病是我国长江流域及其以南地区重要的人兽共患寄生虫病。它的宿主广泛，各种家畜和野生哺乳动物几乎都可以感染。家兔一般均为圈养和笼养，因此自然感染的机会较少，在疫区一般是通过饮用疫水和采食带有尾蚴的青草而感染。

少量感染时一般不呈现临床症状。大量感染则表现为腹泻、便血、消瘦、贫血，严重时出现腹水过多，最后死亡。

【防治措施】

第一，发现病兔及早治疗。用于治疗人、畜血吸虫病的药物如吡喹酮、硝硫氰胺、六氯对二甲苯(血防 846)等，都可试用于兔。吡喹酮，每千克体重 15～20 毫克，口服，每日 1 次，连用 3 天；硝硫氰胺，每千克体重4～6 毫克，每日静脉注射 1 次。

第二，重点保证饮水卫生。饮用凉开水或地下水，青绿饲料要晒干或青贮后再喂兔。

(四十一)囊尾蚴病

囊尾蚴又名豆状囊尾蚴，呈世界性分布，我国有 10 多个省、自治区、直辖市发生本病。它是寄生在犬、猫小肠内的豆状带绦虫的幼虫，常寄生于兔的肝脏、肠系膜和腹腔内。家兔的平均感染率为 60.2%。

兔在少量感染时，症状常不明显。大量感染时(数目可达 100～200 个)有肝炎症状，严重影响肝脏功能。慢性病例表现食欲障碍，口渴，阵发性发热，腹围膨大，嗜睡，不喜活动，逐渐消瘦，结膜苍白，弓背，被毛无光泽，体力衰竭，最终死亡。囊尾蚴侵入大脑，可破坏中枢神经和脑血管。急性发作可引起突然死亡。

【治　疗】

(1)吡喹酮　每千克体重 15 毫克，皮下注射，每日 1 次，连用 5 天。

(2)甲苯咪唑　每千克体重35毫克,连用3天。

(3)六氯对二甲苯　每千克体重100毫克,口服,每日1次,连用7天。

【预　防】 本病应以预防为主。防止犬、猫粪便污染兔的饲料和饮水,同时禁用含有豆状囊尾蚴的兔肉尸和内脏饲喂犬、猫。兔场内不许养犬、猫。

(四十二)连续多头蚴病

连续多头绦虫成虫寄生于犬小肠,幼虫寄生于兔、野生啮齿类动物和人的皮下组织、肌间结缔组织,引起连续多头蚴病。

临床上根据在肌肉或皮下检查到可动且无痛的包囊,可推测为本病。也可通过手术摘除包囊,镜检包囊内含有许多形如连续多头绦虫头节的原头蚴而确诊。

【防治措施】 参见囊尾蚴病。手术摘除也是治疗本病最有效且简易的方法。由于本病在幼虫阶段也可寄生于人体,引起人的疾患,因此要加强人员的卫生防护。

定期使用氯硝柳胺(每千克体重100～150毫克)、吡喹酮(每千克体重5毫克)或氢溴酸槟榔碱(每千克体重1.5～2毫克)给兔驱虫,一次口服即可。

(四十三)兔 螨 病

兔螨病又叫疥癣病,是由寄生于兔体表的痒螨或疥螨引起的一种外寄生性皮肤病。其中以寄生于耳壳内的痒螨最为常见,危害也较为严重,其次为寄生于足部的疥螨。本病的传染性很强,以接触感染为主,轻者使兔消瘦、影响生产性能,严重者常造成死亡,是目前危害养兔业的一种严重疾病。

【治　疗】 螨病具有高度的传染性,遗漏一个小的患部,散布少许病料,就有继续蔓延的可能。因此,治疗螨病时一定要认真仔细,并遵循以下原则。

（1）全面检查　治疗前，应详细检查所有病兔，一只不漏，并找出所有患部，便于全面治疗。

（2）彻底治疗　为使药物和虫体充分接触，将患部及其周围3～4厘米处的被毛剪去，用温肥皂水彻底洗净，除掉硬痂和污物，最好再用5%来苏儿溶液清洗1次，擦干后涂药。

（3）重复用药　大多数治疗螨病的药物对螨卵没有杀灭作用，因此即使患部不大、疗效显著，也必须治疗2～3次（每次间隔5天），以便杀死新孵出的幼虫。

（4）环境消毒　处理病兔的同时，要注意对笼具、用具等进行彻底消毒（用杀螨剂）。

治疗螨病的药物很多，现介绍几种供选用：①伊维菌素，又名害获灭、阿佛菌素、依佛麦克亭等。该药对兔的线虫、螨、蜱和蝇蛆等体内外寄生虫均有较强的驱杀作用。本药低毒，对人、畜安全。用药途径为皮下注射，方便快捷，药物可达全身各部，不会造成患部溃疡。每千克体重0.02～0.04毫克，7天后再注射1次，一般病例2次可治愈。重症者隔7天再注射1次。②双甲脒，成分为有机氮类，高效低毒。现市场上供应的多为12.5%的双甲脒，可按1∶250的比例加水稀释成0.05%的水溶液，涂擦患部。对耳螨可用棉球蘸取0.05%的药液涂擦患部后，将棉球放入外耳道，棉球的含药液量不要太多，以挤压无药液流出为适度。③三氯杀螨醇，与植物油按5%～10%的比例混匀后，涂于患部，1次即愈。用500～1000倍稀释的三氯杀螨醇水溶液喷洒兔舍、笼具，可以杀死虫卵、幼虫和成螨，且对兔无不良反应。④豆油雄黄合剂，豆油100毫升（约100克），煮沸，加入雄黄20克，搅拌均匀，待凉后涂擦患部。每日1次，可连用2～3天。⑤百部酊，鲜百部100～150克，切碎，加75%酒精或烧酒100毫升，浸泡1周，去渣后涂擦患部。⑥双氢除虫素，据国外报道，本药具有高效低毒的特点，药物成本低于伊维菌素。每千克体重用400微克，皮下注射，7天后再注射1次，疗效较好。本药在兔体内的残留时间较长，因此肉食兔不能应用本药。

目前国内许多单位生产不同成分的复合杀螨药，可选择重病兔试用几次，在确定低毒、高效的前提下，再进行全群治疗。

因兔不耐药浴，故治疗兔螨病时不宜采用药浴方法。

【预　防】

第一，经常保持兔舍清洁、干燥、通风，饲养密度不要过大。

第二，要经常认真观察每一只兔，发现病兔立即隔离治疗。同时，兔舍、笼具要全面消毒，可用三氯杀螨醇、0.05%敌百虫等杀螨剂喷洒。

第三，实践证明，营养状态好的兔患螨病较少或发病较轻。因此，一定要喂给全价饲料，特别是含维生素较多的青绿饲料如胡萝卜等。

第四，在引进兔时，一定要隔离观察一段时间，严格检查，确认无螨病后再混群饲养。建立无螨兔群，是预防本病的关键。

（四十四）兔虱病

本病是由兔虱寄生于兔体表所引起的一种慢性寄生虫病。兔虱主要是通过接触传染。病兔和健康兔直接接触，或通过接触被污染的兔笼、用具均可染病。

兔虱在吸血时能分泌有毒素的唾液，刺激神经末梢发生痒感，引起兔子不安，影响采食和休息。有时在皮肤内出现小结节、小出血点甚至坏死灶。病兔啃咬或到处蹭痒造成皮肤损伤，可继发细菌感染，引起化脓性皮炎。病兔消瘦，幼兔发育不良。因此，对幼兔危害严重，且降低毛皮质量。

用手拨开病兔被毛，肉眼可以看到黑色小兔虱活动。在毛根部可见淡黄色的虫卵。

【治　疗】　可用0.5%～1%敌百虫溶液涂擦，或用20%氰戊菊酯乳油5000～7500倍稀释液涂擦，疗效较好。也可用伊维菌素，每千克体重0.02毫克，一次皮下注射，效果很好。百部200

克,加水1升,共煎30分钟,取药汁涂擦有虱处。

【预　防】 首先要防止将患虱病的兔引入健康兔场。对兔群定期检查,发现病兔立即隔离治疗。兔舍要经常保持清洁、干燥、阳光充足,并定期消毒。

(四十五)蝇蛆病

蝇蛆病是由双翅目昆虫的幼虫侵入兔体组织或腔道内而引起的疾病。能引起兔蝇蛆病的蝇种类很多,有丽蝇属、污蝇属、胃蝇属、螺旋蝇属和肉蝇属的多种蝇。不同种属的蝇幼虫在兔体的寄生部位略有不同,通常寄生在鼻、口、肛门、胃肠道、生殖道、伤口和皮下组织内。随着病情发展,病兔迅速消瘦,极易死亡。特别是幼兔,死亡率更高。本病全国各地均有发生,且常发生于夏季。

【治　疗】 发现兔体有蝇蛆寄生,立即隔离治疗。如果寄生在体表部位,首先将肿胀的结节用手术刀片切一小创口,用眼科镊把蝇蛆取出来。也可向患部洞口滴入1～2滴氯仿或乙醚,促使蝇蛆离开洞穴。亦可用手指挤捏患部,将虫体挤出,然后用0.1%高锰酸钾溶液冲洗,并涂消炎粉。如有化脓,可向腔洞内注射3%过氧化氢溶液冲洗。除净坏死组织,局部注射0.5万～1万单位青霉素,一般经1～2次治疗,伤口即逐渐愈合。如果蝇蛆寄生在深部组织或胃肠道内,可皮下注射伊维菌素,每千克体重用0.02毫克。对具有体温升高、食欲减退等全身症状的病例,除局部治疗和杀虫外,还需肌内注射青霉素20万单位、链霉素2万单位,每日2次。同时,酌情耳静脉注射10%葡萄糖注射液20～40毫升,直至全身症状消失。

【预　防】

第一,消灭孳生物。在兔场周围不要种植果树以及其他蝇类营养来源的植物。搞好环境卫生,及时清除各种粪便、垃圾。

第二,灭蝇。在蝇类活动频繁的夏、秋季节,在兔舍周围和地面、墙壁喷洒敌百虫、除虫菊酯、倍硫磷等杀虫剂。

第三，兔舍加装纱网，以防止蝇类对兔的侵袭。

(四十六)硬　蜱

蜱俗称壁虱、草爬子、狗豆子，是一种专性吸血的体外寄生昆虫。蜱可以寄生于多种动物和人。蜱叮咬人和畜、禽时，吸食血液，同时向动物体内注入毒素，还可以传播许多病毒、细菌、立克次氏体等。因此，它对动物的损害是多方面的，我国各地都有蜱侵袭兔群的报道。

不同地区、不同种类的蜱，其活动周期均不相同。在我国北方，一般是春、夏、秋季活动，南方全年都可有蜱活动。通常在温暖季节多发。

硬蜱寄生在兔的体表，叮咬皮肤吸血，造成皮肤机械性损伤，寄生部位痛痒，使兔躁动不安，影响采食和休息。在硬蜱吸食固着的部位，易造成继发感染。蜱大量寄生时，可引起贫血、消瘦、发育不良、皮毛质量下降。硬蜱的唾液中含有毒素，大量叮咬时，可以造成动物麻痹，被称为蜱麻痹。主要表现为后肢麻痹。

蜱可以传播许多病毒、细菌、立克次体等，并在临床上出现相应的症状。

【防治措施】

(1)消灭兔体上的蜱　发现兔体上有少量蜱寄生时，可用乙醚、煤油、凡士林等涂于蜱体，待其麻醉或窒息后再拔除。拔除蜱时，应保持蜱体与动物体表成垂直方向，向上拔除，否则蜱的口器会断落在皮肤内，引起局部发炎。也可用伊维菌素，每千克体重0.02毫克，一次皮下注射，效果良好。

(2)消灭兔舍内的蜱　兔舍是蜱生活和繁殖的适宜场所，通常生活在舍内墙壁、地面的缝隙内。可用1千克生石灰对5升水，再加1克敌百虫粉喷洒这些缝隙。也可用1%敌百虫溶液洗刷。另外，消灭兔舍周围环境中的蜱也是非常重要的。

五、兔内科病的防治

(四十七)口　炎

本病为口腔黏膜表层或深层的炎症。临床上以流涎和口腔黏膜潮红、肿胀、水疱、溃疡为特征。

【治　疗】

(1)*护理*　消除病因,喂以营养丰富、富含维生素并易消化的柔软饲料,以减少对口腔黏膜的刺激。

(2)*药物疗法*　根据炎症的变化,选用适当的药液洗涤口腔。炎症轻微时,用2%～3%食盐水或碳酸氢钠溶液;炎症重并有口臭时,用0.1%高锰酸钾溶液或0.1%雷佛奴尔溶液;唾液分泌较多时,用2%硼酸溶液或2%明矾溶液洗涤口腔,每日冲洗2～3次,洗后涂以2%甲紫溶液。水疱性口炎和溃疡性口炎除用上述药液冲洗外,在糜烂和溃疡面上涂布碘甘油(1∶7)或10%磺胺甘油乳剂。洗涤口腔时,兔的头部要放低,便于洗涤药液流出。若头部抬得过高,冲洗药液易误入气管而引起异物性肺炎。

当病兔出现体温升高等全身症状时,要及时应用抗生素。可选用氨苄西林钠、头孢唑啉钠或头孢拉定等。每千克体重20～50毫克,肌内注射或静脉滴注,每日2～3次。

【预　防】　平时要防止口腔黏膜的机械性损伤,禁喂粗硬带刺的饲料,及时除去口腔异物,修整不良牙齿。避免化学因素的刺激。

(四十八)消化不良

消化不良亦称胃肠卡他,即卡他性胃肠炎,是胃肠黏膜表层炎症和消化紊乱的总称。按疾病经过,分为急性消化不良和慢性消化不良。

急性消化不良主要表现为精神沉郁,食欲减退或废绝,排稀软便、粥样或水样便，并混有多量黏液。个别的甚至混有血液或灰白色纤维膜，有难闻的臭味。慢性消化不良病兔食欲不定（时好时坏），往往出现异嗜，舔食平时不爱吃的东西，如泥沙、被毛或粪尿浸染的垫料等。粪便干稀不定，便秘与腹泻交替发生。便秘时粪球干硬、变小或大小不均。病兔逐渐消瘦，出现虚弱乏力，不爱活动。有的出现轻度腹胀和腹痛。

【治疗】 消化不良的治疗原则是消除病因，改善饮食，清肠制酵，调整胃肠功能。

(1)消除病因 这是消化不良得以康复、不再复发的根本措施。如本病是饲料品质所致，要改换为优质饲料；由牙齿不良所致的，要及时修整牙齿；由胃肠道寄生虫所致的，要尽快彻底驱虫等。

(2)改善饮食 病初减食1～2天，给予柔软易消化的饲料，充分饮水，对消化不良的康复至关重要。待彻底康复后，再逐渐转为正常的饲喂量。切忌采食过量，以免增加胃肠负担，反使病情加重。

(3)清肠制酵 取硫酸钠或人工盐2～3克，加水40～50毫升，给病兔一次口服；或用植物油、液状石蜡10～20毫升，口服。对于伴有腹胀（气胀）的病例，在缓泻剂内加适当的制酵剂如克辽林1～2毫升。

(4)调整胃肠功能 可服用各种健胃剂，如大蒜酊、苦味酊、陈皮酊、龙胆酊2～4毫升。各种酊剂可单独应用，也可配伍应用。配伍应用时，剂量酌减。也可配合应用胃蛋白酶、酵母片、乳酸菌素等助消化剂，以增加胃肠分泌和蠕动，效果更佳。

【预　防】 一旦发现饲料生霉变质，应立即停喂，及时更换饲料。禁喂冰冻饲料。饮喂要定时定量，防止饥饱失常。

(四十九)胃扩张

胃扩张又称积食，是由于一时采食过多，致使胃急剧臌胀的一种疾病。2～6月龄的幼兔多发。临床上以发病急、病程短、腹痛剧烈为特征。

通常于采食后1～2小时突然发病，腹痛迅速增重。病兔初期表现兴奋不安，频繁移动位置，有痛苦感。以后转为精神沉郁，病兔不爱走动，卧于兔舍一角。有的出现流涎或呕吐。腹部触诊可摸到膨大的胃体。由于胃压迫膈肌，病兔出现呼吸困难，严重的可发生窒息。

【治　疗】 最有效的治疗方法是及早洗胃，排除胃内容物。这样既有减轻胃压、缓解腹痛的作用，又有促进胃排空的作用。洗胃时，以细导管经口插入胃内，用胶皮球或吸筒（可用大型注射器代替）反复抽吸，然后注入温水10～20毫升，再抽吸，如此反复几次，即可缓解、治愈。对于有脱水现象或心功能异常的病例，应及时补液强心。

本病在治疗中，一定要注意护理。病初禁食12～24小时，以后要给予易消化的饲料，食量要逐渐增加。

【预　防】 定时饲喂，不要造成家兔过度饥饿。在饥饿的情况下采食，应防止过急、过多。切勿饲喂单一的豆科饲料。

（五十）胃肠炎

胃肠炎是胃肠黏膜及黏膜下深层组织的重剧炎症。临床上以严重的胃肠功能障碍和自体中毒为特征。

病兔初期多呈消化不良的症状，以后病情逐渐或迅速加重，呈现胃肠炎的症状。病兔精神沉郁，食欲废绝，体温升高，可视黏膜潮红、黄染。持续性腹泻，粪便稀薄如水，常混有血液和胶冻样黏液，并散发恶臭味。腹部触诊有明显的疼痛反应。由于长时间的腹泻，体液和电解质丧失而呈现脱水和衰竭状态。同时，由于胃肠内腐败发酵的有毒物质被吸收，引起病兔的自体中毒。此时全身症状重剧，病兔精神高度沉郁，可视黏膜暗红或发绀，耳、鼻端、四肢末梢冷厥，呼吸促迫，脉搏细弱，常因虚脱而死亡。

【治　疗】 胃肠炎的治疗原则是杀菌消炎、收敛止泻和维护全身功能。让病兔安静休息，禁食1～2天。在禁食期间，可静脉注射葡萄糖注射液或氨基酸注射液，以维持营养。

(1)杀菌消炎　可口服磺胺类药物，如磺胺嘧啶、磺胺脒等。初次量每千克体重0.14克，维持量每千克体重0.07克，每日2次，连用3天。或应用广谱抗生素如新霉素，每千克体重4000～8000单位，肌内注射，每日2～4次，连用3天；诺氟沙星拌料，每千克体重20～30毫克，每日2次。

(2)收敛止泻　此类药物需在粪便臭味不大、仍腹泻不止时方可使用。口服鞣酸蛋白0.25克，每日2次，连用1～2天。

(3)维护全身功能　可静脉注射5%糖盐水、5%葡萄糖注射液、林格氏液或复方氨基酸注射液30～50毫升，20%安钠咖注射液1毫升，每日1～2次，连用2～3天。西地兰注射液1毫升，肌内注射，每日1～2次，连用2～3天。

【预　防】平时加强饲养管理，不喂霉败饲料，兔舍经常保持清洁、干燥、温度恒定、通风良好。饲槽定期刷洗、消毒，饮水要卫生，垫料勤更换。对刚断奶的幼兔一定做到定时、定量饲喂，防止过食。变换饲料应逐渐进行，使家兔有一个适应过程。

(五十一)肠臌胀

肠臌胀又称肚胀，是由于采食过量易发酵的饲料，肠内产气过盛，致使肠管过度膨胀的一种腹痛性疾病。临床上以腹围急剧膨大和腹痛为特征。

原发性肠臌胀主要是由于采食大量易发酵的饲料，如幼嫩的青草、豆科精饲料以及发霉、腐败、冰冻饲料或质量不良的青贮饲料等所致。兔舍寒冷、潮湿、阳光不足等也可诱发本病。继发性肠臌胀见于结肠阻塞、肠便秘的经过中。

病兔腹围渐次增大或急速增大，双肷膨隆，叩之呈鼓音，触诊有弹性感。病兔腹痛不安，鸣叫，呼吸促迫，可视黏膜发绀。

【治　疗】本病的治疗原则是排气减压、镇痛解痉和清肠制酵。

(1)排气减压　当腹部特别膨大、病兔高度呼吸困难、有窒息危险时，应立即穿肠排气。穿肠用注射针头即可。

(2)镇痛解痉　对于腹痛不安的病兔，通常肌内注射30%安乃近注射液1毫升或安定注射液1毫升。

(3)清肠制酵　参照消化不良的治疗。

【预　防】禁喂腐败、发霉、冰冻饲料，防止过多采食易发酵饲料(如麸皮)和易膨胀饲料(如豆科精饲料)。初喂幼嫩青草时，可少量多次给予。

(五十二)毛球病

毛球病又称毛团病，是家兔吞食自身的被毛或同伴的被毛，造成消化道阻塞的一种疾病。

家兔吞食被毛后，首先表现消化功能失常。病兔食欲不振或废绝，精神倦怠，喜卧，好喝水，大便秘结，粪便中混有兔毛。如果在短时间摄入大量被毛，可在胃内与胃内容物混合形成坚硬的毛球，阻塞幽门口。或进入小肠后造成肠梗阻，引起排便不通，病兔出现腹痛不安。继发胃扩张时，触诊腹部，胃体积膨大，并可摸到胃内或小肠内的硬毛球。最后多因自体中毒或胃肠破裂而死亡。

【治　疗】为排除毛球，可口服植物油，如豆油或花生油20～30毫升，或蓖麻油10～15毫升，以润滑肠道，便于排出毛球。如植物油泻剂无效时，应果断施行外科手术治疗。

【预　防】在饲料配合上，精、粗饲料的比例要适当，供给充足的蛋白质、矿物质和维生素。加喂适量的青绿饲料或优质干草，会加速胃内容物的移动，能有效地减少毛球病的发生。兔笼要宽敞，不要过于拥挤。及时治疗外寄生虫病或皮肤病。

(五十三)便　秘

本病是由于肠内容物停滞、变干、变硬，致使排便困难，甚至阻塞肠腔的一种腹痛性疾病。

【治　疗】 治疗原则是疏通肠道，促进排粪。

第一，病兔禁食1～2天，勤给饮水。

第二，轻轻按摩腹部，既有软化粪便的作用，又能刺激肠蠕动、加速粪便排出。

第三，用温水或2%碳酸氢钠溶液灌肠，刺激排便欲，加速粪便排出。

第四，应用肠道润滑剂（如植物油、液状石蜡）灌肠，有助于排出停滞的粪便。由肛门注入开塞露1～2毫升，效果更佳。

第五，口服缓泻剂。如硫酸钠4～8克，植物油（花生油、豆油）10～20毫升或液状石蜡20～30毫升，加水50～100毫升，一次灌服。

第六，全身疗法要注意补液、强心。

第七，治愈后要加强护理，多喂多汁易消化饲料，食量要逐渐增加。

【预　防】 夏季要提供足够的青绿饲料。冬季饲喂干、粗饲料时，应保证充足、清洁的饮水。保持饲槽卫生，经常除去泥沙或被毛等污物。保持家兔适当运动。喂养要定时、定量，防止饥饱不均，使消化道有规律地活动，可以减少本病的发生。

（五十四）腹　泻

腹泻不是独立性疾病，是泛指临床上具有腹泻症状的疾病，主要表现是粪便不成球、稀软、呈粥状或水样。

【治　疗】 可参照消化不良和胃肠炎的治疗方法。一般应用磺胺类药物和抗生素均有效。对脱水严重的病兔，可静脉注射林格氏液、5%糖盐水20～30毫升。心脏功能不好的，要配伍三磷酸腺苷和辅酶A制剂。也可灌服或让病兔自由饮用补液盐（氯化钠3.5克、碳酸氢钠2.5克、氯化钾1.5克、葡萄糖20克，加凉开水1000毫升）。

【预　防】 加强饲养管理，注意饲料品质，饮水要清洁。兔舍保温、通风、干燥和卫生，做到定期驱虫，及早治疗原发病。

（五十五）腹膜炎

腹膜炎是指腹膜壁层和脏层的炎症过程。临床上以膜壁疼痛和腹腔积有多量炎性渗出液为特征。

病兔精神沉郁，少食或不食，体温升高达40℃以上。不爱活动，活动时动作拘谨。腹部触诊腹壁紧张，疼痛明显。腹腔穿刺时，有多量橙黄色、混有絮状物的液体流出。病兔呼吸浅表，多呈胸式呼吸。随着病情的加重，表现形体消瘦、倦怠无力、毛焦无光，最后因衰竭而死亡。

【治　疗】 治疗原则是抑菌消炎、制止渗出、促进渗出液的吸收以及维护全身功能。

（1）抑菌消炎　可选用抗生素。如青霉素20万～40万单位，肌内注射，每日2次。氨苄西林钠，每千克体重20～50毫克，肌内或静脉注射，每日2～3次。头孢拉定，每千克体重20～50毫克，肌内或静脉注射，每日2～3次。磷霉素钠，每千克体重20～50毫克，每日2～3次，用5%葡萄糖注射液或5%糖盐水溶解后静脉注射。庆大霉素，每千克体重1～2毫克，肌内注射，每日2～3次。

（2）制止渗出和促进渗出液的吸收　可静脉注射10%葡萄糖酸钙注射液5～10毫升。也可用脱水剂（渗透性利尿剂），如静脉注射甘露醇或山梨醇10～20毫升。口服尿素，每千克体重0.3～0.5克。渗出液过多时，可穿刺放液，之后再注入氨苄西林钠或头孢类抗菌药物（如头孢拉定、头孢唑啉钠、头孢曲松钠等）0.25～0.5克。

（3）维护全身功能　根据病情，可适当应用强心药。有酸中毒时，应用碳酸氢钠。为防止败血症，可静脉注射40%乌洛托品注射液3～5毫升，或撒乌安注射液（含水杨酸钠10%，乌洛托品8%，安钠咖1%的灭菌水溶液）3～5毫升。

【预　防】 主要是防止继发感染。对腹壁透创和各种创伤、手术创，都要严密消毒。及时治疗邻近器官的炎症，防止炎症蔓延。

(五十六)感　冒

本病是由寒冷刺激引起的以发热和上呼吸道黏膜表层炎症为主的一种急性全身性疾病。是家兔常见的呼吸道疾病之一，若治疗不及时，容易继发支气管炎和肺炎。

病兔精神沉郁，不爱活动，眼呈半闭状。食欲减退或废绝。体温升高，可达40℃以上。皮温不整，四肢末端和耳、鼻发凉，出现怕寒战栗。结膜潮红，伴发结膜炎时怕光流泪。由于上呼吸道炎症而致咳嗽，鼻部发痒，打喷嚏，流水样鼻液。

【治　疗】 本病的治疗原则主要是解热镇痛和防止继发肺炎。对病兔要精心饲养，避风保暖，喂给易消化的青绿饲料，充分供给清洁饮水。

(1)解热镇痛　口服扑热息痛，每次0.5克，每日2次，连用2～3天。皮下或肌内注射复方氨基比林注射液，每次1毫升，每日2次，连用1～3天。皮下或肌内注射安痛定注射液，每次0.3～0.6毫升，每日2次，连用1～3天。口服羟基保泰松，每次每千克体重12毫克，每日1次，连用2～3天。症状严重的可行补液等全身疗法。

(2)防止继发肺炎　可肌内注射青霉素或链霉素20万～40万单位，每日2次，连用2～3天。肌内或静脉注射氨苄西林钠，每千克体重20～50毫克，每日2次，连用2～3天。肌内或静脉注射头孢菌素类药物(头孢唑啉钠、头孢拉定、头孢曲松钠、头孢西丁钠、头孢噻肟钠等)，每千克体重20～50毫克，每日2次，连用2～3天。肌内注射林可霉素或克林霉素，每千克体重10毫克，每日2次。也可应用磺胺类药物，如静脉或肌内注射磺胺二甲嘧啶，每次每千克体重70毫克，每日2次。静脉或肌内注射10%增效周效磺胺钠(增效磺胺邻二甲氧嘧啶钠)注射液，每次每千克体重0.1～

0.2毫升，每日1次。

【预　防】 在气候寒冷和气温骤变的季节，要加强防寒保暖工作。兔舍要保持干爽、清洁、通风良好。

（五十七）支气管炎

本病是支气管黏膜的急、慢性炎症，以咳嗽、流鼻液、胸部听诊有啰音为特征。是家兔的常见病，老龄和幼弱兔更易发生。

病兔精神沉郁，食欲减退，体温稍升高，全身倦怠。咳嗽，初期为干痛咳，以后随炎性渗出物的增加，变为湿长咳。由于支气管黏膜充血肿胀，加上分泌物增加，致使支气管管腔变窄而出现呼吸困难。病初流浆液性鼻液，以后流黏液性或脓性鼻液，咳嗽时流出量更多。胸部听诊肺泡呼吸音增强，可听到干、湿性啰音。慢性支气管炎主要是持续性咳嗽，咳嗽多发生在运动、采食或气温较低的时候（早、晚或夜间）。

【治　疗】

（1）*抑菌消炎* 可应用抗生素和磺胺类药物，用量、用法参照感冒的治疗。

（2）*祛痰止咳* 频发咳嗽但分泌物不多时，可选用镇痛止咳剂，常用的有磷酸可待因，每千克体重22毫克，口服，每日2～3次，连用2～3天。咳必清，每次12.5～22毫升，每日3次，口服，连用3天。痰多时，可应用氯化铵，每次0.15～0.3克，每日3次，口服，连用3～5天。口服双黄连口服液，每次1～2毫升，每日3次，连用3～5天。

【预　防】 平时应搞好饲养管理，喂给营养丰富、容易消化、适口性强的饲料，使家兔膘肥体壮，具有较强的抗病能力。兔舍要阳光充足、通风、保暖，做到冬暖夏凉。

（五十八）肺　炎

本病是肺实质的炎症，根据受侵范围分为小叶性肺炎和大叶性肺炎。小叶性肺炎又可分为卡他性肺炎和化脓性肺炎。家兔以卡他性肺炎较为多发，而且多见于幼兔。

本病多因细菌感染所引起。在家兔受寒或营养低下时，病原菌乘虚而入。常见的病原菌有肺炎双球菌、葡萄球菌、棒状化脓杆菌等。误咽或灌药时不慎使药液误入气管，可引起异物性肺炎。

病兔精神不振，食欲减退或废绝。结膜潮红或发绀。呼吸增数、浅表，有不同程度的呼吸困难，严重时伸颈或头向上仰。咳嗽，鼻腔有黏液性或脓性分泌物。肺泡呼吸音增强，可听到湿性啰音。X线透视、摄片检查，于肺野部可见斑片状、絮状致密影。若治疗不及时，经3～4天可因窒息死亡。

【治　疗】

(1)*护理*　将病兔隔离在温暖、干燥、通风良好的环境中饲养，并给予营养丰富、易消化的饲料。充分保证饮水，注意防寒保暖。

(2)*抑菌消炎*　应用抗生素和磺胺类药物。抗生素可选用青霉素，每千克体重2万～4万单位；链霉素，每千克体重10～15毫克。均为肌内注射，每日2次，两药联合应用效果更佳。氨苄西林钠，每千克体重20～50毫克，肌内或静脉注射，每日2次。头孢菌素类药物，用量和用法参照感冒的治疗。白霉素注射液，每千克体重5～25毫克，肌内注射，每日2次。环丙沙星注射液，每千克体重1毫升，肌内注射，每日2次。土霉素或四环素，每千克体重30～50毫克，口服，每日3次。应用磺胺类药物时，可参照感冒治疗中磺胺类药物的用量与用法。双黄连，每千克体重30～50毫克，静脉注射，每日1次。

(3)*对症治疗*　病兔咳嗽、有痰液时，可祛痰止咳，方法同支气管炎；呼吸困难、分泌物阻塞支气管时，可应用支气管扩张药，如肌内注射氨茶碱，按每千克体重5毫克计算药量；为增强心脏功能、改善血液循环，可行补液、强心措施，如静脉注射5%葡萄糖注射液30～50毫升，皮下或肌内注射强尔心注射液0.5毫升；为制止渗出和促进炎性渗出物的吸收，可静脉注射10%葡萄糖酸钙注射液，每千克体重0.5～1.5毫升，每日1次，连用2天。

【预　防】同支气管炎，防止发生感冒亦是预防发生肺炎的关键。

(五十九)肾　炎

本病通常是指肾小球、肾小管和肾间质的炎性变化。按病程分为急性肾炎和慢性肾炎。

家兔发生肾炎的原因，一般认为与下述因素有关。一是细菌性或病毒性感染；二是邻近器官的炎症(如膀胱炎、尿路感染等)蔓延；三是毒物(如松节油、砷、汞等)中毒；四是环境潮湿、寒冷、温差过大等因素；五是过敏性反应。

急性炎症时，病兔表现精神沉郁，体温升高，食欲减退或废绝。常蹲伏，不愿活动，强行运动时，跳跃小心，背腰活动受限。压迫肾区时，表现不安，躲避或抗拒检查。排尿次数增加，每次排尿量减少甚至无尿。病情严重的可呈现尿毒症症状，体质衰弱无力，全身呈阵发性痉挛，呼吸困难，甚至出现昏迷状态。

慢性肾炎多由急性转化而来。病兔全身症状不明显，主要表现排尿量减少，体重逐渐下降，眼睑、胸腹或四肢末端出现水肿。

【防治措施】

(1)护理　保持病兔安静，并置于温暖干燥的房舍内。给予营养丰富、易消化的饲料，适当限制食盐的喂量。

(2)消除炎症　选用抗生素(最好不用磺胺类药物)，如青霉素G钾(钠)，每千克体重2万～4万单位，肌内注射，每日2次；硫酸链霉素，每千克体重1万～2万单位，肌内注射，每日2次；卡那霉素，每千克体重10～20毫克，肌内注射，每日2次；氨苄西林钠或头孢菌素类制剂，每千克体重20～50毫克，肌内或静脉注射，每日1～2次；环丙沙星注射液，每千克体重1毫升，肌内注射，每日2次。以上各药均可连用5～7天。

(3)脱敏　可应用皮质类甾醇，此类药物不仅影响免疫过程的早期反应，而且有一定的抗炎作用。强的松，每千克体重 2 毫克，静脉注射。或地塞米松注射液，每次 0.125～0.5 毫克，肌内或静脉注射，每日 1 次。

(4)对症处理　为消除水肿，可使用利尿剂，如呋塞米，每千克体重 2～4 毫克，口服或肌内注射；有尿毒症症状时，可静脉注射 5%碳酸氢钠注射液 5～10 毫升。尿血严重的，可应用止血药，如安络血注射液 1～2 毫升，肌内注射，每日 1～3 次；或维生素 K_3 注射液，每次 1～2 毫克，肌内注射，每日 2～3 次；或止血敏注射液，每次 1～2 毫升，肌内注射，每日 1～2 次。

(六十)脑 震 荡

本病是由于钝性暴力作用于颅脑所引起的一种急性病。以发生昏迷、反射功能减退或消失等脑功能障碍为临床特征。

【治　疗】 轻症者将伤兔置于安静处，不久即可自行康复。较重者，可将头部垫高，实施冷敷。为防止脑水肿可静脉注射 25%山梨醇注射液或 20%甘露醇注射液 10～30 毫升。甘露醇可增加血容量、升高血压，容易引起心力衰竭，故对于心功能不全的家兔，应用时要慎重。脑震荡严重无治疗价值的，可行急宰。

【预　防】 运动场内不要有障碍，捕捉时动作不要粗暴；双层兔舍要注意关门，防止兔跌落受伤；夜间喂兔时，动作要轻，避免家兔受惊乱撞。

(六十一)癫　痫

本病是脑功能性疾病的一种，以周期性反复发作、意识丧失、阵发性与强直性肌肉痉挛为特征。按原因分为真性(原发性)癫痫和症状性(继发性)癫痫。

引起症状性癫痫的原因主要有两个方面：一是脑内因素，如脑炎、脑内寄生虫、脑肿瘤等；二是脑外因素，主要见于低血糖、尿毒症、外耳道炎、电解质失调以及某些中毒病。

【防治措施】 病兔要保持安静，避免各种意外的刺激。如突然的声响、强烈的光线和惊吓等。真性癫痫病例，预后不良，应及时淘汰。症状性癫痫要及时治疗原发病。

(六十二)中　暑

中暑又称日射病或热射病，是因烈日暴晒、潮湿闷热、体热散发困难所引起的一种急性病。临床上以体温升高、循环衰竭和发生一定的神经症状为特征。各种年龄家兔都能发病，以妊娠母兔和毛用兔多发。

【治　疗】 立即将病兔置于阴凉通风处。为促进体热散发，可用毛巾浸冷水置于病兔头部或躯体部，每3～5分钟更换1次；或用冷水灌肠。为降低颅内压和缓解肺脏水肿，可实施静脉放血。也可静脉注射20%甘露醇注射液10～30毫升或25%山梨醇注射液10～30毫升。体温下降、症状缓解时，可行补液和强心，以维护全身功能。

【预　防】 在炎热季节，兔舍通风要良好，保持空气新鲜、凉爽，温度过高时可用喷洒水的方法降温。兔笼要宽敞，防止家兔过于拥挤。露天兔场要设凉棚，避免日光直射，并保证有充足的饮水。长途运输最好在凉爽天气进行，否则车船内要保持通风和充足的饮水。装运家兔的密度不宜过大。

(六十三)蛋白质和氨基酸缺乏症

蛋白质和氨基酸缺乏，主要见于以下几种情况：饲料中蛋白质含量不足或缺乏，满足不了家兔维持生理活动的最低需要量；长期饲喂营养价值低的饲料；家兔长期处于饥饿状态，如日粮定量偏低而使兔吃不饱，在同槽兔中有个别采食缓慢的兔吃不到应有饲料，均可导致采食量不足而发病。另外，衰老或患有慢性消耗性疾病，也是诱发本病的原因，如慢性消化不良、肠道寄生虫病等。

蛋白质和氨基酸缺乏没有特征性症状。蛋白质缺乏首先引起血浆蛋白的相应变化，继而血红蛋白水平下降，其主要表现为贫血、组织萎缩、体重下降、生长受阻和活力不足等。有时发生腹泻或顽固性腹泻，称为营养性腹泻。病兔呈进行性消瘦，倦怠无力，骨瘦如柴，甚至发展成营养性衰竭症。表现为极度衰弱，卧地不起，体温下降，最后呈昏睡状。因为蛋白质是机体抗病和组织修复的一种重要物质，所以蛋白质缺乏可使动物抗病力下降、外伤愈合缓慢。另外，在病的经过中，经常出现异嗜现象。

【防治措施】 饲料配制要合理，要含有足够的优质蛋白质。积极治疗患有慢性疾病的兔。衰老的种用兔应及时淘汰。对有治疗价值的兔，除给予富含蛋白质的饲料外，可静脉注射高糖或复方氨基酸注射液，每次 30～50 毫升，每日 1 次，连用 7～10 天。

(六十四)维生素 A 缺乏症

本病是由于维生素 A 或胡萝卜素长期摄取不足或消化吸收障碍所引起的一种营养代谢病。临床上以生长发育迟滞、视觉异常、器官黏膜损伤和一定的神经症状为特点。本病多发生在冬末春初青绿饲料缺乏的季节。

【治　疗】 首选药物是维生素 A 制剂和富含维生素 A 的鱼肝油。可口服维生素 AD 滴剂，每次 0.2～0.5 毫升，每日 1 次，连用数天；口服鱼肝油，每次 0.5～1 毫升，每日 1 次，连服数天；肌内注射维生素 A 油剂，每次 1 万～2 万单位，每日 1 次，连用 5～7 天。若群体治疗时，可按每 10 千克饲料加 2 毫升鱼肝油的比例，混匀后饲喂。

【预　防】 保证日粮中含有足够的维生素 A 和胡萝卜素，多喂青绿饲料，必要时应给予维生素 A 添加剂；也可肌内注射维生素 A，每千克体重 2000～4000 单位，每隔 50～60 日注射 1 次。谷类饲料存放不宜过久，配合饲料要及时喂用，不要存放。及时治疗兔的肝脏疾病和肠道疾病。

(六十五)维生素 B_1 缺乏症

本病是由于硫胺素不足或缺乏所引起的一种营养缺乏症。临床上以消化障碍和神经症状为特征。

维生素 B_1 缺乏的家兔，首先出现消化分泌功能低下、食欲不振、便秘或腹泻。继之出现泌尿功能障碍，发生渐进性水肿，最终导致严重的神经系统损害，呈现运动失调、麻痹、痉挛、抽搐、昏迷甚至死亡。

【防治措施】 发病兔可口服维生素 B_1，每次 1～2 片(每片含 10 毫克)；或肌内注射维生素 B_1 制剂，如肌内或静脉注射盐酸硫胺素注射液，每千克体重 0.25～0.5 毫升，每日 1 次，连用 3～5 天。一般来说，对症疗效十分显著。

维生素 B_1 存在于所有植物性饲料中，干燥的啤酒酵母、饲料酵母和谷物胚芽含量特别丰富，在日粮中适当添加酵母、谷物胚芽等，可预防本病的发生。

(六十六)维生素 E 缺乏症

维生素 E 又称生育酚，为脂溶性维生素。最早人们只把它当做抗不育维生素或妊娠性维生素，现在看来已经远远不够全面了。因为维生素 E 不仅对繁殖产生影响，而且也介入新陈代谢、调节腺体功能和影响包括心肌在内的肌肉活动性。维生素 E 缺乏，可导致营养性肌肉萎缩。

患维生素 E 缺乏症的家兔，首先表现强直，继而呈现进行性肌无力。不爱运动，喜欢卧地，全身紧张性降低。肌肉萎缩，并引起运动障碍，步样不稳，平衡失调。食欲由减退到废绝，体重逐渐减轻。最终导致骨骼肌和心肌变性，全身衰竭，直至死亡。幼兔表现生长发育停滞。

维生素 E 缺乏时，母兔受胎率降低，出现流产或死胎；公兔睾丸损伤和精子生成障碍。

【治　疗】

第一，在饲料中补加维生素 E(按每千克体重每日0.32～1.4毫克)，让兔自由采食或在饲料中添加维生素 E 和硒。

第二，肌内注射维生素 E 制剂，每次 1000 单位，每日 2 次，连用 2～3 天。或肌内注射亚硒酸钠维生素 E 注射液，每次 0.5～1毫升，每日 1 次，连用 2～3 天。

【预　防】 平时要补充青绿饲料，如大麦芽、苜蓿等都含有丰富的维生素 E。据报道，1 只每千克体重日消耗 50～60 克饲料的生长兔，在每千克饲料中至少应含右旋 α-生育酚19～22 毫克，或混旋 α-生育酚 24～28 毫克。及时治疗肝脏疾患，对预防、治疗维生素 E 缺乏是必要的。

(六十七)胆碱缺乏症

一般家兔较少发生胆碱缺乏症，因为在动物细胞中容易从丝氨酸合成磷脂酰胆碱。引起胆碱缺乏的主要原因是长期供给蛋白质含量不足或蛋白质质量不佳的饲料。一旦发生胆碱缺乏，其临床表现与维生素 B_1 缺乏相类似。

病兔食欲减退，生长发育缓慢，体重逐渐减轻，呈中度贫血。肌肉萎缩、无力，有可能导致衰竭死亡。

【防治措施】 主要是加强饲养管理，平时要喂给质量优良的、富含蛋白质的饲料。药物治疗，可皮下注射氯化氨甲酰甲胆碱(比赛可灵)注射液，每次每千克体重 0.05～0.08 毫克，每日 1 次，根据病情确定是否连续用药。出现中毒症状(流涎、出汗、心跳急速)时，可应用阿托品解毒。

(六十八)佝 偻 病

本病是幼龄动物软骨骨化障碍、骨基质钙盐沉着不足的慢性代谢性疾病，也称维生素 D 缺乏症。临床上以发育迟缓、骨骺肿大和骨骼变形为特征。

【治　疗】

(1)摄生疗法　对病兔要加强护理,多晒太阳。在日粮中除保证充足的维生素D(一般为50～100单位)外,还要拌入骨粉、贝壳粉或南京石粉(日粮中添加1.5～3克),钙、磷比以1∶0.9～1为宜。

(2)药物治疗　10%葡萄糖酸钙注射液,每千克体重0.5～1.5毫升,每日2次,连用5～7天,静脉注射。维生素D_2胶性钙注射液(骨化醇胶性钙注射液),每次1000～2000单位,肌内或皮下注射,每日1次,连用5～7天。维生素D_3注射液,每千克体重1500～3000单位,肌内注射。本品应用前后,要给家兔补充钙剂。碳酸钙,每次0.5～1克,口服,每日1次。维丁钙片,每次1～2片,口服,每日1次。

【预　防】　对妊娠母兔、哺乳母兔和幼兔要加强饲养管理,保证充足的光照和适当的运动。注意饲料多品种配合,尤其是钙、磷比例要适当,要补给如骨粉、南京石粉等矿物质。

(六十九)全身性缺钙

钙不仅是动物骨骼的重要成分,而且也介入全身性的物质代谢,参与维持组织中的渗透压。同时,也是血浆中的重要成分。钙缺乏主要表现为全身性的骨质软化。

病兔食欲减退,异嗜,啃吃被粪尿污染的垫料或吞食被毛。由于血钙不足,便动用骨骼中的储备钙,钙质从骨骼中溶解出来,致使骨骼软化、膨大,并易发骨折。成年兔表现面骨、长管骨肿大,跛行。幼兔可出现骨骼弯曲。最后可导致痉挛或麻痹。

【治　疗】

第一,静脉注射10%葡萄糖酸钙注射液,每千克体重0.5～1.5毫升,每日1～2次,连用5～7天。

第二,口服碳酸钙或医用钙片。

第三,肌内或皮下注射维生素制剂,如维生素D_2胶性钙注射

液或维生素 D_3 注射液，用法、用量参照佝偻病的治疗。

【预 防】

第一，饲料应使用多品种组成的混合料，一种饲料贫钙时可由另一种高钙饲料来平衡。

第二，对妊娠和哺乳期的母兔，应在日粮中补加如骨粉、南京石粉、贝壳粉或市售钙制剂等矿物质。据记载，家兔乳汁中的钙含量为 0.65%（磷为 0.44%），约为牛奶中含量的 5 倍。1 只哺乳母兔，每天随乳汁排出的钙约 1.3 克，这是绝对需要从饲料中补充的。

第三，及时治疗肠道疾患。

（七十）磷缺乏症

磷代谢作用与钙代谢作用有密切关系，它们以化合物的形式存在于骨骼系统之中。磷还参与蛋白质和酶类的构成，同时又以各种形式介入机体的全身物质代谢和细胞的特殊新陈代谢之中，调节生命活动过程。因此，磷属于生命重要物质。

患磷缺乏症的家兔，生长发育不良，体重减轻，面骨和长骨骨端肿大。幼龄兔骨骼变形，与缺钙相类似。

【防治措施】 保证饲料中钙与磷有足够的含量及合理的搭配比例。适当增补维生素 D。对已发病的家兔，可口服磷酸二氢钠，每次 0.5～1 克，每日 3 次，连用 3～5 天；或静脉注射 10%磷酸二氢钠注射液，每次 0.1～0.5 克，每日 1 次，连用 3～5 天。

（七十一）铜缺乏症

铜的主要生理作用是参与多种酶的组成，参与被毛色素和血红蛋白的合成，促进铁的吸收，还影响骨胶原的正常结构。铜在体内和蛋白质结合，以铜蛋白的形式存在。如血浆中的铜蓝蛋白，肝脏里的肝铜蛋白等。

引起铜缺乏症的主要原因是饲料中含铜量不足或缺乏。患铜缺乏的家兔食欲不振，体况下降，衰弱，贫血（低色素性小细胞性贫血）。继而被毛褪色和脱毛，并伴发皮肤病变。后期长管骨经常出现弯曲，关节肿大变形，起立困难，跛行。严重的出现后躯麻痹。

【防治措施】 最好以市售微量元素复合剂治疗本病。也可在兔舍内放置几块铜，让家兔自由舔舐。或将铜块放于饮水器内，溶液中的微量铜完全可以满足家兔的需要。

（七十二）锌缺乏症

锌在动物体内含量较少，但作用很重要。锌是许多金属酶的组成成分及激活剂，如碱性磷酸酶、碳酸酐酶、乳酸脱氢酶等。锌还参与合成蛋白质、核糖核酸、脱氧核糖核酸和其他物质的代谢。

机体内的锌主要存在于骨骼、皮肤和被毛中，血液中的锌大部分在红细胞内，主要以碳酸酐酶和其他含锌金属酶类形式存在。

长期使用来自缺锌地区的植物性饲料喂兔，是引起锌缺乏的主要原因。

患锌缺乏的家兔食欲减退，被毛无光泽，而且部分被毛脱落。口角肿胀、溃疡，有痛感。幼兔生长发育迟滞，成年后繁殖能力降低或完全丧失。妊娠母兔发病后，分娩时间延长，胎盘停滞，而且仔兔多半死亡。

【治　疗】 主要是补锌。可口服硫酸锌或碳酸锌，每次 0.01～0.05 克，混于饲料中或加于水中给予，每日 1 次，连用 3～4 周。

【预　防】 调整日粮。饲料中的钙含量限制在 0.5%以内，增添糠麸、饼粕、酵母等富含锌的饲料。日粮中可补加适量的硫酸锌，一般不超过 0.3%。

（七十三）镁缺乏症

动物体内 70%以上的镁以磷酸盐形式参与骨骼和牙齿的组成。约 25%存在于软组织中，与蛋白质结合成络合物。镁在细胞内是多种酶系统和糖代谢的必备元素。细胞外液中的镁与钙、钾、钠协同，维持肌肉神经的兴奋性。

镁摄取量不足是发病的根本原因。镁主要存在于绿色植物中，也存在于谷类和豆类中，平时上述饲料不足或缺乏，久之发病。

患镁缺乏的家兔被毛粗乱乏光，易于脱落，特别是背部、四肢和尾部的毛最易脱落。壮龄兔表现性情急躁、心动过速、厌食和惊厥，常因心力衰竭而死亡。母兔镁缺乏易出现死胎。

【治　疗】 静脉注射硫酸镁注射液，一次量为1～2克。注射速度宜缓慢，否则易导致呼吸抑制。

【预　防】 硫酸镁是预防镁缺乏的最好饲料添加剂。每千克饲料加硫酸镁300～400毫克，即能满足需要。

(七十四)异 嗜 癖

异嗜不是独立性疾病，而是某些疾病的症状。主要是由于消化功能紊乱和味觉异常所致。其特征是病兔喜欢采食平时不吃的杂物。

造成异嗜的原因较多，通常认为与以下因素有关：①饲料营养价不全，或某些成分比例失调；②患有骨软症、佝偻病、慢性消化不良的病兔，常表现有异嗜；③缺乏某些蛋白质和氨基酸，如兔的嗜毛症，与缺乏胱氨酸和蛋氨酸有关；④经常处于饥饿状态，致使家兔不安，乱啃乱咬，久之成癖。

一般多从消化功能紊乱、食欲减退开始，继之出现味觉异常和异嗜现象。表现为采食平时不吃的杂物，如被粪尿浸染的垫料、泥沙、被毛等。经常舔舐墙壁、砖头、石块等。病兔胆小、易受惊吓，被毛粗乱，弓背，日渐消瘦。一般体温无明显改变。

【防治措施】 要查明病因，及时治疗原发病。在明确病因的基础上，有针对性地加强饲养管理，给予全价的日粮。

(七十五)真菌毒素中毒

真菌毒素中毒是指家兔采食了发霉饲料而引起的中毒性疾

病。临床上以消化障碍为特征。

真菌毒素中毒病常呈急性发作，中毒家兔出现流涎、腹泻，粪便恶臭、混有黏液或血液。病兔精神沉郁，体温升高，呼吸促迫，运动不灵活，或倒地不起，最后衰竭死亡。妊娠母兔常发生流产或死胎。

【治 疗】 本病无特效解毒方法。疑为真菌毒素中毒时，应立即停喂发霉饲料，禁食1天，而后换喂优质饲料和清洁饮水，同时采取对症疗法。急性中毒用0.1%高锰酸钾溶液或2%碳酸氢钠溶液洗胃、灌肠，然后口服5%硫酸钠溶液50毫升。静脉注射5%糖盐水50～100毫升、维生素C 0.5～1克，每日1～2次。久治无效者，应予以淘汰。

【预 防】 严禁饲喂发霉变质饲料是防止真菌毒素中毒的根本措施。应当重视饲料的保管，采取必要的防霉措施。

(七十六)有毒植物中毒

家兔的饲料除农作物外，还广泛来源于自然界中的植物。在自然环境中生长的一些植物种类，对家兔具有毒害作用，如秋水仙、草木樨属、千里光属和洋地黄属等。常见的有毒植物中毒主要有阔叶乳草中毒、毒芹中毒、曼陀罗中毒、毛茛中毒和夹竹桃中毒等。

有毒植物中毒的症状多种多样，缺乏特征性表现。有毒植物种类不同，其中毒后的临床表现也不一样。有一种阔叶乳草所引起的中毒，兔的前、后肢和颈部肌肉麻痹，头常贴到笼底而不抬头，故称“低头病”；毒芹引起的中毒，主要表现为腹部膨大，痉挛(先由头部开始，逐渐波及全身)，脉搏增数，呼吸困难；曼陀罗中毒，初期兴奋，后期变为衰弱、痉挛和麻痹；毛茛中毒，则呈现欠伸、流涎、呼吸缓慢、腹泻和血尿等；夹竹桃中毒可引起心律失常和出血性胃肠炎；还有一种三叶草中毒，主要是引起母兔的生殖功能障碍。

【治 疗】

第一，怀疑有毒植物中毒时，必须立即停喂可疑饲料。

第二，对发病的家兔，可口服1%鞣酸液或药用炭，并给予盐类泻剂，清除毒物。

第三，对症处置。根据病兔表现可采取补液、强心、镇痉等措施。

【预　防】 进行草原和饲草调查，了解本地区的毒草种类，以引起注意；饲养人员要学会识别毒草，防止误采有毒植物；为防止误食有毒植物，凡不认识的草类或怀疑有毒的植物都要禁喂。

(七十七)棉籽饼中毒

棉籽饼是良好的精饲料之一，常作为日粮的辅助成分饲喂家兔。但棉籽饼中含有一定量的有毒物质，其中主要成分是棉籽油酚，若长期过量喂给家兔，即可引起中毒。

【治　疗】 发现中毒立即停喂棉籽饼。急性者口服盐类泻剂清肠。之后根据病情对症处置，如补液、强心，以维护全身功能。

【预　防】 平时不能以棉籽饼作为主饲料喂给家兔。为安全起见可采取下述方法处理，使之减毒或无毒：向棉籽饼内加入10%大麦粉或面粉后掺水煮沸1小时，可使游离棉籽油酚变为结合状态而失去毒性。在含有棉籽饼的日粮中，加入适量的碳酸钙或硫酸亚铁，可在胃内减毒。

(七十八)菜籽饼中毒

菜籽饼是油菜籽榨油后剩余的副产品，是富含蛋白质等营养的饲料，我国西北地区广泛用于饲喂各种动物。在菜籽饼中含有硫苷、芥酸等成分，硫苷在芥酸的作用下，可水解成噁唑烷硫酮、异硫氰酸盐等毒性很强的物质，这些物质对胃肠黏膜具有较强的刺激和损害作用。若长期饲喂不经去毒处理的菜籽饼，即可引起中毒。可使甲状腺肿大、新陈代谢紊乱、出现血斑，并影响肝脏等器官的功能。

【治　疗】 无特效解毒药。发现中毒后，立即停喂菜籽饼，灌服0.1%高锰酸钾溶液。根据病兔的表现,可实施对症治疗,应着重于保肝,维护心脏、肾脏功能。在用药过程中,可配伍维生素C制剂。

【预　防】 饲喂前,对菜籽饼要进行去毒处理。最简便的方法是浸泡煮沸法,即将菜籽饼粉碎后用热水浸泡12～24小时,弃掉浸泡液,再加水煮沸1～2小时,使毒素挥发后再饲喂家兔。

(七十九)马铃薯中毒

马铃薯中含有马铃薯毒素(又称龙葵素),发芽或腐烂的马铃薯以及由开花到结有绿果的茎叶中含毒量最多,家兔大量采食后,极易引起中毒。

病兔精神沉郁,结膜潮红或发绀。拒食,流涎,有轻度腹痛、腹泻,粪便中常混有血液。有时出现腹胀。于四肢、阴囊、乳房、头颈部出现疹块。晚期可能出现进行性麻痹,呈现站立不稳、步态摇晃等。

【治　疗】 停喂马铃薯类饲料。对中毒兔先服盐类或油类泻剂,之后根据病情,采取适当的对症治疗措施。

【预　防】 用马铃薯作饲料时,喂量不宜过多,应逐渐增加喂量。不宜饲喂发芽或腐烂的马铃薯,如要利用,则应煮熟后再喂。煮过马铃薯的水,内含多量的龙葵素,不应混入饲料内。马铃薯茎叶用开水烫过后,方可作饲料。

(八十)灭鼠药中毒

灭鼠药的种类较多,目前我国使用的不下20余种。不同种类的灭鼠药中毒,其临床表现各异。

磷化锌中毒,潜伏期为0.5～1小时。病初表现拒食、作呕或呕吐,腹痛、腹泻,粪便带血,呼吸困难,继而发生意识障碍,抽搐,最后昏迷死亡。

毒鼠磷中毒,潜伏期4～6小时。主要表现为全身出汗,心跳急速，呼吸困难，大量流涎，腹泻，肠音增强，瞳孔缩小。肌肉呈纤维性颤动（肉跳），不久陷入麻痹状态，昏迷倒地。

甘氟中毒，潜伏期0.5～2小时。病兔呈现食欲不振，呕吐，口渴，心悸，排粪、排尿失禁，呼吸抑制，皮肤发绀，阵发性抽搐等。

敌鼠钠盐和杀鼠灵中毒，中毒3天后开始出现症状。表现为不食、精神不振、呕吐，进而呈现出血性素质，如鼻、齿龈出血，排血便、血尿，皮肤紫癜，并伴发关节肿大。严重病例发生休克。

【治　疗】

(1)洗胃与缓泻　中毒不久毒物尚在胃内时，用温水、0.1%高锰酸钾溶液、5%碳酸氢钠溶液反复洗胃；毒物已进入肠道时，口服盐类泻剂，以促进毒物排出。

(2)对症处置　根据病情可适当采取补液、强心、镇痉等疗法。

(3)应用特效解毒剂　有些灭鼠药中毒，有特效解毒药物，可及时应用。如毒鼠磷中毒，可皮下或肌内注射硫酸阿托品注射液，每次0.5毫克；肌内或静脉注射碘解磷定，每千克体重每次30毫克；也可应用氯解磷定或双复磷注射液，用量和用法同碘解磷定。氟乙酰胺（已禁用）中毒，可肌内注射乙酰胺（解氟灵）注射液，剂量为每千克体重0.1克，每日2次，连用5～7天。氟乙酸钠中毒，可肌内注射乙二醇乙酸酯，剂量为每千克体重0.1毫克，每日2次，连用5～7天。敌鼠钠盐中毒，用维生素K_1具有特效，每千克体重0.1～0.5毫克，肌内注射，每日2～3次，连用5～7天。

【预　防】

第一，凡引进灭鼠药，都必须弄清药物种类、药性，并由专人保管。不用禁止使用的氟乙酰胺、氟乙酸钠、毒鼠强、毒鼠硅和目前已停止使用的亚砷酸、安妥、灭鼠优、灭鼠安等杀鼠药。

第二，在兔舍和饲料间投放毒饵时，一定将药物放在家兔活动范围之外，距饲料堆要有一定的距离，同时要注意及时清理。

第三，严禁使用饲喂用具盛放灭鼠药。

(八十一)有机氯农药中毒

有机氯农药是人工合成的杀虫剂,不溶或难溶于水,溶于脂肪和有机溶剂中。该农药的种类比较多,主要有滴滴涕、六六六、氯丹、硫丹、七氯、毒杀芬、艾氏剂、狄氏剂等。国家对上述药品已限制使用或禁止使用,但国内各地因使用上述药品造成的家畜中毒事件仍时有发生。

家兔误食被有机氯农药污染的饲料、饲草或饮水,可引发本病。使用含有机氯药物治疗外寄生虫病时,涂药面积过大等也可引起中毒。

急性中毒的病例,多于接触毒物后24小时左右突然发病。表现为极度兴奋,惊恐不安,肌肉震颤或呈强直性收缩,四肢强拘,步态不稳,卧地不起,最后昏迷死亡。慢性中毒的病例,一般在毒物侵入机体内并贮存数周或更长时间后缓慢发病。主要表现食欲不振,口腔黏膜出现糜烂、溃疡。神经症状不明显。病兔逐渐消瘦,时发呕吐、腹泻,周期性肌肉痉挛。一旦转为急性,病情突然恶化,数日内死亡。

【治　疗】 急性中毒兔应立即用生理盐水、2%～3%碳酸氢钠溶液或0.3%石灰水洗胃,然后服以盐类泻剂。禁用油类泻剂。静脉注射葡萄糖注射液和维生素C。对兴奋不安的病例,可应用镇静药,如肌内注射安定注射液,或口服苯妥英钠片,每次10～20毫克,每日1～2次。

【预　防】 禁用被有机氯农药污染的饲料和饮水。有机氯农药喷洒过的蔬菜、青草、谷物,应在喷药后1个月才能饲用。用有机氯农药治疗体外寄生虫病时,应按规定剂量、浓度使用,防止发生中毒。

(八十二)食盐中毒

适量的食盐可增进食欲、帮助消化,但饲喂过多,可引起中毒,甚至死亡。临床上以神经症状和一定的消化功能紊乱为特征。

病初食欲减退，精神沉郁，结膜潮红，腹泻，口渴。继而出现兴奋不安，头部震颤，步样蹒跚。严重的呈癫痫样痉挛、角弓反张、呼吸困难，最后卧地不起而死。

【治　疗】 食盐中毒的病兔应勤饮水，可口服油类泻剂 5～10 毫升。根据症状，可采取镇静、补液、强心等措施。

【预　防】 饮水中含盐量不能过高，日粮中的含盐量不应超过 0.5%。平时要供应充足的饮水。

六、兔外科病的防治

（八十三）眼结膜炎

眼结膜炎为眼睑结膜、眼球结膜的炎症，是眼病中最多发的疾病。其原因是多方面的，主要是机械性原因，如沙尘、谷皮、草屑、草籽和被毛等异物落入眼内，眼睑内翻、外翻和倒睫，眼部外伤，寄生虫的寄生等；物理化学性原因，如烟、氨、石灰等的刺激，化学消毒剂和分解变质眼药的刺激，强日光直射，紫外线刺激，以及高温作用等；也可因细菌感染引起，或并发于某些传染病和内科病，如传染性鼻炎、维生素 A 缺乏症等；亦可继发于邻近器官或组织的炎症。

【治　疗】

（1）消除病因、清洗患眼　用刺激性小的微温药液如2%～3%硼酸溶液、生理盐水、0.01%新洁尔灭溶液等清洗患眼。清洗时水流要缓慢，不可强力冲洗。也可用棉球蘸药轻轻涂擦，以免损伤结膜和角膜。

（2）消炎、镇痛　清洗除去异物后，可用抗菌消炎药液如 1%氯霉素眼药水或眼膏、0.6%黄连素眼药水、0.5%金霉素眼药水、10%磺胺醋酰钠溶液、1%新霉素溶液、0.5%土霉素眼膏、四环素可的松眼膏、0.5%醋酸氢化可的松眼药水等滴眼或涂敷。疼痛剧烈的，可用1%～3%盐酸普鲁卡因青霉素溶液滴眼。分泌物多时，选用0.25%硫酸锌眼药水。对角膜混浊者，可涂敷1%黄氧化汞软膏，或将甘汞和葡萄糖粉等量混匀研成极细再搽入眼内，或用新鲜鸡蛋清2毫升皮下注射，每日1次。重症者可应用抗生素或磺胺类药物疗法。

在进行上述治疗的同时，配合中药治疗，效果较好。可用蒲公英32克水煎，头煎口服，二煎洗眼。或用紫花地丁、鸭跖草水煎口服，以清热祛风、平肝明目。

【预　防】 保持兔笼、兔舍的清洁卫生，防止沙尘等异物落入眼内或发生眼部外伤；夏季避免强日光的直射；用化学消毒剂消毒时，要注意消毒剂的浓度和消毒时间；经常喂给富含维生素A的饲料，如胡萝卜、南瓜、黄玉米和青干草等。

(八十四)中 耳 炎

鼓室和耳管的炎症称为中耳炎。鼓膜穿孔、外耳道炎症、感冒、流感、传染性鼻炎或化脓性结膜炎等继发感染，均可引起中耳炎。感染的细菌一般为多杀性巴氏杆菌。可成为兔群巴氏杆菌病的传染来源。多发生于青年兔和成年兔，仔兔少见。

【防治措施】 局部可用消毒剂洗涤，排液后用棉球吸干，滴入抗生素。可用青霉素、链霉素滴耳，每日2次，连用5天。同时，肌内注射庆大霉素，每只兔2万～4万单位，每日2次，连用5～7天。对重症顽固难治的病兔，应予淘汰，以减少巴氏杆菌的传播机会。

预防措施主要是及时治疗兔的外耳道炎症、流感、鼻炎、结膜炎等疾病，建立无多杀性巴氏杆菌病的兔群。

(八十五)湿性皮炎

本病为家兔皮肤的慢性炎症，常发部位为下颌和颈下，所以又称为垂涎病、湿肉垂病等。多因下颌、颈下长期潮湿，继发感染而造成。导致该部长期潮湿的原因通常有以下 3 种情况：①牙齿、口腔疾病，牙齿咬合错位，口炎治疗不及时等而引起多涎；②饮水方法不当，用瓦罐、水槽、盘盆等平而大的饮水器具给水；③饲养管理不善，垫料脏湿，长期不换。长期腹泻时，肛门和后肢也可发生湿性皮炎。

【防治措施】 治疗时，先剪去患部被毛，用 0.1%新洁尔灭溶液洗净，局部涂抗生素软膏。或剪毛后用 3%过氧化氢溶液清洗消毒后，涂擦碘酊。感染严重者，需全身应用抗生素。

消除病因，及时治疗口腔和牙齿疾病；改善饲养管理，改用瓶子给水，经常更换垫料。

(八十六)外　伤

各种机械性的外力作用均可造成外伤，如笼舍的铁皮、铁钉、铁丝断头等锐利物的刺(划)伤；互相咬斗及其他动物的咬伤；剪毛时的误伤等。

【治　疗】 轻伤者局部剪毛涂擦碘酊即可痊愈。对于新鲜创，首先要止血，除用压迫、钳夹、结扎等方法外，可局部应用止血粉。必要时全身应用止血剂，如安络血、维生素 K、氯化钙等。清创时先用消毒纱布盖住伤口，剪除周围被毛，用生理盐水或 0.1%新洁尔灭溶液洗净创围，再用 3%碘酊消毒。然后除去纱布仔细观察，清除创内异物和脱落组织，反复用生理盐水洗涤创内，并用纱布吸干，撒布磺胺粉，之后包扎或缝合。创缘整齐、创面清洁、外科处理较彻底时，可行密闭缝合；有感染危险时，行部分缝合。

伤口小而深或污染严重时，及时注射破伤风抗毒素，应用抗生素。

对化脓创，清洁创围后，用 0.1%高锰酸钾溶液、3%过氧化氢溶液或 0.1%新洁尔灭溶液等冲洗创面，除去深部异物和坏死组织，排出脓液，创内涂抹魏氏流膏、松碘流膏等。

对肉芽创，清理创围，用生理盐水轻轻清洗创面后，涂抹松碘流膏、大黄软膏、3%甲紫等刺激性小、能促进肉芽和上皮生长的药物。肉芽赘生时，可切除或用硫酸铜腐蚀。

【预　防】 清除笼舍内的尖锐物，笼内养兔不能过密，同性别成年兔分开饲养，防止猫、犬等进入兔舍，小心剪毛。

(八十七)脓　肿

任何组织或器官，因化脓性炎症形成局限性脓液积聚，并被脓肿膜包裹，称为脓肿。多数脓肿是经小伤口感染病菌而引起。

【防治措施】 初期脓肿尚未成熟时，连续应用足量抗生素或磺胺类药物。患部剪毛消毒后，涂擦用醋调的复方醋酸铅散、雄黄散等，以促进炎症消散。当局部出现明显的波动感、脓肿已成熟时，应立即进行手术治疗。具体方法是：①脓液抽出法。局部剪毛消毒后，用注射器抽出脓液，然后反复注入生理盐水冲洗脓腔，再抽净腔中液体，最后灌注青霉素溶液。本法适用于脓肿膜形成良好的小脓肿。②脓肿切开法。适用于较大的脓肿。首先局部剃毛，用碘酊消毒，在最软化部位切开。同时，应尽量在波动区最下部切开，但不应超过脓肿壁。切开后任脓液自行流出，不许挤压或擦拭脓肿腔。然后用消毒液冲洗，除去脓液和异物等。必要时可做引流、扩大切口或做相对口。

预防本病应消除引起外伤的原因并加强饲养管理，补充富含维生素和蛋白质的饲料。

(八十八)烧　伤

烧伤是兔体受到高温或化学物质的作用，所发生的局部组织损伤。前者为温热性烧伤，后者为化学性烧伤。

【防治措施】 对于温热性烧伤，伤后保持家兔安静，并注意保温。可应用止痛药、强心药等。饮水中加入适量食盐和碳酸氢钠。拒食时，可经静脉或腹腔大量补液。处理创面时，剪除被毛，用温水洗去污物，再用生理盐水洗净拭干，最后用70%酒精消毒。眼部用2%～3%硼酸溶液洗涤。局部可涂3%甲紫或5%鞣酸溶液等。对于酸性烧伤，伤后立即用大量清水冲洗，然后用5%碳酸氢钠溶液中和。苯酚烧伤时，可涂蓖麻油，以减慢苯酚的吸收。对于碱性烧伤，用大量清水冲洗后，可用食醋或10%醋酸中和。若为氢氧化钠烧伤可用5%氯化铵中和。对于磷性烧伤，应尽快除去伤部沾染的磷，用1%硫酸铜涂于患部，使磷转变成黑色的磷化铜，用镊子除去，以大量水冲洗，再以5%碳酸氢钠溶液湿敷，以中和磷酸。

(八十九)冻　伤

外界气候因素影响，如在严寒的季节，兔笼、兔舍保温性差、湿度大，易造成冻伤。机体内在因素影响，如品种的耐寒能力差，以及饥饿、衰竭、活动量不足、仔幼兔适应性差等，也是发生冻伤的诱因。冻伤常发生于机体末梢、被毛少和皮肤薄嫩处，如耳、足部。

【防治措施】 将病兔转移到温暖处，对受冻部加温。轻者局部涂油脂，如猪油。为促进肿胀消散，可涂擦1%碘溶液、碘甘油、3%樟脑软膏等，也可用紫外线照射。出现水疱时，要预防或消除感染，改善局部血液循环，促进炎性肿胀的消散，提高组织的修复能力。早期应用抗生素，局部涂3%甲紫溶液或水杨酸氧化锌软膏等。三度冻伤时，要防止发生湿性坏疽。切除坏死组织，涂抗生素软膏。

全身可应用抗生素，静脉注射葡萄糖、维生素C和维生素B_1等。

在严寒季节，要注意兔笼、兔舍的保温，多加垫料，以及采取其他取暖措施。北方严寒地区，宜饲养耐寒品种的家兔。

(九十)骨　折

多因兔笼底板粗糙、不整、有缝隙，肢体陷入后家兔惊慌挣扎而发生骨折。幼兔足、肢可陷入笼底孔眼内而扭断。运输中剧烈跌撞也可造成骨折，骨软症时更易发生骨折。

【防治措施】 对非开放性骨折先复位，用纱布或棉花衬垫于骨折部上、下关节处，然后放上小木(竹)条(长度稍超过骨折部上、下关节)，并用绷带包扎固定，3～4 周后拆除。对开放性骨折，发现后及时彻底清创消毒，除去异物，复位后创部覆盖无菌纱布，再按非开放性骨折的处理方法固定患肢。注射抗生素防止感染。

为防止发生骨折，应经常检查兔笼。笼底板每片宽度以 2～2.5 厘米为宜，各片间距空隙在 1～1.1 厘米，能漏掉粪粒即可。

(九十一)截 瘫

对家兔的捕捉和保定方法不当，使其突然受到惊吓而蹿跳，从高处跌落等，可造成腰椎骨折或腰荐联合脱位而发生截瘫。截瘫又称为创伤性脊椎骨折、断背、掉腰或后躯麻痹。

【防治措施】 完全截瘫时，预后不良，应予淘汰。轻微者整复后应保持安静，待其自愈。为防止发生本病，兔舍内应保持安静，正确地捕捉、保定家兔。

(九十二)长毛兔腹壁疝

本病是因对长毛兔抓绒或拉毛时方法不当，造成腹壁肌肉撕裂，肠管随之脱出至皮下所造成的一种外科病。

抓绒或拉毛后，腹部局部突然出现圆形或椭圆形的柔软波动性肿胀，用手触摸按压或改变患兔体位后常会缩小或消失。随着病程的延长，患部呈现红、肿、热、痛等炎症反应。病兔精神欠佳，骚动不安，拒食，腹泻，体况下降，严重病例常造成肠管粘连或局部坏死。

【治 疗】 对患腹壁疝的长毛兔可采用外科手术处理，切开皮肤，清理疝环部，将肠管还纳于腹腔，分层缝合疝孔，并喷洒青霉素溶液。同时，按每千克体重肌内注射青霉素 2 万～4 万单位，每日 2 次，连用 3 天。

【预　防】 抓毛绒时，注意保定姿势和正确的手法，可避免本病的发生。

(九十三)直肠脱和脱肛

直肠后段全层脱出于肛门外，称为直肠脱；若仅直肠后段黏膜脱出肛门外，称为脱肛。

【防治措施】 轻者用0.5%高锰酸钾溶液、0.1%新洁尔灭溶液或3%明矾溶液等清洗消毒后，提起后肢，使其慢慢复位。脱出时间长、水肿严重甚至部分黏膜已发生坏死时，用消毒液清洗消毒后，小心剪除坏死组织，轻轻整复，并伸入手指，判定是否有套叠或绞扭。整复困难时，用注射针头刺破水肿部，用浸有高渗液的温纱布包裹，并稍用力挤出水肿液，再行整复。整复后肛门周围做荷包缝合，但要松紧适度，以不影响排便为宜。为防止剧烈努责而复发，可在肛门上方的后海穴注射1%盐酸普鲁卡因注射液3～5毫升。若脱出部坏死糜烂严重、无法整复时，则行截除手术。

加强饲养管理，适当增加光照和运动，保持兔舍清洁干燥，及时治疗消化系统疾病。对发病兔要及早治疗。

(九十四)脚垫和脚皮炎

本病以后肢发生最为常见，前肢发生较少。

主要原因是脚部在笼底或粗糙坚硬地面上所承受的压力过大，引起脚部皮肤和脚垫的压迫性坏死，故多发生于成年兔。笼底潮湿、粪尿浸渍，易引起溃疡性脚垫和脚皮炎。

【治　疗】 局部病变按一般外科处理，除去干燥的痂皮和坏死溃疡组织，用0.1%高锰酸钾等消毒液冲洗，之后涂氧化锌软膏、碘软膏或其他消炎并能促进上皮生长的膏剂。有脓肿时，应切开排脓，也可应用抗生素。

【预　防】 笼底应平整，用竹板铺垫较好。经常更换软垫，保持清洁、干燥。可放一块休息板，以防再度损伤，加速愈合。

(九十五)肿　瘤

肿瘤是机体某一部分组织细胞在某些内外因素的作用下,形成的一种异常的增生肿块。

肿瘤可分为良性肿瘤和恶性肿瘤。

良性肿瘤,呈膨胀性缓慢生长,有时可停止生长,形成包膜。肿瘤呈球形、椭圆形、结节状或乳头状,表面光滑整齐,界限明显,一般不破溃。无痛,不易出血,质地软硬均匀一致,有弹性和压缩性。不转移,不复发。除局部的压迫作用外,一般无全身反应。

恶性肿瘤,呈浸润性迅速生长,很少停止生长,不形成包膜;呈多种形态,表面不整齐,界限不明显,常形成溃疡。有痛,易出血,质地软硬不均,无弹性和压缩性。易转移复发。常有贫血、消瘦等恶病质。

家兔的肿瘤常见于腹腔内部器官,肾脏、子宫多发。家兔常见的肿瘤有肾母细胞瘤、子宫腺癌、消化道和生殖道的平滑肌瘤和平滑肌肉瘤、阴道鳞状细胞癌、乳头状瘤病、肝脏肿瘤、乳腺肿瘤和淋巴瘤病等。

【防治措施】 对于患肿瘤的家兔应早期发现,早期诊断,及时淘汰。

(九十六)遗传性外貌损症

兔常见的遗传外貌损症有以下几种。

1. 眼的损症

(1)牛眼　又叫水眼或先天性青光眼。最早可出现在 2～3 周龄,多数病例较晚出现。临床上可见眼前房增大,初期角膜清晰或轻微浑浊,接着角膜失去光泽、逐渐浑浊。结膜发炎,眼球突出、增大。公兔性欲减退,精子浓度降低。牛眼可以是单侧发生,也可以是双侧发生。提高饲料中维生素 A 的水平,可降低牛眼的外显率。

(2)白内障　第一型,出生后两眼晶体后壁轻微浑浊,5～9 周时晶体完全浑浊。多吃干草,可减慢病情的发展。第二型,多为单侧性发生。

(3)独眼　正常的双眼被嘴部的1个大眼睛所替代。

2. 口腔损症　常见的有下颌骨凸颌,第二门齿缺乏或多出1个第二门齿等。

3. 耳损症　低垂耳,耳朵从基部垂向前外侧。

4. 四肢损症　病兔不能将所有的肢收于腹下,以腹部着地趴着。行走时,以腹部贴地,四肢向身体两侧伸出,做短距离滑行,似划水状。严重者瘫痪不动。但此损症兔要与因营养缺乏及兔笼底板方向与饲槽平行而且太滑等因素所引起的腹部贴地划行相鉴别。

【防治措施】　对遗传性疾病病兔个体的治疗意义不大,一旦确诊,应于淘汰。

七、兔产科病的防治

(九十七)乳房炎

本病多发生于产后5～20天的哺乳母兔。

病兔乳腺肿胀、发热、敏感,继而患部皮肤发红,以至变成蓝紫色,故又称蓝乳房病。病兔行走困难,拒绝仔兔吮乳。局部可化脓形成脓肿,或感染扩散引起败血症。体温可达40℃以上,精神不振,食欲减退。

【治　疗】　发病后应立即隔离仔兔,选择其他母兔代哺或人工喂养。对轻症乳房炎,可挤出乳汁,局部涂以消炎软膏如10%鱼石脂软膏、10%樟脑软膏、氧化锌软膏或碘软膏等。局部行封闭疗法,用0.25%～1%盐酸普鲁卡因注射液5～10毫升,加入少量青霉素,平行腹壁刺入针头,将药液注射于乳房基部。发生脓肿时,应及早行纵切开,排出脓液。然后用3%过氧化氢溶液等冲洗,按化脓创治疗。深部脓肿可用注射器先抽出脓液,向脓肿腔内注入青霉素溶液。全身可应用青霉素、磺胺类药物，以防发生败血症。愈后不宜再用作繁殖母兔。

【预　防】 乳房炎主要是由于饲养管理不当造成的，只要在平时的饲养管理中加以解决，就可减少或杜绝乳房炎的发生，进而避免仔兔黄尿病的发生。

(1)精心饲养母兔　妊娠母兔对营养物质的需要量相当于平时的1.5倍。母兔此时应得到全价的营养，才能保证母体健康、泌乳力强。因此，在母兔妊娠的中后期要供给充足的优质青绿饲料以及豆饼、花生饼、鱼粉、麦麸、玉米、骨粉等含蛋白质、矿物质、维生素丰富的全价饲料。直到临产前3天，才减少全价料的饲喂量，同时适量喂给青绿饲料。哺乳母兔每天可泌乳60～150毫升，高产母兔可达150～250毫升甚至300毫升，每天都要消耗大量的营养物质。除喂给富含蛋白质、维生素、矿物质的全价饲料、青绿多汁饲料外(一般采取夜晚自由采食)，还必须供给充足清洁的饮水。产后3天，要适当减少全价饲料和青绿多汁饲料，防止产后最初几天泌乳过多，被仔兔吸吮后还有剩余，从而造成乳汁在乳房内蓄积。

(2)适时配种　家兔的性成熟比体成熟早，健康家兔4月龄就有发情表现，但此时交配受胎，不但影响母兔体型、体质、发育和仔兔的初生重，而且产后大多缺乳，易患乳房炎。故应选择6月龄以上、体重3千克以上(小体型的可适当提前0.5～1个月)的健康母兔配种繁殖。

(3)加强管理　保持兔笼、产箱、笼底板和运动场的清洁卫生，定期消毒。清除兔笼、笼底板、产箱和环境中的尖锐杂物，保持笼底板光滑且无毛刺，防止损伤乳房。

(4)调整寄养，适时断奶　母兔分娩后，根据仔兔数目和泌乳量，及时调整母兔所哺喂的仔兔数，并养成定时哺乳的习惯。随着仔兔的生长发育，母兔的泌乳量逐渐满足不了仔兔的需要，一般皮、肉用兔到16日龄，毛用兔到18日龄，就应开始补喂优质、易消化的全价饲料。到30日龄转为以饲料为主、母乳为辅，到35～40日龄断奶。

(5)定期预防　母兔在产前和产后3天，可口服复方新诺明片(人用)，每兔每日1片。

(九十八)缺乳和无乳

主要是由母兔在妊娠期和哺乳期饲喂不当或饲料营养不全价所造成。

仔兔吃奶次数增多但吃不饱，在产箱内爬动、鸣叫，逐渐消瘦，增重缓慢，发育不良，甚至因饥饿而死亡。

母兔不愿哺乳，乳房和乳头松弛、柔软或萎缩变小，乳腺不发达。用手挤时挤不出乳汁或挤出量很少。

【防治措施】　首先应改善饲养管理，喂给母兔全价饲料，增加精饲料和青绿多汁饲料。防止早配，淘汰过老母兔，选育饲养母性好、泌乳多的品种。

口服人用催乳灵1片，每日1次，连用3～5天。试用激素治疗，用垂体后叶素10单位，皮下或肌内注射；或用苯甲酸雌二醇0.5～1毫升，肌内注射。

亦可选用催乳和开胃健脾的中草药。

处方1：王不留行、天花粉各30克，漏芦20克，僵蚕15克，猪蹄1只，水煮后分数次调拌在饲料中喂给。

处方2：王不留行20克，通草、穿山甲、白术各7克，白芍、山楂、陈皮、党参各10克，共研为末，分数次混于饲料中喂给。

(九十九)新生仔兔不食症

本病是因母兔妊娠后期营养不平衡所致，一般在仔兔出生后2～3天内发病。在同一窝仔兔内，部分或整窝相继发病。

患病仔兔表现为不吮乳，皮肤凉而发暗，全身绵软无力，最后于昏迷状态下死亡。

【防治措施】 加强母兔妊娠后期的饲养管理，饲喂营养全价的饲料。发现仔兔不吮乳时，用自行车气门芯乳胶管2厘米，套在注射器上，吸取25%葡萄糖溶液，将乳胶管插入仔兔口中，缓缓推动活塞，每只仔兔灌服1～2毫升。对已不会吞咽的仔兔，则腹腔注射5%～10%葡萄糖注射液4～5毫升，一般可在30分钟内见效。为巩固疗效，间隔4～5小时后再使用1次。而后连续3天补喃葡萄糖溶液，每天2次，即可见效。

(一〇〇)生殖器炎症

家兔生殖器常见的炎症有阴部炎、阴道炎、子宫内膜炎以及公兔的包皮炎和睾丸炎等。

根据炎症的性质，可将生殖器炎症分为黏液性、黏液脓性、脓性和蜂窝织炎性等数种。轻者表现为局部炎症，重者则出现体温升高、食欲减退等全身症状。

【防治措施】 轻者局部处置即可。重者在局部处置的同时，要结合全身症状应用抗生素、磺胺类药物治疗。

为排出渗出物，可用2%温碳酸氢钠溶液、1%～2%氯化钠溶液冲洗阴道。水肿严重时，可用2%～5%温盐水或硫酸镁溶液冲洗。为消除感染，局部常用0.1%高锰酸钾溶液、3%过氧化氢溶液、0.1%雷佛奴尔溶液或0.1%新洁尔灭溶液冲洗，冲洗后要排出消毒液。有化脓感染者，冲洗后涂抹碘甘油、青霉素软膏、磺胺软膏等。

为促进子宫腔内分泌物的排出，可使用子宫收缩药，如皮下注射垂体后叶素2万～4万单位。

患睾丸炎时局部可温敷，化脓性睾丸炎时可行去势术(阉割)。

也可服用具有清热解毒、抗菌消炎、收敛止痒功效的中草药。

预防措施主要是搞好笼舍的清洁卫生工作，定期消毒，隔离治疗病兔，避免交配时互相传播。

(一〇一)子宫出血

子宫出血是由于绒毛膜或子宫壁的血管破裂所引起。主要是妊娠母兔腹部直接受到暴力作用,使子宫壁血管(母体血)或绒毛膜血管(胎儿血)损伤、破裂所致。此外,胎儿生长过大、分娩时间过长、子宫肿瘤以及流产前后均可发生子宫出血。

出血少时,血液积于子宫壁与胎膜之间,不向外流出,不易确诊,可见到先兆性流产的症状。出血量大时,除腹痛不安、频频起卧等流产预兆外,阴道流出褐色血块。严重时可视黏膜苍白,肌肉颤抖,甚至死亡。

【防治措施】 防止妊娠母兔腹部受到暴力袭击。发现子宫出血后,让妊娠母兔安静休息,同时腰部冷敷。禁用强心和输液疗法,少做不必要的阴道内检查。可皮下注射 0.1%肾上腺素注射液 0.05 毫升或应用其他止血药。病兔兴奋不安时,可给予镇静药。出血不易制止、危及病兔生命时,应及时行人工流产,流产后注射垂体后叶素 1 毫升或麦角新碱注射液 1 毫升,或口服麦角精 1/4 片,以促使子宫收缩、制止出血。

(一〇二)流产与死产

母兔妊娠终止,排出未足月的胎儿,称为流产;妊娠足月,但产出死的胎儿,称为死产。

【防治措施】 对流产后的母兔,应保持安静。注意休息,喂给营养充足的饲料并加 3%的食盐。及时应用磺胺类药物、抗生素,局部清洗消毒,控制炎症以防继发感染。加强饲养管理,找出流产与死产的原因并加以排除。防止早配和近亲繁殖。发现有流产预兆的妊娠母兔,可肌内注射黄体酮 15 毫克保胎。对习惯性流产的母兔,应及时淘汰。

(一〇三)难　产

家兔难产不多见。导致难产的原因主要有产力不足、产道狭窄和胎儿异常。饲养管理不当使母兔过肥或瘦弱,运动和日照不足等可使母兔产力不足。早配、骨盆发育不全、盆骨骨折、骨赘、盆腔肿瘤等可造成产道狭窄而导致难产。胎势不正,或胎儿过大、过多、畸形、胎儿气肿以及两个胎儿同时进入产道,都可以成为难产的原因。

【防治措施】 应根据原因和性质,采取相应的助产措施。对产力不足者,可应用垂体后叶素或催产素,配合腹部按摩助产。催产无效或因骨盆狭窄及胎头过大,胎位、胎向、胎势不正不能产出时,可局部消毒,向产道内注入温肥皂水或润滑剂,用手指或助产器械矫正胎位、胎向、胎势后将仔兔拉出。拉出困难或强拉会损伤产道时,则应剖宫取胎。

家兔剖宫产时,取仰卧或侧卧保定,在耻骨前沿腹中线或最后肋骨后方肷部切开。术部剃毛,用70%酒精或1%新洁尔灭溶液消毒,用5%盐酸普鲁卡因注射液局部浸润麻醉,切开腹壁,拉出子宫,并用大纱布围绕,使其与腹腔隔离。于子宫大弯处纵向切开子宫,取出胎儿及胎衣,然后清洗消毒、缝合、还纳子宫,按常规方法缝合腹膜、腹肌和皮肤。术后应用抗生素3～5天。剖宫产宜早不宜迟,否则胎儿腐败,预后不良。

难产的预防,主要是加强饲养管理,适时配种,防止早配和近亲繁殖。母兔分娩时应保持绝对安静。

(一〇四)阴道脱出和子宫脱出

阴道壁一部分或全部突出于阴门外,称为阴道脱出。产前产后均可发生,尤以产后多发。子宫一部分或全部翻转脱出于阴门外,称为子宫脱出。通常发生于产后数小时内。

固定阴道的组织较松弛,这是内因。腹内压增高和过度努责是导致阴道脱出的直接原因。分娩后数小时，子宫尚未完全收缩，子宫颈口仍然开张，此时子宫体、子宫角容易翻转脱出。难产时助产不当，也可造成本病。

此外，饲养管理不当、体质瘦弱、运动不足、剧烈腹泻等也可成为本病的诱因。

【防治措施】 可参考直肠脱出的防治。子宫套叠时，除用手指机械整复外，可向子宫内注入灭菌的生理盐水，借助于水的重力使其复位。子宫全脱出时，用手指如同翻肠一样，在兔努责的间歇期向内推压，依次内翻，直至将子宫角推入产道乃至腹腔内。复位不完全时，可向子宫内注入灭菌生理盐水（加一些抗生素）。脱出的子宫无法整复或有大的损伤和坏死时，可行子宫截除术，病兔留作肥育食用。截除子宫时，用 18 号丝线在靠近阴门处做一猪蹄扣，缓慢地拉紧结扎线。在结扎线外侧 2～3 厘米处切除子宫，涂以碘酊，送回阴道。整复后为防止复发，可对阴门行纽扣式、双内翻式或荷包缝合，松紧以不影响排尿为宜。缝合数日后，如不再努责或临近分娩时，应及时拆线。

（一〇五）不孕症

母兔不孕比较常见，其原因是多方面的。母兔患有各种生殖器官疾病，如子宫炎、阴道炎、卵巢肿瘤等是不孕的主要原因。母兔过肥、过瘦，饲料中蛋白质缺乏或质量差，维生素 E 含量不足，换毛期间内分泌功能紊乱，以及公兔生殖器官疾病、精液不足或品质差，也是导致不孕的重要原因。患葡萄球菌病、李氏杆菌病、兔梅毒等，也可造成不孕。

【防治措施】

第一，及时治疗生殖器官疾病。屡配不孕者，应予以淘汰。

第二，适当调剂营养，避免兔体过肥或过瘦。配种前 5～10 天适当补充维生素 E。

第三，保证光照时间，每天 10～12 小时。短日照期可补充人工光照，但应避免长期处于高温环境。

第四，若因卵巢功能降低而不孕，可试用激素治疗。皮下或肌内注射促卵泡素（FSH），每次 0.6 毫克，用 4 毫升生理盐水溶解，每日 2 次，连用 3 天。于第四天早晨母兔发情后，在耳静脉注射 2.5 毫克促黄体素（LH），之后马上配种。用量一定要准，用量过大反而效果不佳。

第五，同一只种公兔所配母兔不孕者较多，应考虑是否为公兔因素。如果是公兔所造成，应予以淘汰。

（一〇六）假　孕

假孕亦称伪妊娠，是成年母兔常见的现象。是指母兔发情后在未交配或交配后没有受胎的情况下，全身状况和行为表现出妊娠所特有变化的一种综合征。假孕虽然不会引起生殖道的疾病，但会影响母兔的正常繁殖能力。假孕在一些兔场并不少见，个别兔场假孕率可达 30%左右，尤以秋季为高。

【防治措施】 为减少假孕，应养好种兔。加强母兔的饲养管理，及时诊治生殖系统疾病。适时配种，并采取复配和双重配种的方法。如在饲养中发现母兔假孕，应立即注射雌二醇、己烯雌酚等性激素，诱导母兔发情、适时配种。

（一〇七）宫外孕

有原发性和继发性两种，前者少见，后者多见。输卵管破裂或难产等原因引起子宫破裂，均可造成宫外孕。宫外孕由于胎盘附着异常、血液供应不足，胎儿生长至一定时期即发生死亡。

【防治措施】 防止母兔腹部受到撞击，妊娠检查摸胎时动作要轻柔。本病确诊后，经剖腹手术取出死胎，预后良好。但母兔应淘汰，肥育食用。

(一〇八)产后瘫痪

病因是多方面的。产前光照不足,运动不够,兔舍潮湿。饲料营养不全价,尤其是钙、磷缺乏或比例不当。受惊吓,产仔窝次过密,哺乳仔兔过多等,均可能引起产后瘫痪。饲料中毒,难产时助产不当,以及球虫病、梅毒病、子宫炎、肾炎等,均会引起产后瘫痪。

【防治措施】 主要是加强饲养管理。将猪、牛骨头或其他新鲜畜、禽骨头洗净、烘干,研成粉末拌入饲料中喂兔,每只每天喂5克。另外,可适当加大日粮中麦麸和米糠等含磷较多的饲料,加喂红薯藤蔓、花生叶等含钙较多的粗饲料,尽量多喂新鲜青绿饲料,对预防母兔瘫痪也有良好效果。

对有治疗价值的种母兔,可试行按摩、电疗、补钙等措施;采取口服油类泻剂、灌肠等对症治疗措施。对病重母兔,用5%氯化钙注射液3~5毫升一次静脉注射。

(一〇九)吞食仔兔癖

本病是一种新陈代谢紊乱和营养缺乏的综合征,致病原因包括以下几方面:饲料中钙、磷、某些蛋白质、B族维生素等不足,均可导致吞食仔兔现象;平时饮水不足、母兔分娩后口渴无水可饮时,可发生吞食仔兔的行为,并养成恶癖;分娩时受惊扰,产箱或仔兔有异味,死仔兔未及时取出,也可诱发母兔吞食仔兔。

【防治措施】 产前加强饲养管理,给足饮水,使产后母兔能站立时即能喝到温淡盐水。保持安静,不打扰其分娩,避免将异味带入窝内,及时取出死仔兔。有吞食仔兔恶癖的母兔,产后立即将其与仔兔分开,定时监视哺乳。

(一一〇)妊娠毒血症

本病为母兔妊娠后期的一种代谢性疾病。

一般表现为精神沉郁,呼吸困难,呼出气带酮味(似烂苹果味),尿量减少。死前可发生流产、共济失调、惊厥、昏迷等神经症状。血液学检查可见非蛋白氮含量显著升高,钙含量减少,磷含量增多。丙酮试验呈阳性。

剖检可见母兔体肥,乳腺分泌旺盛,卵巢黄体增大。肝脏、肾脏、心脏苍白,脂肪变性。脑垂体变大,肾上腺和甲状腺变小、苍白。

【防治措施】 添加葡萄糖可防止毒血症的发生和发展。对本病目前主要是争取稳定病情,使之能够维持到分娩,而后得到康复。治疗的重点是保肝解毒,维护心脏、肾脏功能,提高血糖,降低血脂。发病后口服甘油,静脉注射葡萄糖注射液、维生素 C 注射液;肌内注射维生素 B_1 和维生素 B_2 注射液等,均有一定疗效。同时,应用可的松类激素药物来调节内分泌功能,促进代谢,可提高治疗效果。按中医辨证分型,以型施治。脾胃虚弱型(食欲大减),宜滋养脾胃、补养气血、固养胎儿、疏肝理气,方用泰山盘石散;肝肾阴虚型(口红,便少而干,耳鼻温热,尿少而稠),应滋阴降火、疏肝理气,方用一贯煎;脾胃湿困型(四肢寒冷,便稀、流涎,腹水增多),以温脾健胃、渗湿利水为主;阳黄型(见于病的初期),以清热利湿、利胆为主,辅以健脾,方用龙胆泻肝汤;阴黄型(见于病的中后期),以益气血、补脾胃为主,辅以解郁利湿,方用强肝汤。

在妊娠后期,供给富含蛋白质和碳水化合物的饲料,不喂腐败变质饲料,避免饲料种类的突然更换和其他应激因素。饲料中添加葡萄糖,可防止毒血症的发生和发展。

(一一一)初生仔兔死亡

仔兔出生后,生活环境发生骤然改变,外界环境与母体子宫内环境差异很大,幼体调节功能尚不完善,适应力弱,抵抗力低,很容易发生死亡。在 12 周龄以内的死亡数可占死亡总数的 1/3 以上。初生仔兔死亡的原因,主要是母兔拒绝哺乳、仔兔饥饿和受冷。

【防治措施】

第一,加强对妊娠期和哺乳期母兔的饲养管理,提高日粮质量，及时治疗母兔乳房炎、子宫炎等疾病。

第二，选养母性好的母兔。对于拒绝哺乳母兔所产的仔兔，立即实行人工辅助哺乳，每日 1 次，并使母兔逐渐适应自行哺乳。

第三，母兔产后无乳，或患乳房炎不便哺乳，以及产仔过多时，可对仔兔施行人工哺乳或调给其他哺乳母兔。人工哺乳以牛奶为基础，每 500 克鲜牛奶第一周加 19 克酪酸钙，第二周加 21 克，第三周加 25 克。配好后放于冰箱内保存，临用前在热水中加热至 38℃～40℃，摇匀喂给。调窝混群时，日龄相差不能超过 3～5 天。混群前先将母兔移到别处，可用代哺母兔的尿液或垫料涂擦仔兔身体，以防母兔嗅出异味，拒绝接收移入的仔兔。仔兔混群几小时后再放回母兔，并注意观察。混入的仔兔应健康，无传染病。

第四，注意兔舍、窝箱的保温。对受冻濒死的仔兔进行抢救。将仔兔全身浸泡在 30℃～37℃的温水中，露出口、鼻呼吸，待其蠕动、发出叫声后取出，用干软毛巾轻轻擦干，迅速放回窝箱。禁忌用嘴哈气来温暖、抢救仔兔，这样会适得其反，加速仔兔死亡。

第四章　数学诊断学的理论基础与方法概要

数学就是这样一种东西：她提醒你有无形的灵魂，她赋予她所发现的真理以生命；她唤起心神，澄清智慧；她给我们的内心思想增添光辉；她涤尽我们有生以来的蒙昧与无知。

普罗克罗(Proclus)

钱学森说："要看得远，一定要有理论。"我认为理论还管举一反三。平时若说一个人"不懂道理"就是在骂他。我想向您说四条。

第一，你看我在前言和理论篇的开头都引用普罗克罗的语录，因为我读十几本数学读物，就是他对数学的认识全面而到位！数学是事物的灵魂，"灵魂"二字我也是新认识到。我原来说任何事物背后都藏有数学。你看人家说是"灵魂"多好。您看市场很平静，数学在起作用；突然打起来了，你去看看，那里准发生了数学不平衡的问题。以前，把数学神秘化了。其实并不神秘，矛盾呀，愉快呀，所有事情，数学都在起灵魂的作用。

第二，我写本章理论基础，主要含有两部分内容：一交代定义，我认为定义就是灵魂，而且初中以上的人都能看懂；二交代数学诊断学是怎么用的。穿插有故事，所以你可以像读闲书一样去读。力争让你在不知不觉中就懂得了现代科学原理。如果你能记住书中所引用的大学问家的一条语录，我就觉得你已经有了巨大收获！

第三，当然我希望你能记住 20 字用法，因为你记住 20 字，你就会使用智能卡诊断疾病。如果还能像读闲书一样，懂得了一些现代科学原理，不但我高兴，你自已恐怕也要蹦起来高兴一番。

第四，知识在百科全书可以查到，或在因特网百度窗口输几个关键字，就会出来一大堆供你选择。然而一种思想或方法、一门新学科，却不是容易表达或学到的。如果你要想有所创造，就必须认真钻一钻了。所谓创造，都是肯钻肯借鉴他人思想而琢磨出来新的东西。

一、诊断现状

我认为有必要将诊断的现状向读者做个交代。

（一）诊断混沌

古今中外，外行不会诊断，内行诊断不一，人们已经司空见惯，习以为常，我们称之为混沌。

1. 初诊混沌的证明

（1）社会证明　①约 99%外行不会诊病。②约 1%内行诊断不一。③尚未找到使之一致的办法。④随机可证。

（2）实例证明　①报载陈毅元帅重病半年，无病名，会诊是急性盲肠炎，剖腹是结肠癌。②央视《实话实说》报道老谢，6 家诊断是胰腺癌，花几万元未愈；第七家诊断是胆石症，几百元治好了。③刘菁在某学会换届大会上宣读 1 个病例，请大家帮助诊断，无人回答。④Chengde 市进口几头种公牛病了，请国内 8 位专家诊断 8 个病名。送走专家牛死光。⑤我们课题组成员（教授）之间做过一次实验：读症状互考，结果没有一个人答对。

（3）学者证明　①蔡永敏主编《常见病中西医误诊误治分析与对策》的前言中这样写道："每一病被误诊的病种也相当广泛，多者甚至达到十几种、几十种，误诊的原因也多种多样。"②（美）Paul Cutler 著《临床诊断的经验与教训》的前言："就像盲人摸象一样，学生、教师、专业人士和患者各自都以自己的方式看待医学……"（第一段）；"每一种都是对的。"（第二段）；"每一种又都是错的。"（第三段）。③戚仁铎主编《实用诊断学》1002 页："医学是一种不确定的科学和什么都可能的艺术。”一位医师说：“我们是从正面理解的这句话。”

(4)猜硬币试验证明混沌　1角硬币有两面：“1角”字和花草图案。我借用有人已经做过的统计学实验：抛万次以上，猜对“1角”朝向的可能性接近50%。

我写一条专家语句：“如果一个人对一个病组内有几种病及其病名都不知道，那么他猜对的可能就只能接近0%”。不信，你就试试。这就是外行不会诊病的数学道理。

2. 老法初诊为什么混沌　①古今凭症状记忆加经验，给患者诊病。但人脑“记不多、错位和遗忘”，这就注定了诊断混沌。②莎士比亚说：1千个人就有1千个哈姆雷特(观众观莎剧哈姆雷特感受不同)；我说：学生描写老师的作文也不会有2人相同；国际生理学大会早就做过试验证明描述不一。③英文词典说：No two people think is a like.(没有两个人的想法是相同的)。

此处的①②③都是毫无疑义的现象。还可举出很多例子。关键在于找出解决诊断混沌的办法。

3. 老法初诊混沌的解决办法　科学史已经证明：“数学是解决多种混沌的核心”。因此，我们认为，“数学也是解决老法初诊混沌的核心”。本篇就是为此而写的。

(二)先进的医疗仪器设备与日俱增，但过度“辅检”不可取

毋庸置疑，在应用先进的医疗设备之前，一定要对患者有个初诊病名，再开辅检单。这是正确的操作规程。先开单辅检，甚至过度“辅检”的做法，不可取。因为盲目做“辅检”不但增加了患者的负担，还有可能延误治疗时间，造成不必要的损失。

电脑诊病好用。“美国等先进国家1974年开始研究电脑诊病，结果证明好用，但是不用。阻力有三：医生怕影响地位和收入，患者觉得神秘不敢用，还有法律责任谁负”(李佩珊《20世纪科技史》)。

我们研制智能诊断卡在技术上是完全透明的，人人都可使用，

不神秘,也不存在法律责任问题。

(三)从权威人士的论述看医学动向

◇ 高强(原卫生部领导)2008 年在全国政协会议上说:“看病难看病贵目前尚无灵丹妙药。”

◇ 丹尼尔·卡拉汉:“所有国家或早或迟都会发生一场医疗系统的危机。”

以上所述就是诊断的现状。

二、公　理

(一)公理定义

是经过人类长期反复实践的考验,不需要再加证明的句子(命题)。

(二)阐　释

中国科学院院士杨叔子说:“科学知识是讲道理的,但是作为现代科学体系的公理化体系,其前提与基础就是‘公理’,即所谓‘不证自明’的知识,‘不证自明’就是讲不出道理,也就是不讲道理,非承认不可”。

现代科学发展特别快。尤其是电脑的进步,日新月异。介绍电脑软件应用的书店,2 个月不去,就有换茬之感。搞科研,尤其是搞电脑诊病的科研,不紧追赶不行。即使追赶,也是追不上。

1985 年,大学里电脑也很少或没有。鉴定我们的第一个成果——马腹痛电脑诊疗系统时,有的鉴定委员说:那是个机器,还比我的脑袋好使?现在电脑应用普及率高了,没有人再怀疑它好使了。

这里仅摘录我们收集到的现代科学公理化体系中的一小部

分。目的是在说，你不要怀疑了，它们已经是公理了。这些公理，就是数学诊断的基础。

(三)映射数学诊断学的公理

◎ 伽利略说："按照给出的方法与步骤，在同等实验条件下能得出同样结果的才能称之为科学。"

◎ 科学文明的显著特征之一是定量。

◎ 电脑能代替人脑的机械思维。

◎ 技术的发展趋势：手工操作→机械化→自动化→智能化。

◎ 马克思说："一门科学只有在其中成功地运用了数学才是真正发展了的。"

◎ 康德："在任何特定的理论中，只有其中包含数学的部分才是真正的科学。"

◎ "一门科学从定性的描述到定量的分析与计算，是这门科学达到成熟阶段的标志。"

◎ "数学既是表达辩证思想的一种语言或方式，又是进行辩证思维的辅助工具。"

◎ 只有按一定方式组织起来的数据才有意义。

◎ 不经过加工处理的数据只是一堆材料，对人类产生不了决策作用。

◎ 数据库是在计算机上，以一定的结构方式存储的数据集合能存取和处理。

◎ 数诊学成果可以代表不在现场的医生会诊，还可以实现远程诊疗。

◎ "科学是最高意义的革命力量"，是社会物质文明与精神文明的基石。

◎ 科学技术是第一生产力！

◎ 创新就要反对权威；创新就要反对功利；创新就要反对封闭。

读者朋友，建议你记住伽利略的话，它是防骗的试金石。

三、数学是数学诊断学之魂

（一）数学之重要

古今中外诊病不用数学，故外行不会诊病，内行诊断不一。我们在学习前人和同辈数学论文的基础上，创立了数学诊断学，而且要让农民去诊病，推广阻力不言而喻。因此，我们只有拿伟人和科学大师们对数学的重要性的论述，来证明用数学诊病不是封建迷信，而是现代高科技。我相信农民朋友能理解。限于篇幅，仅摘录20余段，也未注引文出处，请作者谅解。

◎ 达·芬奇："数学是真理的标志"；"凡是不能用一门数学科学的地方，在那里科学也就没有任何可靠性。"

◎ 伽利略："自然之书以数学特征写成。"

◎ 钱学森："所谓科学理论，就是要把规律用数学的形式表达出来，最后要能上计算机去算"。

◎ 钱学森："定性定量相结合的综合集成方法却是真正的综合分析。"

◎ 霍维逊："数学是智能一种形式，利用这种形式，我们可以把现象世界的种种对象，置于数量概念的控制下"。

◎ 汤姆逊：实际上，数学正是常识的精微化。

◎ 德莫林斯·波尔达斯：既无哲学又无数学，则就不能认识任何事物。

◎ 科姆特："只有通过数学，我们才能彻底了解科学的精髓"。"任何问题最终都要归结到数的问题。"

◎ 黑尔巴特：把数学应用于心理学不仅是可能的，而且是必需的。理由在于没有任何工具能使我们达到思考最终目的——信服。

◎ 怀特:只有将数学应用于社会科学的研究之后,才能使得文明社会的发展成为可控制的现实。

◎ 怀特:“一门科学从定性的描述到定量的分析与计算,是这门科学达到成熟阶段的标志”。

◎ 那种不用数学为自己服务的人,将来会发现数学被别人用来反对自己。

◎ 恩格斯说,18 世纪对数学的应用等于“0”;19 世纪,首先是物理,接着才是化学;20 世纪,才有心理学,相继应用了数学。

◎ 爱因斯坦说:“为什么数学比其他一切科学受到特殊尊重,一个理由是它的命题是绝对可靠的,无可争辩的,而其他一切科学的命题在某种程度上都是可争辩的,并且经常处于会被新发现的事实推翻的危险之中”。“数学之所以有较高声誉,还有另外一个理由,那就是数学给予精密自然科学以某种程度的可靠性,没有数学,这些科学是达不到这种可靠性的。”(爱因斯坦文集,商务印书馆,1977)。

◎ 张楚廷:“在现今这个技术发达的社会里,扫除‘数学盲’的任务已经替代了昔日扫除‘文盲’的任务而成为当今教育的重大目标。人们可以把数学对我们社会的贡献比喻为空气和食物对生命的作用。”

◎ (美)数学家格里森说:“数学是关于事物秩序的科学——它的目的就在于探索、描述并理解隐藏在复杂现象背后的秩序。”

◎ 笛卡儿:“一切问题都可以化成数学问题。”

◎有一位数学家预言:“只要文明不断进步,在下一个两千年里,人类思想中压倒一切的新事物,将是数学理智的统治。”

◎ 普罗克罗(Proclus):“数学就是这样一种东西:她提醒你有无形的灵魂,她赋予她所发现的真理以生命;她唤起心神,澄清智慧;她给我们的内心思想增添光辉;她涤尽我们有生以来的蒙昧与无知。”(方延明《数学文化》)

俗话不是说:“吃不穷、穿不穷,计算不到就受穷。”

算计就是在用数学。诊病不用数学，只能任人摆布，因病致贫，怨谁呢！

(二)初等数学

本来“数学无处不在”，但却有人将数学诊病与封建迷信的算命相提并论。我们认为，再陌生，初等数学是大家学过的，也是留有记忆的。所以，我们首先复习学过的初等数学，希望勾起回忆，也为学新东西，做好铺垫。当然，内容以点到为止，做个提醒。数诊学诞生不是空穴来风，它就是从你所熟知的初等数学中诞生的。

数诊所运用的初等数学的知识有：代数、函数、矩阵、合并同类项、提取公因式，等等。

1. 函数 有两个数 x 和 y，y 依赖于 x。如果对于 x 的每一个确定的值，按照某个对应关系 f，y 都有唯一的值和它对应，那么，y 就称为 x 的函数，x 称为自变量，y 称为 x 的函数，记为 $y=f(x)$。

例：某国的总统选举，选票统计用数学公式表示就是 $Y=f(X)$。设 $X=\sum(x_1\cdots x_n)$，$x_1,x_2,x_3\cdots\cdots x_n$ 代表 1 至 n 个选票号。那么

$Y_i= x_1+x_2+x_3+\cdots\cdots+x_n$

设 Y_1＝候选人 A，设 Y_2＝候选人 B。

则：$Y_1= x_1+x_2+x_3+\cdots\cdots+x_{530}$

$Y_2= x_1+x_2+x_3+\cdots\cdots+x_{530}$(530 是选票数)

注意哪个选民投了哪个候选人，他的票号值就是 1，对于没投的候选人，就是 0。最后看 Y_1 和 Y_2 谁的选票多就选上了谁。选班组长也是同理。

如果用 $Y_1,Y_2,Y_3\cdots\cdots Y_n$ 代表疾病的序号，用 $x_1,x_2,x_3\cdots\cdots x_n$ 代表症状序号，利用多元函数就可计算出所患的病。所有的诊卡，都是算式，都是 $Y_i=x_1+x_2+x_3+\cdots\cdots+x_n$ 计算过程。

2. 矩阵 由 m×n 个数 ai；所排列的一个 m 行 n 列的表

$$A=\begin{cases} a_{11}\ a_{12}\cdots\cdots\ a_{1n} \\ a_{21}\ a_{22}\cdots\cdots\ a_{2n} \\ \cdots\cdots \\ a_{m1}\ a_{m2}\cdots\cdots\ a_{mn} \end{cases}$$

称为“m 行 n 列矩阵”。

教室、礼堂的座位就是矩阵。

用智卡诊病，是我们“发明”的矩阵表示法，纵的是列，代表疾病，横的是行，代表症状。因为与教科书上的矩阵加法不同，请注意“发明”是带引号的。

智卡表面看不出有数学，其实都是数学，而且是函数、是矩阵；每一项内容都是函数、矩阵中的因子。

3.“病组”的建立与症状分值的确定 详见本章五之(二)。

(三)模糊数学

对全新的模糊数学，我想多说几句，因为它是数诊学的最核心原理。

1. 精确数学遇到了麻烦

●把电视机调得更清楚一点。这对小孩子并不难，但要让计算机做就困难了；婴儿认妈也是同理。

●请给 1000 个小女孩的漂亮程度打分。二值逻辑(1,0)的精确数学，根本是无能为力的。

●诊病，精确数学至今没大量解决(论文有了)。因为复杂的东西和事物难以精确化，只能用模糊数学。

●模糊逻辑摒弃的不是精确，而是无意义的精确。

2. 模糊数学定义 模糊数学是对模糊事物求得精确数学解的一门数学。

3. 查德创立模糊数学 1965 年，(美)加利福尼亚大学教授，控制论专家查德写了一篇论文“模糊集”，开始用数学的观点来划分模糊事物，这标志模糊数学的诞生。但是人们不理解，惹来麻烦，遭到嘲笑和攻击好多年。1974 英国工程师马丹尼却把它成功地应用到工业控制上。此控制，就似过去孩子调电视，左旋，右旋，就可以看了。而不是用精确数学——左旋多少度，再右旋多少度。自此以后，数学已经进入到模糊数学阶段。

4. 隶属度是模糊数学的核心　模糊逻辑是通过模仿人的思维方式来表示和分析不确定不精确信息的方法和工具。模糊数学用多值逻辑(1～0)表示。1 和 0 之间其实可含无穷多的数，所有隶属度的数都可以表示出来。

例 1，漂亮。即使有万名女孩，若要为她们的漂亮程度打分，1 个也不会有意见，因为都能恰如其分地表示出其漂亮程度。而精确数学做不到这一点。

例 2，年老。说某某“老”了(模糊)，容易对；说某某 72 岁(精确)，容易错。某某不说话，你怎么知道 72？

例 3，身高。可把 1.8 米定为高个子，把 1.69 米定为中等个子或平均身高。如果张三 1.74 米，就说：“张三个子比较高”。在二值逻辑中就无法表达像“比较高”这样的不精确的含糊信息；而在模糊逻辑中，则可说张三 46％属于高个子，54％属于中等个子。

例 4，说“小明是学生”。只容许是真(1)或假(0)。可是，说“小明的性格稳重”就模糊了，不能用 1 或 0 表示，只能用 0～1 之间的一个实数去度量它。这个数就叫“隶属度”，如 0.8(或 8)。请注意，0.8(8)，不是统计来的，是主观给定的；很精确吗？不精确。能行吗？肯定行。老师给学生评语，就用此法。

5. 模糊逻辑带来的好处　给出的是模糊概念，得到的却是精确的结果。

模糊逻辑本身并不模糊，并不是“模糊的”逻辑，而是用来对“模糊”进行处理以达到消除模糊的逻辑。

可以加快开发周期。模糊逻辑只需较少信息便可开发，并不断优化；模糊推理的各种成分都是独立的对函数进行处理，所以系统可以容易地修改，如可以不改变整体设计的情况下，增减规则和输入的数目。而对常规系统做同样的修改往往要对表格或者控制方程做完全的重新设计。用模糊逻辑去实现控制应用系统，只要关心功能目标而不是数学，那就有更多的时间去改进和更新系统，这样就可以加快产品上市。

我们相信读者能诊病就是基于对模糊数学的信任。模糊数学能使人花较少的精力而获得较大成绩。

钱学森说："而思维科学与模糊数学有关。活就是模糊，模糊了才能活。要用模糊数学解决思维科学问题。"

(四)离散数学

1. 离散数学定义 是研究离散结构的数学。电脑对问题的描述局限于非连续性的范围。因此它对电脑特别重要。事实上它对外行诊病也非常重要。电脑现在还没有思维(像外行)，接受信息，纯属机械动作——打点或不打点。但是，只有将症状离散之后，才可以做到这一点。

2. 将症状离散的好处之一 使症状信息明确。比如，某患者"皮肤上见有鲜红椭圆突起斑"。这是书上描述疾病最常见的症状句子。事实上，患者来诊，很少表现如书上所写那样的症状。往往缺少 1 项或 2 项，用老办法或用电脑就不好利用这些症状了。这也是医生在临床上争论不休的问题。

但是，如果用离散数学的原理，将引号内的症状，分解成以下几个症状：皮肤有斑①；斑色：鲜红②；斑形：椭圆③；斑性：突起④。由原来的 1 个模糊不清的电脑(含外行)无法接受的症状；就变成了 4 个清楚的，人和电脑都能接受的症状，即使其中缺少 1 或 2 项，人和电脑也照判无误。这样处理之后，就谁都能准确诊病了。

我们认为，这样表达信息或知识，可能是解决"知识表达的瓶颈问题"(电脑诊病难点之一)的办法之一。

再如，甲病"头昏沉而胀痛"；乙病"头昏沉"。如不离散，医生也懵懂；离散了，外行人都会取舍。

3. 将症状离散的好处之二 增加症状数。利用离散数学的原理，还可以解决聋哑人和动植物症状少的老大难问题，用离散数学处理症状后，就可以增加症状：

如有2症(a,b)可变成$2^2=4$个症状。即，{Φ}，{a}，{b}，{ab} 4个症状；

如有3症(a,b,c)可以变成$2^3=8$个症状，即，{Φ}，{a}，{b}，{c}，{ab}，{ac}，{bc}，{abc} 8个症状。

即，有几个症状，就可以变成几次方的症状。以此类推。

说明：①Φ为(空集，必有)，因为有了它，才可以构成几次方的公式；②a,b,c可以代表任意症状，如a可以代表体温升高，b代表精神沉郁，c可以代表食欲减少，{ab}代表{体温升高∧精神沉郁}，等等。

离散数学前一条好处是使症状表述清晰，这一条好处是增加症状个数，这对医学科技人员太重要了。

(五)逻辑代数

临床医生争论不休的还有一个问题，比如教科书写："某病有体温升高，精神沉郁，食欲废绝……"，现在患者只有其一或其二，怎么办呢？是不是该病呢，很无奈。1989年学了逻辑代数，才解决了此争论。

逻辑代数说："无论自变量的不同取值有多少种，对应的函数F的取值只有0和1两种。这是与普通函数大不相同的地方。"就是说逻辑代数只算两个数，1和0。

逻辑代数只有三个运算符"∨"、"∧"、"—"(分别读作或、与、非。也就是进行"或"、"与"、"非"运算)。

"∨"运算：体温升高∨精神沉郁，∨含意是：有前者打点，有后者也可以打点，两者都有还可以打点。

"∧"运算：体温升高∧精神沉郁，∧含意是：必须两症同时都有才可以打点，只有其一不能打点。

"—"运算:如表示"口不干",要求在"口干"二字上边画一道杠杠"—"。这样做非常难看。我们遵从逻辑代数的含义,也遵从汉语表达习惯,而写成了"不口干"或"口不干"等形式。

我认为,用符号"∨"、"∧"、"—"表示症状之间的关系,显得十分清楚,不会引起争论。

这样表达症状信息,就克服了大长句子表达信息,到临床使用时的尴尬。因为长句子中,有的症状并不出现或不同时出现。即使出现,因为医生和患者接触时间短而不能观察到。

信息在系统中是有能量的。在特定系统里,每个信息都有自己的能量。比如在交通系统,红灯停、绿灯行,遵守它,交通秩序良好。不遵守就要出事故。实验室的各种设备,红灯行(加热),绿灯停(维持)。

某种生物的病症矩阵中,每个信息都有自己的能量。

(六)描述与矩阵

1. 描述 就是形象地叙述或描写。有人说,医学是描述的。显然症状更是描述。钱学森说,当今科学都是描述性的。

对诸多现代科学的学习和理解,使我认为,老法诊病依靠的是对症状描述的记忆,因为记不住,故诊断准确率低是必然的;因为能回忆起来的描述的症状信息量少。

如果用矩阵上证据性的症状做诊断,因为矩阵上的信息能量大,就必然导致诊断正确。

我琢磨了症状描述有五个专有名词:患者的描述叫主诉,医生的描述叫病志,参考书作者的描述叫编写,老师们集体描述的叫教材,研究者描述叫专著。明眼人一看就能知道这5个名词的利弊了。

难怪我们的第一个课题——马腹痛电脑诊疗系统研究,6病6人用4年——因为用的是主诉和病志;

难怪第二个课题——猪疾病电脑诊疗系统研究,127病12人用8年——因为用的是20本参考书。

教材应该是最好选择，但教材上讲的疾病不全，可症状描述比较真实。

只是到了2004年才认识到专著的优点——病全、真实、精炼。

理论的成熟＋专著作素材＝电脑诊病科研才走上了高速路。而描述不一致＋不能计算＋人记不住＝导致了老法诊病容易混沌。

2. 矩阵 对诊病而言，矩阵是较好的工具。其原因是矩阵上病全、症全、交叉明确，是证据性的症状，摆在那里就是算式。将症状代入就可以计算，从而知道诊断结果。

四、九点发现与求证诊病原理

所谓发现，就是经过研究、探索等，看到或找到前人没有看到的事物或规律。而发明，则是创造新事物或方法。丘成栋说发现是在过程中。

35年电脑诊病科研，我们也有9点发现。在这9点中，有4点是发现；有3点是发明；有2点不是我们的发现或发明，如数学模型、矩阵，我们只是将它们运用于数学智能卡诊断中。下面分别介绍。

(一)关于九点发现

1. 发现症状＝现象＝属性＝判点＝1 本质与现象的关系认为事物的质是内在的，是看不到摸不着的。事物的质是通过事物的属性来表现的。人感到的是事物的属性，并通过属性来认识和把握事物的质。所谓属性就是一个事物与其他事物联系时表现出来的质。属性从"某一"方面表现事物，而质则给予我们整个事物的观念。如，黄色、延性、展性和金的其他属性，均是金的属性而不是金的质；而金的质则是由这些属性的"总和"规定的。

疾病是本质，症状是现象。疾病＝疾病名称＝症状属性之和。

多年认为的看得见摸得着的病理变化是本质,实际是不对的。

上边引文是(马克思主义)哲学常识,但是在没有电脑之前,引文中标注引号的“某一”与“总和”,绝对与数学、与数字、与“1”联系不起来。因此,也就不能用数学、电脑或智能卡计算事物、计算疾病。现在将它们联系起来了,就能计算了。

引入了“1”,就引入数学。这个“1”特别重要:既表示定性,又表示定量。

“1”表示定性。点名时念张三,答:到。到=有=在=1;若未到,则:未到=无=不在=0(二值逻辑)。

症状的有无也是同理。动物发热,发热=有=1。定性的“1”表示有。

发热=有=1,“1”表示定量。但发热还有程度的差异,发热=0.7;或发热=7。因为有了定性的“1”,才可以进一步定量,变成0.7或7。“1”是定性和定量两者的媒介。

每一种疾病(事物)都要顽强地表现它自己,因此它的属性个数(症状数,即判点数),就必然要多于类似疾病(事物)的属性个数。统计判点数的根据就在于此。在统计时,分值个数或说位置算作1个判点。

统计判点数是定性,求判点的分值和,是定量。定性定量结合诊病,才是真正的综合分析,当然更准。

这一点发现非同凡响。它可使临床诊断的初诊由经验升华为数学诊断。同理,有些自然科学和社会科学尚没有量化的理论都可以借鉴,从而就能走向数学化。须知,不能数学化的理论是难以服人的。

2. 发现临时信宿 宇宙有三大属性:物质、能量和信息。任何信息都有信源、信道和信宿(三信),而且相通。

症状作为疾病信息,也有信源、信道和信宿,且相通。信源是患者,收集症状手段是信道,人脑是(最终的)信宿。浩如烟海、错综复杂的诊病知识,仅凭“记不多、错位、遗忘”的人脑分析,难免误诊。

用电脑和智卡，作诊断时，矩阵上的症状和分值是信道，矩阵的上表头病名是信宿。因为三信相通，故结论正确。不这样做，而将患者的症状，直接交给人脑信宿去分析，因为1人1脑（装的知识不同），必将导致诊断错误。

3. 发现用智卡矩阵是表达病组内疾病与症状的最好形式 用矩阵表达病组内的病—症信息，不但病全、症全，而且具有追溯和预测症状的功能；还能实现正向（由症开始）和逆向（由病开始）的双向推理诊病。

4. 发现收集症状必须用“携检表” 购买电脑智能卡软件的，要将智卡左侧的症状单独打印出来即为“携检表”。秦伯益院士说：“将来凭证据，就不会你诊断出来，他诊断不出来”。用“携检表”收集症状，其症状是证据性的症状。购买本书的，诊断卡左侧的症状就是“携检表”。可根据症状找病组，打点，进行正逆向推断。

5. 发现症状面前病病平等 不少人主张采用高信息量分值，即一个症状出现在多种疾病上，他们主张给各个疾病打不同的分，而且分值差距越大越好。但是，在老年人185病502症状的特大矩阵上，回顾性验证发生了24例错误。参考在法律面前人人平等的原则，对疾病所表现的每个症状，也一律平等对待，即每个症状都作为1个判点，就纠正了24例错误，达到100％正确。

6. 发现诊病的数学模型 传统诊断误诊的根本原因是未用数学。我们用公式 $Y=f(X)$ 的多元函数作为数学模型，解决了误诊问题。用数学处理事物，做到了由笼统的定性分析转变为系统的量化分析。

7. 发现把关方法 以往诊断没有定量的把关方法。用数学诊病，必然要设定量的把关方法。20个字用法中“找大”就是定量的把关方法。即，在“统计”的基础上，依据判点多少，做出1～5个诊断的病名，判点数最多的病（尤其当第一诊断比第二诊断多2个以上的判点时）就应该是患者所患的疾病。

8. 发现回顾验证症状呈常态分布 如果不是故意搞错(如，诊甲病，却故意说乙病的症状)，那么，正确的症状在诊断中，充分发挥作用，表现坐标轴上的判点数或分值和的柱子就高——正态分布；而不正确症状却呈离散分布，即，不正确症状，分散到其他几个病上。

9. 发现传统诊断法收集症状缺少近半内容 尤其是医患的初次接触，患者凭“主观”、“感觉”诉说症状，认识论上缺少了一半——“客观”、“未觉”的症状；医生凭“直观”、“直觉”收集症状，缺少“间观”、“间觉”才能收集到的症状。法律断案时1个证据不实就可能导致错案。诊病时，缺症近半，后果肯定有很大出入。故初步确定病名后，我们强调用“逆诊法”收集症状，以防止误诊。

(二)求证诊病原理

如果按系统将疾病的病名和症状等信息制成用分值相连接的矩阵，那么具有初中以上学历的人们通过打点和定性定量地计算，就可做出初步诊断。如果给这条原理起个名字，可以叫做疾病求证数学诊断原理。

五、问 答

(一)常识部分

1. 何谓疾病？ 疾病就是病。植物上叫病害。

2. 何谓症状？ “症”是病的意思，“状”是状态的意思。“症状”就是病的状态。病的状态，实际上大家是知道或了解的，如咳嗽、腹泻、体温升高、疼痛等。

3. 何谓诊断？ 用(美)A. M. 哈维定义：当“诊断”一词前面没有形容词时，其含义是：通过对疾病表现的分析来识别疾病。

近年，有人撰文，按把握程度将诊断分四等：100%把握叫确诊,75%把握叫初诊,50%把握叫疑诊,25%把握叫待除外诊断。哈维就是模糊叫的“诊断”。本书讲的初诊,也是说辅检之前应该有个诊断,以便为辅检提供根据和方向。笔者在大学就是这么教的,而且叮嘱学生必须有这个初诊。否则,辅检的项目会太多,花费时间长,增加支出。现在有的医院为了赚辅检钱,不惜把基本程序搞乱。世界卫生组织(WHO)认为,70%的辅检,都是不必要做的。

4. 何谓经验诊断(老法诊断、传统诊断)? 有何特点? 自古至今沿用的诊断,叫传统诊断或经验诊断或老法诊断。特点如下。

(1)诊断方便 对于极常见疾病的诊断是便捷的。

(2)收集症状不全 问诊时,患者凭“感觉”、“主观”诉说症状,在认识论上是有漏洞的,缺少了“未觉”、“客观”的症状;医生凭“直观”、“直觉”收集症状,缺少了“间观”、“间觉”的症状,加上疾病与症状联系的扭曲,严重影响诊断的正确性。

(3)凭经验凭记忆诊病 患者愿意找老大夫,因为他们经验丰富。可是,大脑“记不多、错位和遗忘”是无法克服的。所以,对一起病例,即使症状是共识的,几个人诊断,结论也不一致;甚至同一医生,在不同的时间地点,诊断结论也不一致。总之,老法诊病,外行不会,内行不一。

5. 为什么叫智能诊卡或智卡? 所谓智能诊卡是申报专利时起的名字。实际上,等同于诊卡、智卡、矩阵、表等名字。相当于同物异名,本质无任何区别,只是称呼上不同。

应当说,时至今天,电脑的全部智慧,都是人输进去的。叫智卡,是因为它也有智慧。

第一,诊卡是将某组的全部疾病及其全部症状(个别除外)用分值联系起来排成了矩阵。纵向看是文章,即每种病都有哪些症状,横向看也是文章,即每种症状都有哪些疾病。并用分值(表示症状对诊断意义的大小)将疾病与症状联系起来。这样组织诊病资料,就解决了动物医生亘古至今存在的:想病名难和鉴别难的两难问题。

第二，从头至尾问症状，是对该卡内疾病，实行恰到好处、不多不少的症状检查，这比空泛地要求“全面检查”，要具体而有针对性。

第三，诊卡具有正向推理与逆向推理的功能。医生和患者初次接触的诊断活动，是正向推理（由症状推断病名）；有了病名，再问该病名的未打点的症状，就属于逆向推理，一起病例只有经过“正向与逆向”双向推理，才能使诊断更趋近正确。这符合人工智能的双向推理过程。诊卡暗含这种道理，局外人是无法知道的。

第四，诊卡中暗含许多专家系统的“如果……那么……”等语句；不用告诉，用者也在用。

第五，诊卡利用了电脑的基本特征，记忆量大且精确，不会错位和遗忘。

第六，用诊卡诊病，恰似顺藤摸瓜。

第七，使用者在自觉不自觉中使用数学模型。

第八，诊卡中含有许多公理，及现代科学中的许多原理。

6. 数学诊断卡与唯物辩证法有什么关系？ 诊断卡是唯物的。因为诊断卡是人类诊断疾病知识的真实记录；说它是辩证的，因为它符合辩证法。辩证法有两个核心，普遍联系和永恒运动。某项症状，它的横向看（普遍联系）是有这种症状的病名；而病名下的所有分值，是该病的全部症状，包含早期、中期和晚期的全部症状（病的“永恒运动”），通过诊卡都可了解到。一位本科医生如果没有长期的临床经验，仅靠大脑记忆进行思维，要达到智卡诊断的水平是较难的。

7. 数学诊断与临床诊断学有何关系？ 临床诊断学是医生的必修课。但因是鸿篇巨著，内容丰富，应用时存在想不起、记不住的问题。数学诊断学将其中描写的症状量化、系统化和矩阵智能卡化，既可应用计算机，也可应用智卡诊断疾病。克服了人脑记不住、容易遗忘的不足。

8. 数学诊病有自觉和不自觉之分吗？ 数学无处不在而且

是每个事物的灵魂。即使婴儿认识妈妈,也是有“几个”条件符合他的想象,他才认。这“几个”的组合就是数学。符合,他欢迎微笑;不符合,他就哭闹。雪花飘,量子动,“灵魂”是数学。平时说“谢谢”,“别客气”就是数学。总之,办对事是数学;办错事也是数学。对错都是数学。聪明的人主动用数学将事办好。

诊病几千年,诊对和诊错,也都用了数学,只是有自觉和不自觉之分。

不信,问他不过3个问题,他就得承认是在运用数学。比如肺炎和气管炎的鉴别:①问,咳嗽声音二病有何区别?他会说,肺炎咳嗽声音低,气管炎不低;②问,体温有没有区别?他会说,肺炎体温高,气管炎不高。这两个问答,表面看,没有数学。其实,数学就在其中:咳嗽声音低是1,不低是0;体温高是1,不高是0。他为什么诊断为肺炎而不诊断为气管炎呢?因为他认为肺炎有这两个症状,而气管炎没有这两项症状。他的话用数学表达,就是:肺炎=1+1=2,气管炎=0+0=0,2>0。这就是他内心的根据。哑巴吃饺子,心里有数。他自觉不自觉地应用了数学。

9. 为什么以前叫数值诊断,现在叫数学诊断或数学诊断学?

1997年,我们曾将电脑诊病文档整理出版了几本书,称《数值诊断》。因为当时研究者们都这样叫。

后期,学了许多知识,发现叫数值诊断欠妥。因为数值就是数字1,2,3……没有别的含义。

而数学的定义“是研究现实世界的空间形式和数量关系的科学。”现在连小学生、学前班孩子们的课本也都叫数学了。

病症矩阵就是疾病与症状的关系,而且用隶属度分值表示这种关系。显然,应该叫数学诊断。叫一门学科,大致有如下几点理由:

第一,笛卡儿说:“世上一切问题都是数学问题”。别人不信,他首先将力学变成数学,以后才是物理学、化学。

第二,因为该法诊病的“前、中、后”都在用数学。前,研究阶段用数学;中,公式和算式等你代入数据;后,用数据报告诊断结果。

此诊断活动处处、时时都用了数学，还不可以叫数学诊断学吗！

第三，医学里有诊断学。现在，诊病用上了数学，自然也应该叫数学诊断学。

第四，李宏伟说：我国古代发明了火药却没有化学，发明了指南针却没有磁学。强于“术”而弱于“学”。吴大猷指出：“一般言之，我们民族的传统，是偏重于实用的。我们有发明、有技术，而没有科学。”

我们有四大发明，但没有上升到“学”的高度。西方是升到了“学”的高度才有工业化，才强大。我们没升到“学”，就受欺。

我们研究马腹痛 6 病 6 人花 4 年，研究猪 127 病 12 人花 8 年，都获得了大奖。但都是探索，没有升到“学”的高度。2004 年总结提高升华叫《数学诊断学》了，2 个人 60 天将姚乃礼主编的《中医症状鉴别诊断学》623 病组 2481 种病研究完了。并用 2 年时间研究完成含千病的《美国医学专家临床会诊》和含 3700 多种病的《临床症状鉴别诊断学》。不升华到“学”的认识高度，是根本做不到的。

10. 描述诊断与证据诊断的区别？ 诊病＝断案。断案凭证据，诊病也必须凭证据。近年来，产生了循证医学、证据医学、替代医疗，但还未普及。

自古至今，大家知道的都是描述性的症状，难学、难记、诊病时遗忘或联系扭曲，往往还是要查书。

矩阵上内容，都是证据性的症状，没有描述。有人在证据医学中说“芝麻大的证据可以抱来大西瓜”。

院士秦伯益说：“在疾病诊断上，过去是以经验为基础，今后将以证据为基础。过去凭经验，老中医一看就明白，你就看不明白。”“诊断凭客观证据，谁都可以诊断，就不会你看不出来，他看得出来”。

我们认为秦院士的观点非常正确。不过，秦院士所指的证据是 CT（计算机 X 线断层摄影），B 超（B 型超声图像诊断多普勒仪),MR(核磁共振)之类,而不是指症状证据。

我们认为,证据不但包括CT、B超、MR、血清学反应、基因缺陷等等,症状也是证据,比如出血、骨折、沉郁等,都是证据。

以前,人们在竭力查找和记忆具有特异症状(证据)来诊病。遗憾的是这样的症状只有几个。然而用矩阵表示症状就不同了。可以说,凡是“统”字下的1,都表示此症状只有1种病才出现。

11. 关于“1症诊病” 应从数学和诊断学2个角度回答。数学答题有几得几,传统诊断无法以1症诊病。用病组的病症矩阵回答,应该是题中之意,稍加解释如下。

(1)*“1症诊病”含义之一是“1症始诊”* 患者给1个症状,就以此症到目录中去找病组,开始为他做诊断,这是16字用法的前提。如果他告诉2个以上的症状,反而要权衡比较应该选择进哪组了。现在他就告诉1个症状,直接找组取卡诊断就是了。问诊肯定能问出较多症状来。

(2)*俗话说“无病无症状,有病必有症状”* 有症就能做诊断,这是病症矩阵的特点。

(3)*比喻解释* 在家庭里,1个信息如“穿童鞋”就可以定是某人;在诊卡里也是这样。

12. 何谓三“神”保佑? 世上无“神”、也无“灵魂”,只是比喻。我这里所说三“神”是指哲学、数学、系统学。

很显然,一门科学如果没有这三“神”做灵魂,很难说明已经成熟了。

数学诊断学的实体和灵魂就是这三“神”的体现。

(二)实践部分

13. “病组”是怎么建立的? 在电脑上,因为Excel 2007功能非常强大,横向可容6万多病,纵向可容100多万行。人类的1.8万种疾病,全都可以装下。我们已经建立6个大或特大矩阵,使用非常方便。但是还有许多农民尚无电脑,还得用纸作载体,特别要求用大 32 开本的书作载体。这样，就得分病组了。

大多数生物病少，1 卡能容下就不必分组；少数生物病多，1 张卡容不下，需要分成若干病组。病组的建法：①按症状建组；②按年龄建组；③按身体部位建组。用电脑建立病症矩阵，分病组，研制智卡等，所有操作都是十分快捷。

14. 症状的分值是怎样确定的？ 34 年电脑诊病科研，近1/2的时间在琢磨给每个病的症状评分打分，即将症状对诊病意义的大小用分值表示谓之症状量化，以便于人和电脑计算。

将症状量化的方法很多，仅模糊数学的权数确定方法就有 6 种：专家估测法、频数统计法、指标值法、层次分析法、因子分析法、模糊逆方程法。离散数学写了 7 种：例证法、统计法、可变模型法、相对选择法、子集比较法、蕴含解析法和滤波函数法。其中例证法讲了几页，我将其概括为 1 行：如身高，真定 1，大致真 0.75，似真又假 0.5，大致假 0.25，假 0。也可以灵活改成：

真定 10，大致真 8，似真又假 5，大致假 3，假 0。心算都很快。

本书我们创立"四等 5 分法"，即 0，5，10，15，四等；每个分又都与 5 有关。

(1)根据之一　依据权威专著所写症状前边的形容词、副词和数词等等修饰词或修饰语，如"常常"、"多数"、"有时"、"偶尔"、"个别"、"特别重要"给不同的分。

0 分，就是无分，空白单元格，就是 0 分；

10 分，就是有肯定。如口干，前后没有形容词、副词等修饰语；

5 分，就是有弱化"口干"的形容词或副词；如有时口干、少数口干等；

15 分，就是有强化"口干"的形容词或副词；如"以口干为特征"，甚或可以确定诊断时，也可以评 35 分。

(注：15 是权值，就是特别重要的症状，给以加权 15 分；而对示病症状，还可加权给 35 分或 50 分)。

(2)根据之二　5 分制 1，2，3，4，5；四级制甲乙丙丁制；优、良、及格、不及格制；A，B，C，D 制。

“四等 5 分法”的优点：①包容，就是打分不够准确，也不影响诊断结果，因为有判点数把关；②明朗、易理解和好掌握，分值间距大，四等 5 分制与人脑潜在的四等法不谋而合。

15. 怎么快速找到智卡？找错了诊卡怎么办？ 在目录中按患病兔症状找。多读几遍目录，找卡不困难。如果熟悉病组像熟悉钥匙板那样找卡更快。

找卡遵照原则：①主要症状与次要症状；②多数症状与少数症状；③发病中期症状与早、晚期症状；④固有症状与偶然症状。均以前者去找，这是各内科书都提到的。我又给加了 1 条，特殊症状与一般症状，也以前者去找。

卡找对了，诊病既准又快。找错了也没关系，再找就是了。关键是怎么知道找错了卡？对比一诊病名与二诊病名的判点拉不拉开档次。统计判点后，病名以判点的多少排序，如果一诊病名的判点数与二诊病名的判点数相差 2 以上，就算拉开了档次，如果一诊病名与二诊病名判点都不高，或者拉不开档次，比如“打点”8 个，而一诊病名、二诊病名判点才是 3 或 4，就属于判点不高；一诊病名与二诊病名判点相等，或仅差 1，属于拉不开档次。另找就是了。

16. 症状少或不明显怎么办？ 数学诊断有一个特点——1 症诊病，包括 1 症“始”诊。患者告诉的 1 症，说明是主要症状。就按此 1 症在目录找病组，然后开始问诊。有了较多的症状，诊断就可以步步逼近“是”了。“是”是正确诊断，逼近“是”就是逼近了正确诊断。

如果问到最后还是只有 1 症，那就看此 1 症所对应的疾病数，即“统”下边的数字。如果此 1 症“统”字下是 3，就应该对 3 病进行逆诊。如果“统”下只有“1”，那就找到“1”所对应的病，它就是该做出的诊断病名。把握不大的诊断，习惯做法是隔离观察，待症状出现得多些后，再做诊断；如果动物的主人坚决要求治疗，就可以进行“治疗性试验”或“诊断性治疗”。请注意“1”症诊病是理论问题，世上不存在只有“1”症的病。我分析了1万多种病，只有肥胖症只写2个症状，这是最少的。

17. 为何一诊病名与二诊病名诊断判点拉不开档次？ 如果一诊病名和二诊病名判点数相差2以上，就算拉开了档次。而且一诊病名往往就是以后正确的诊断。如果相差0或1，就算拉不开档次。拉不开档次的原因有：①疾病初期症状不明显或症状太少；②如果症状明显或症状较多，还是拉不开档次，但判点都较多，那是同时合并或并发两病或多病，或是疾病后期症状复杂化的结果；③笔者的体会，未用“携检表”收集症状，往往拉不开档次。所以，特别强调必须用“携检表”收集症状。

18. 老师，为什么对读者诊病有那么大的信心？ 其实，这个问题是颠倒过的。许多读者来信，说如何好使，如何诊对了。说本意，笔者当初是为基层技术人员研究的。可是他们爱面子不用，而那些外行读者，反正也没有包袱，他们就拿出卡来对准动物进行诊断，对了，直至今天无一反例。这个事实的背后就不简单了。本课题组的研究者多是教授，求实地说，如果凭个人经验和记忆诊病，我们自己也信心不足。可是如果用数学诊断法诊病，就一点也不担心了。因为矩阵上病全症全，分值联系紧密，就不会诊错了。其灵魂就是哲学、数学和系统学这“三神”。灵魂是比喻，是起指导和决定作用的因素。

附录　兔病症状的判定标准

一、一般检查

(一)营养状况

营养状况是根据肌肉的丰满程度而判定,可分为营养良好、营养不良、营养中等和恶病质。

1. 营养良好　表现为肌肉丰满,特别是胸、腿部肌肉轮廓丰圆,骨不显露,被毛光滑。

2. 营养不良　表现为骨骼显露,特别是胸骨轮廓突出呈刀状,被毛粗糙无光。

3. 营养中等　介于上述两者之间。

4. 恶病质　体重严重损耗,呈皮包骨状。

(二)发育情况

1. 正常(或良好)　身高、体重符合品种标准要求,全身各部位结构匀称,肌肉结实,表现健康活泼。

2. 生长缓慢(或不良)　体格发育不良身体矮小,体高体重均低于品种标准,表现虚弱无力,精神差。

3. 消瘦　由营养不良或发病引起。可分为急剧消瘦(多见于高热性传染病和剧烈腹泻等)和缓慢消瘦(多见于长期饲料不足、营养不足和慢性消耗性疾病)。

(三)体温热型

按体温曲线分型。可分为稽留热、间歇热、弛张热、不定型热。

1. 稽留热 高热持续3天以上或更长，每日的温差在1℃以内。

2. 间歇热 以短的发热期与无热期交替出现为其特点。

3. 弛张热 体温在一昼夜内变动1℃～2℃，或2℃以上，而又不下降到正常体温为其特点。

4. 不定型热 热曲线的波形没有上述三种那样规则，发热的持续时间不定，变动也无规律，而且体温的日差有时极其有限，有时则出现大的波动。

(四)呼吸情况

检查呼吸数须在安静或适当休息后进行，观察胸腹部起伏运动。胸腹壁的一起一伏，即为一次呼吸。兔正常呼吸次数为每分钟22～25次。

(五)脉搏次数

检查脉搏次数须在安静状态下进行，借助听诊器听诊心脏的方法来代替。先计算半分钟的心跳次数，然后乘以2，即为1分钟的脉搏数。

二、消化系统检查

(一)采 食

1. 采食困难 采食时由口流出，吞咽时摇头伸颈，表现出吃不进去。

2. 食欲减少(不振) 采食量明显减少。

3. 食欲废绝 食欲完全丧失，拒绝采食。

4. 异嗜 采食平常不吃的物体，如煤渣、垫草等。

5. 饮欲减少或拒饮 饮水量少或拒绝饮水。

6. **口渴** 饮欲旺盛,饮水量多。

7. **剧渴** 饮水不止,见水即饮。

8. **流涎** 从口角流出黏性或白色泡沫样液体。

(二)口腔变化情况

1. **口腔有假膜** 指口腔黏膜上有干酪样物质。

2. **口腔溃疡** 口腔黏膜有损伤并有炎性变化。

3. **舌苔** 舌面上有苔样物质。

(三)粪便情况

1. **减少** 指排粪次数少,粪量也少,粪上常覆多量黏液。

2. **停止** 不见排粪。

3. **增加** 排粪次数增多,不断排出粥样液状或水样稀便。

4. **带色稀便** 粪呈粥状,有的呈白色,有的呈黄绿色等。

5. **水样稀粪** 粪稀如水。

6. **粪中带血** 粪呈褐色或暗红色或有鲜红色血。

7. **粪带黏液** 粪表面被覆有黏液。

8. **粪带气泡** 粪稀薄并含有气泡。

9. **粪便气味** 恶臭腥臭,有令人非常不愉快的气味。次于恶臭为稍臭。

三、呼吸系统检查

(一)呼吸节律

1. **浅表** 呼吸浅而快。

2. **促迫** 呼吸加快,并出现呼吸困难。

3. **加深** 呼吸深而长,并出现呼气延长或吸气延长或断续性呼吸。呼气延长即呼气时间长;吸气延长即吸气的时间长;断续性呼吸即在呼气和吸气过程中，出现多次短的间断。

4. 呼吸困难 张口进行呼吸，呼吸动作加强，次数改变，有时呼吸节律与呼吸式也发生变化。

5. 吸气性呼吸困难 呼吸时，吸气用力，时间延长，常听到类似口哨声的狭窄音。

6. 呼气性呼吸困难 呼吸时，呼气用力，时间延长。

7. 混合性呼吸困难 在呼气和吸气时几乎表现出同等程度的困难，常伴有呼吸次数增加。

8. 咳嗽 这是一种保护性反射动作。咳嗽能将积聚在呼吸道内的炎性产物和异物（痰、尘埃、细菌、分泌物等）排出体外。

9. 干咳 咳嗽的声音干而短，是呼吸道内无渗出液或有少量黏稠渗出液时所发生的咳嗽。

10. 湿嗽 咳嗽的声音湿而长，是呼吸道内有大量的稀薄渗出液时所发生的咳嗽。

11. 单咳 单声咳嗽。

12. 连咳（频咳） 连续性的咳嗽。

13. 痛咳 咳嗽的声音短而弱，咳嗽时伸颈摇头；表现有疼痛。

14. 痰咳 咳嗽时咳出黏液。

（二）肺部听诊

1. 干性啰音 类似笛声或咝咝声或鼾声，呼气与吸气时都能听到。

2. 湿性啰音（水泡音） 类似含漱、沸腾或水泡破裂的声音。

（三）口鼻分泌物

1. 浆液性物 无色透明水样。

2. 黏性物 为灰白色半透明的黏液。

3. 脓性物 为灰白色或黄白色不透明的脓性黏液。

4. **泡沫物** 口鼻分泌物中含有泡沫。

5. **带血物** 口鼻分泌物呈红色或含血。

四、眼的检查

(一)结膜和眼睑检查

1. **结膜出血点** 结膜上有小点状出血。

2. **结膜出血斑** 结膜上有块状出血。

3. **眼睑肿胀** 单侧或双侧眼睑充盈变厚、突出，上下眼睑闭合不易张开，结膜潮红，可能有分泌物。

(二)眼分泌物、瞳孔和视力检查

1. **眼分泌物** 可分为浆性、黏性和脓性。浆性即无色透明水样；黏性即呈灰白色半透明黏液；脓性即呈灰白色或黄白色不透明的脓黏物。

2. **瞳孔** 由助手用手指将上下眼睑打开，用手电筒照射瞳孔，观察其大小、颜色、边缘整齐度。

3. **眼盲** 单侧或两侧视力极弱或完全失明，对眼前刺激无反应。眼盲往往伴有某些病变。

五、运动系统检查

(一)运动情况

1. **跛行** 患肢提举困难或落地负重时出现异常或功能障碍。

2. **步态不稳** 指站立或行走期间姿势不稳。

3. **步态蹒跚** 运步不稳，摇晃不定，方向不准。

4. **运动失调** 站立时头部摇晃，体躯偏斜，容易跌倒。运步时，步样不稳，肢高抬，着地用力，如涉水状动作。

5. 腿麻痹 腿部肌腱的运动功能减退或丧失。运步时患腿出现关节过度伸展、屈曲或偏斜等异常表现，局部或全部腿知觉迟钝或丧失，针刺痛觉减弱或消失，腱反射减退等，并出现肌肉萎缩现象。

(二)站立情况

1. 不愿站 能站而不站，强行驱赶时能短时间站立。

2. 不能站 想站而站不起来，强行驱赶时也站不起来。

3. 关节肿 关节局部增大，有的触之有热痛，强迫运动时有疼痛反应，站立时关节屈曲，运动时出现跛行。

六、皮毛系统检查

(一)被毛情况

1. 正常 被毛平滑、干净有光泽，生长牢固。

2. 粗糙无光 被毛粗乱、蓬松、逆立，带有污物，缺乏光泽。

3. 易脱 被毛大片或成块脱毛。

(二)皮肤状况

1. 水疱 多在无毛部皮肤长出内含透明液体的小疱，因内容物性质不同，可呈淡黄色、淡红色或褐色。

2. 出血斑(点) 是弥散性皮肤充血和出血的结果，表现在皮肤上有大小不等形状不整的红色、暗红色、紫色斑(点)。指压褪色者为充血，不褪色为出血。

3. 痂皮 皮肤变厚变硬，触之坚实，局部知觉迟钝。

4. 发痒 表现患部脱毛、皮厚、啃咬或摩擦患部，有时引起出血。

(三)其　他

1. **虚脱**　由于血管张力(原发性的)突然降低或心脏功能的急剧减弱,引起机体一切功能迅速降低。

2. **坏死**　机体内局部细胞、组织死亡。

3. **坏疽**　坏死加腐败。

4. **溃疡**　坏死组织与健康组织分离后,局部留下一较大而深的创面。

5. **糜烂**　坏死组织脱落后,在局部留下较小而浅的创面。

6. **卡他性炎症**　以黏膜渗出和黏膜上皮细胞变性为主的炎症。

7. **纤维素性炎症**　以纤维蛋白渗出为主的炎症。

8. **炎症**　红肿热痛,功能障碍。

七、肌肉和神经系统检查

(一)肌肉反应

1. **痉挛(抽搐)**　肌肉不随意地急剧收缩。强直性痉挛即指持续性痉挛。

2. **震颤**　肌肉连续性且是小的阵挛性地迅速收缩。

3. **麻痹**　骨骼肌的随意运动障碍,即发生麻痹。表现知觉迟钝或丧失,如针刺感觉消失,出现肌肉萎缩。

4. **角弓反张**　由于肌肉痉挛性收缩,致使动物头向后仰,四肢伸直。

(二)神经反应

1. **正常**　动作敏锐,反应灵活。

2. **迟钝**　低头,眼半闭,不注意周围事物。

3. 敏感 对轻微的刺激即表现出强烈的反应。

4. 癫痫 脑病症状之一。突然发作的大脑功能紊乱，表现意识丧失和抽动。

5. 意识障碍 指视力减退且流涎，对外界刺激无反应等精神异常。

6. 圆圈运动 按一定方向做圆圈运动，圆圈的直径不变或逐渐缩小。

7. 叫声 嘶哑、尖叫是指发出不正常的声音，如刺耳的沙哑声，响亮而高的尖叫声。

8. 应激 受不利因素刺激引起的应答性反应。

八、流行病学调查

(一)发病情况

1. 发病时间 指从兔发病到就诊这段时间。

2. 病程 指兔从发病至痊愈或死亡的这段时间。

3. 发病率 疫情调查时疫病在兔群中散播程度的一种统计方法，用百分率表示。

$$发病率=\frac{发病兔数}{同群总兔数}\times 100\%$$

$$死亡率=\frac{死亡兔数}{同群总兔数}\times 100\%$$

(二)直接死亡原因(方式)

1. 衰竭而死 是指心肺功能不全，致心、肺衰弱而引起的死亡。

2. 抽搐而死 是指大脑皮质受刺激而过度兴奋引起死亡，表现肌肉不随意的急剧收缩。

3. 窒息而死 是指呼吸中枢衰竭，致使呼吸停止而引起的死亡。

4. 昏迷而死 病兔倒地，昏迷不醒，意识完全丧失，反射消失，心肺功能失常，而导致死亡。

5. 败血而死 是由病毒细菌感染，造成机体严重全身中毒而引起的死亡。

6. 突然而死 死前未见任何症状，突然死去。

(三)流行方式

1. 个别发生 在兔群中长时间内仅有个别发病。

2. 散发 发病数量不多，在较长时间内，只有零星地散在发生。

3. 暴发 是指在某一地区，或某一大的兔群，在较短时间内突然发生很多病例。

4. 地方性流行 发病数量较多，传播范围局限于一定区域内。

5. 大流行(广泛流行) 发病数量很大，传播范围很广，可传播一国或数国甚至全球。

参考文献

兽医类

[1] 万遂如．兔病防治手册(第四版)[M]. 北京:金盾出版社,2011.

[2] 张信,等．动物疾病数学诊断与防治[M]. 北京:中国农业出版社,2008.

[3] 张信,金龙洙．兔病数值诊断与防治[M]. 天津:天津大学出版社,1997.

[4] 任克良．兔场兽医师手册[M]. 北京:金盾出版社,2008.

[5] 刘宗平．兔病简明诊治技术．中国农业出版社,1998.

医学类

[6] 赵建成．奇法诊病[M]. 郑州:中原农民出版社,1997.

[7] [美]罗伯特,等．柳叶刀译．医学的证据[M]. 青岛:青岛出版社,1999.

[8] 康晓东．计算机在医疗方面的最新应用[M]. 北京:电子工业出版社,1999.

[9] (日)服部光南,赵志刚译．疾病自我诊疗手册[M]. 郑州:河南科技出版社,2002.

[10] 卢建华,等．医学科研思维与创新,21世纪高等医学院校教材[M]. 北京:科学出版社,2002.

[11] 郭成英．中医数学病理学[M]. 上海:上海科学普及出版社,1998.

[12] 张莹．怎样打医疗官司[M]. 上海:第二军医大学出版社 2006.

现 科 类

[13] 魏继周,蒋白桦．医学信息计算机方法[M]. 长春:吉林科学技术出版社,1986.

人 文 类

[14] 窦振中．模糊逻辑控制技术及其应用[M]. 北京:北京航空航天大学出版社,1995.

[15] 十万个为什么丛书编辑委员会．人工智能[M]. 北京:清华大学出版社,1998.

[16] 十万个为什么丛书编辑委员会．数据库与信息检索[M]. 北京:清华大学出版社,1998.

[17] 成思危．复杂性科学探索[M]. 北京:民主与建设出版社,1999.

[18] 王万森．人工智能原理及其应用[M]. 北京:电子工业出版社,2000.

[19] 高春梅．创造力开发[M]. 北京:中国社会科学出版社,2001.

[20] 李佩珊．20世纪科学技术史[M]. 北京:科学出版社,2002.

[21] 王续琨．交叉科学结构论[M]. 大连:大连理工大学出版社,2003.

[22] 杨叔子．科学人文 不同而和[M]. 北京:CETV1学术报告厅 2003-08-04.

[23] 蔡自兴．人工智能控制[M]. 北京:化学工业出版社 2005.

[24] 陈幼松．数字化浪潮[M]. 北京:中国青年出版社,1999.

数学-哲学类

[25] 王树和．数学志异[M]. 北京:科学出版社,2008.

[26] 陆善功．马克思主义哲学基础知识[M]. 北京:中央

广播电视大学出版社,1989.

[27] 陶涛．离散数学[M]. 北京:北京理工大学出版社,1989.

[28] 段新生．证据决策[M]. 北京:经济科学出版社,1996.

[29] (美)克莱因．数学:确定性的丧失[M]. 长沙:湖南科学技术出版社,1997.

[30] 郑毓信．数学教育哲学[M]. 成都:四川教育出版社,2001.

[31] 林夏水．数学哲学[M]. 北京:商务印书馆,2003.

[32] 蒋泽军．模糊数学教程[M]. 北京:国防工业出版社,2004.

[33] 武杰,周玉萍．创新、创造与思维方法[M]. 北京:兵器工业出版社,2004.

[34] 吴伯田．科学哲学问题新探[M]. 北京:知识产权出版社,2005.

[35] 张楚廷．数学与创造(一版)[M]. 大连:大连理工大学出版社,2008.

[36] 徐宗本．从大学数学走向现代数学(一版)[M]. 北京:科学出版社,2007.

[37] 王兆文,刘金来．经济数学基础[M]. 北京:清华大学出版社,2006.

系统学

[38] 钱学森．智慧的钥匙——论系统科学[M]. 上海:上海交通大学出版社,2005.

[39] 钱学森．创建系统学[M]. 上海:上海交通大学出版社,2007.

[40] 钱学森．钱学森讲谈录[M]. 北京:九州出版社,2009.

[41] 高隆昌．系统学原理(第一版)[M]．北京:科学出版社,2000.

[42] 高隆昌．社会度量学原理(第一版)[M]．成都:西南交通大学出版社,2006.

跋

近代科学有300年历史了，现代科学还不到100年。

“古代巫、医连属并称”。现代汉语词典也有这个“毉”字。直至今日，人们还称诊断为经验诊断。

钱学森在《钱学森讲谈录》71页说过这样一句话：“研究学问就是一个人认识客观事物的过程。”研究数学更是一个人苦钻的过程。而研究数学诊病却是由许多同行共同参与完成的。特别是赵国防教授，她主持的果树病害的数学诊断就获得天津市科技进步奖和科技推广奖二等奖各1项。

用数学诊病，诊对了，本也无话可说。就像1＋2＋3＋4＋5＋6＋7＋8＋9＝45，没什么好解释的。然而，如果和“≠45”，却需要很多很多解释。

不需要解释的，却洋洋洒洒写了3万余字的理论基础。何故？张楚廷说：“在现今这个技术发达的社会里，扫除‘数学盲’的任务已经替代了昔日扫除‘文盲’的任务而成为当今教育的重大目标。人们可以把数学对我们社会的贡献比喻为空气和食物对生命的作用。”

事实上，每个人都学了许多数学，所用时间仅比语文少些。但如果对某人说教用数学方法能够诊断疾病，人们就很难接受。因此，不得不花大气力反复说明：我们是怎么往数学上想的，数学是怎样起作用的。

35年的功夫没有白费。笔者的研究成果由金盾出版社出版发行，距离老百姓对常见病可自己诊断的日子不会太远了。也窃喜，李时珍没有看到《本草纲目》出版发行，笔者却看到了数学诊断法要进农户了。虽然知道美国一位数学家预言，下两千年才是数学理智的统治时期。

联合国教科文组织指出：“没有科学知识的传播就不会有经济

的持续发展”。知识差距是穷富差距的原因。但是“承认真理比发现真理还要难”。

世界卫生组织 2010 年 11 月 22 日发布报告，每年超过 1 亿人因病致贫。我国公民也受着看病难看病贵和因病致贫的困扰。采用数诊学诊病，做到自病自诊，既能诊治及时，又能减少可观的医疗费用。

我们经过 35 年的研究，今天有这样的自信：全国每村有 1 套数学诊断学丛书(或 1 台电脑)加 1 位热心为民的高中或大专毕业生，就可以做到人和动物常见病的诊断与治疗不出村。

为了便于读者联系，笔者的手机为 15002287069，电子信箱为 zx193781@163.com。

张　信

2013 年 6 月于天津

版） 19.00
蛋鸡饲养技术(修订版) 6.00
蛋鸡高效益饲养技术（修订版） 11.00
蛋鸡无公害高效养殖 14.00
节粮型蛋鸡饲养管理技术 9.00
蛋鸡蛋鸭高产饲养法（第 2 版） 18.00
土杂鸡养殖技术 11.00
山场养鸡关键技术 11.00
果园林地生态养鸡技术（第 2 版） 10.00
肉鸡肉鸭肉鹅高效益饲养技术(第 2 版) 11.00
肉鸡高效益饲养技术（第 3 版） 19.00
科学养鸭(修订版) 15.00
家庭科学养鸭与鸭病防治 15.00
科学养鸭指南 24.00
稻田围栏养鸭 9.00
肉鸭高效益饲养技术 12.00
北京鸭选育与养殖技术 9.00
野鸭养殖技术 6.00
鸭鹅良种引种指导 6.00
科学养鹅(第 2 版) 14.00
高效养鹅及鹅病防治 8.00
肉鹅高效益养殖技术 15.00
种草养鹅与鹅肥肝生产 8.50
肉鸽信鸽观赏鸽 9.00
肉鸽养殖新技术(修订版) 15.00
肉鸽鹌鹑良种引种指导 5.50
鹌鹑高效益饲养技术（第 3 版） 25.00
新编科学养猪手册 23.00
猪场畜牧师手册 40.00
猪人工授精技术 100 题 6.00
猪人工授精技术图解 16.00
猪良种引种指导 9.00
快速养猪法(第 6 版) 13.00
科学养猪(第 3 版) 18.00
猪无公害高效养殖 12.00
猪高效养殖教材 6.00
猪标准化生产技术参数手册 14.00
科学养猪指南(修订版) 39.00
现代中国养猪 98.00
家庭科学养猪(修订版) 7.50
简明科学养猪手册 9.00
怎样提高中小型猪场效益 15.00
怎样提高规模猪场繁殖效率 18.00
规模养猪实用技术 22.00
生猪养殖小区规划设计图册 28.00
塑料暖棚养猪技术 13.00
母猪科学饲养技术(修订版) 10.00
小猪科学饲养技术(修订版) 8.00
瘦肉型猪饲养技术(修订版) 8.00
肥育猪科学饲养技术(修订版) 12.00
科学养牛指南 42.00
种草养牛技术手册 19.00

养牛与牛病防治(修订版)	8.00
奶牛规模养殖新技术	21.00
奶牛良种引种指导	11.00
奶牛高效养殖教材	5.50
奶牛养殖小区建设与管理	12.00
奶牛高产关键技术	12.00
奶牛肉牛高产技术(修订版)	10.00
农户科学养奶牛	16.00
奶牛实用繁殖技术	9.00
奶牛围产期饲养与管理	12.00
肉牛高效益饲养技术(修订版)	15.00
肉牛高效养殖教材	8.00
肉牛快速肥育实用技术	16.00
肉牛育肥与疾病防治	15.00
牛羊人工授精技术图解	18.00
马驴骡饲养管理(修订版)	8.00
科学养羊指南	35.00
养羊技术指导(第三次修订版)	18.00
农区肉羊场设计与建设	11.00
农区科学养羊技术问答	15.00
肉羊高效益饲养技术(第2版)	9.00
肉羊无公害高效养殖	20.00
肉羊高效养殖教材	6.50
绵羊繁殖与育种新技术	35.00
滩羊选育与生产	13.00
怎样养山羊(修订版)	9.50
小尾寒羊科学饲养技术(第2版)	8.00
波尔山羊科学饲养技术(第2版)	16.00
南方肉用山羊养殖技术	9.00
奶山羊高效益饲养技术(修订版)	9.50
农户舍饲养羊配套技术	17.00
实用高效种草养畜技术	10.00
种草养羊技术手册	15.00
南方种草养羊实用技术	20.00
科学养兔指南	32.00
中国家兔产业化	32.00
专业户养兔指南	19.00
养兔技术指导(第三次修订版)	19.00
实用养兔技术(第2版)	10.00
种草养兔技术手册	14.00
新法养兔	18.00
獭兔高效益饲养技术(第3版)	15.00
獭兔高效养殖教材	10.00
长毛兔高效益饲养技术(修订版)	13.00
肉兔高效益饲养技术(第3版)	15.00
养殖畜禽动物福利解读	11.00
反刍家畜营养研究创新思路与试验	20.00
科学养殖致富100例	15.00
图说毛皮动物毛色遗传及繁育新技术	14.00
肉鸽信鸽观赏鸽	9.00
斗鸡饲养与训练	16.00
实用养狍新技术	15.00
野猪驯养与利用	12.00
养蛇技术	5.00

书名	定价
特种昆虫养殖实用技术	18.00
新编柞蚕放养技术	9.00
养蜂技术(第4版)	11.00
养蜂技术指导	10.00
科学养蜂技术图解	9.00
养蜂生产实用技术问答	8.00
实用养蜂技术(第2版)	10.00
蜂王培育技术(修订版)	8.00
蜂王浆优质高产技术	5.50
蜜蜂育种技术	12.00
蜜蜂病虫害防治	7.00
蜜蜂病害与敌害防治	12.00
中蜂科学饲养技术	8.00
林蛙养殖技术	6.00
水蛭养殖技术	8.00
牛蛙养殖技术(修订版)	7.00
蜈蚣养殖技术	8.00
人工养蝎技术	7.00
蟾蜍养殖与利用	6.00
蛤蚧养殖与加工利用	6.00
药用地鳖虫养殖(修订版)	6.00
蚯蚓养殖技术	8.00
东亚飞蝗养殖与利用	11.00
蝇蛆养殖与利用技术(第2版)	10.00
黄粉虫养殖与利用(第3版)	9.00
金蝉养殖与利用	10.00
畜禽真菌病及其防治	12.00
畜禽结核病及其防制	10.00
家畜口蹄疫防制	12.00
猪附红细胞体病及其防治	7.00
猪流感及其防治	7.00
猪瘟及其防制	10.00
猪圆环病毒病及其防治	6.50
猪传染性萎缩性鼻炎及其防治	13.00
鸡传染性支气管炎及其防治	6.00
新编兽医手册(修订版)	49.00
兽医临床工作手册	48.00
中兽医诊疗手册	45.00
狗病临床手册	29.00
猪场兽医师手册	42.00
鸡场兽医师手册	28.00
动物产地检疫	7.50
畜禽屠宰检疫	12.00
动物检疫实用技术	12.00
畜禽养殖场消毒指南	13.00
畜病中草药简便疗法	8.00
禽病鉴别诊断与防治(第2版)	11.00
禽病防治合理用药	12.00
畜禽病经效土偏方	13.00
图说猪高热病及其防治	10.00

以上图书由全国各地新华书店经销。凡向本社邮购图书或音像制品，可通过邮局汇款，在汇单“附言”栏填写所购书目，邮购图书均可享受9折优惠。购书30元(按打折后实款计算)以上的免收邮挂费，购书不足30元的按邮局资费标准收取3元挂号费，邮寄费由我社承担。邮购地址：北京市丰台区晓月中路29号，邮政编码：100072，联系人：金友，电话：(010)83210681、83210682、83219215、83219217(传真)。